高等学校计算机基础教育教材

信息技术基础

周玉萍　主　编

张学平　何书前　莫壮坚　副主编

陈彩霞　胡冠宇　文　斌　参　编

清华大学出版社

北 京

内 容 简 介

实行"大类招生,分流培养"是我国目前很多高校实行的一种新型培养模式。"信息技术基础"是理工科大类所开设的一门专业基础课。本书内容是针对理工科大类专业的特点编写的。书中主要介绍信息技术基础理论、计算机系统、操作系统、算法与程序设计、数据库技术、计算机网络、软件工程、多媒体技术和常用办公软件的使用。本书有理论、有实践,既涵盖了基础理论知识,又包括了专业知识的介绍。

本书适用于大类招生情况下的理科、工科、部分管理类和师范教育类等专业,适合作为这些专业的信息基础课程教材,也可作为从事计算机及信息技术工作的相关人员的参考书。

本书教学资源丰富,配有《信息技术基础实验指导与习题》、理论课 PPT 课件、实验课 PPT 课件、部分微视频课件、实验素材等。

图书在版编目(CIP)数据

信息技术基础/周玉萍主编. —北京:清华大学出版社,2017(2023.1重印)
(高等学校计算机基础教育规划教材)
ISBN 978-7-302-48050-1

Ⅰ. ①信… Ⅱ. ①周… Ⅲ. ①电子计算机—高等学校—教材 Ⅳ. ①TP3

中国版本图书馆 CIP 数据核字(2017)第 205678 号

责任编辑:袁勤勇
封面设计:常雪影
责任校对:梁　毅
责任印制:朱雨萌

出版发行:清华大学出版社
　　　　网　　　　址:http://www.tup.com.cn,http://www.wqbook.com
　　　　地　　　　址:北京清华大学学研大厦 A 座　　　　邮　　编:100084
　　　　社　总　机:010-83470000　　　　邮　　购:010-62786544
　　　　投稿与读者服务:010-62776969,c-service@tup.tsinghua.edu.cn
　　　　质　量　反　馈:010-62772015,zhiliang@tup.tsinghua.edu.cn
　　　　课　件　下　载:http://www.tup.com.cn,010-83470236
印　装　者:三河市龙大印装有限公司
经　　销:全国新华书店
开　　本:185mm×260mm　　印　张:20.75　　字　数:490 千字
版　　次:2017 年 10 月第 1 版　　印　次:2023 年 1 月第 6 次印刷
定　　价:54.50 元

产品编号:076917-03

前言

　　"信息技术基础"是很多高校开设的一门专业基础课,近年来"大类招生,分流培养"这一理念一经提出便得到了很多高校的响应,这是新时期"以人为本""厚基础、宽口径"的一种新型培养模式。结合这一新的培养模式,陈旧的"信息技术基础"课程需全面刷新,从内容到结构设置均须以一个新的面貌呈现。在这种情况下我们集中了有着丰富经验的老师编写该套教材,旨在为理工科大类和部分管理类及文科类的本科和专科教学提供重要的教学参考和学习资源。

　　全书共分 9 章:信息技术概述、计算机系统、操作系统、算法与程序设计、数据库技术、计算机网络、软件工程、多媒体技术和常用办公软件 MS Office 2010,内容包括基础理论知识,也涵盖了大数据、云计算等当今的前沿知识。

　　第 1 章和第 7 章由文斌编写,第 2 章由莫壮坚编写,第 3 章由胡冠宇编写,第 4 章由张学平编写,第 5 章和第 8 章由周玉萍编写,第 6 章由何书前编写,第 9 章由陈彩霞编写。张学平、何书前对本书整体结构进行规划,周玉萍负责全书的统稿和编写思路设计。

　　吴丽华、石春、曹均阔、邓正杰等对本书编写提出了宝贵意见,刘阳参与了教学资源建设。本书的编写得到了海南省高等学校教育教学改革研究项目(Hnjg2017-32)、(Hnjg2014-33)和海南省高等学校教育教学改革重大项目(Hnjgzd2014-07)的资助,在此一并表示感谢。

　　本书应用面较广,可用于大类招生情况下的相关专业基础课使用,也可用于专科类学生的专业课使用。本书也是从事计算机信息技术工作的相关人员的首选参考书。本书的使用者在实际应用过程中可依据自身需求对书中内容进行取舍。建议学时为 39～65学时。

　　本书提供了配套的《信息技术基础实验指导与习题》一书,还提供了理论与实验教学用的两套 PPT 课件、部分微视频课件和实验素材,丰富的教学资源为使用者提供了极大方便。

　　由于编者水平有限,加之时间紧迫,本书难免会有疏漏之处,敬请各位读者批评指正。

编者

2017 年 6 月

目录

第1章

信息技术概述

本章学习目标：

通过本章的学习，了解信息和信息技术的概念，充分认识信息时代的支撑技术的主要内容、理论基础和应用领域，深入了解计算机的相关知识，了解信息素养与计算机文化，掌握计算思维的内涵，并理解信息技术的发展趋势。

本章要点：

- 信息和信息技术的定义；
- 信息时代的主要支撑技术；
- 信息技术的发展趋势；
- 图灵机与存储程序原理的主要内容；
- 信息素养与计算机文化；
- 计算思维的定义和应用领域；
- 云计算与大数据。

目前信息产业已成为世界第一大产业，信息技术蓬勃发展，信息化、数字化已经渗透到社会、经济生活的方方面面，人类社会已经迈入了信息时代。

1.1 信息与信息技术

要全面、正确地理解信息技术的内涵，首先就必须弄清楚什么是信息，什么是信息技术，然后在此基础上去分析信息技术和理解信息技术的概念，以及这些概念之间的相互关系。

1.1.1 信息

信息，指音讯、消息、通信系统传输和处理的对象，泛指人类社会传播的一切内容。人通过获得、识别自然界和社会的不同信息来区别不同事物，得以认识和改造世界。在一切通信和控制系统中，信息是一种普遍联系的形式。

"信息"一词在英文、法文、德文、西班牙文中均是 Information，日文中为"情报"，我国台湾称之为"资讯"，我国古代用的是"消息"。作为科学术语最早出现在哈特莱(R. V. Hartley)于 1928 年撰写的《信息传输》一文中。20 世纪 40 年代，信息论的奠基人香农(C. E. Shannon)给出了信息的明确定义，此后许多研究者从各自的研究领域出发，给出了不同的定义。具有代表意义的表述如下：

1948 年，香农在题为"通讯的数学理论"的经典论文中指出："信息是用来消除随机不确定性的东西"，这一定义被人们看作是经典性定义并加以引用。

控制论创始人维纳(Norbert Wiener)认为"信息是人们在适应外部世界，并使这种适应反作用于外部世界的过程中，同外部世界进行互相交换的内容和名称"，它也被作为经典性定义加以引用。

经济管理学家认为"信息是提供决策的有效数据"。

电子学家、计算机科学家认为"信息是电子线路中传输的信号"。

我国著名的信息学专家钟义信教授认为"信息是事物存在方式或运动状态，以这种方式或状态直接或间接的表述"。

美国信息管理专家霍顿(F. W. Horton)给信息下的定义是："信息是为了满足用户决策的需要而经过加工处理的数据。"简单地说，信息是经过加工的数据，或者说，信息是数据处理的结果。

根据对信息的研究成果，科学的信息概念可以概括如下：

信息是对客观世界中各种事物的运动状态和变化的反映，是客观事物之间相互联系和相互作用的表征，表现的是客观事物运动状态和变化的实质内容。

人们根据信息的概念，可以归纳出信息是有以下几个特点的：

① 消息 x 发生的概率 $P(x)$ 越大，信息量越小；反之，发生的概率越小，信息量就越大。可见，信息量(用 I 来表示)和消息发生的概率是相反的关系。

② 当概率为 1 时，百分之百发生的事，地球人都知道，所以信息量为 0。

③ 当一个消息是由多个独立的小消息组成时，那么这个消息所含信息量应等于各小消息所含信息量的和。

根据这几个特点，如果用数学上对数函数来表示，就正好可以表示信息量和消息发生的概率之间的关系式：$I=-\log a(P(x))$。这样，信息就可以被量化。既然信息可以被量化，那么可以给它一个单位。人的体重是以 kg 来计量的，人的身高是以 m 来计量的，那么信息量该以什么单位来计量呢？通常是以比特(bit)为单位来计量信息量的，这样比较方便，因为一个二进制波形的信息量恰好等于 1bit。

1.1.2 信息技术

现代信息技术的源头是 1835 年莫尔斯发明的电报和 1876 年贝尔发明的电话。后来发展了无线电通信、卫星通信、光纤通信、电视传播、多媒体技术、计算技术等。

1946 年诞生的电子计算机掀开了信息技术新的一页，并主导了当今的信息技术发展。20 世纪 60 年代末发展起来的计算机网络已大大地改变了我们的生活。

目前信息产业已成为世界第一大产业,2015年年末全球互联网用户数量达32亿。联合国有关机构调查显示,在2014年年底,世界上移动通信设备用户总数将会超过世界总人口数。

目前,我国已成为全球电子产品第一生产及进出口贸易国,许多电子产品全球产量第一。中国电子信息产业是世界电子信息产业链的重要组成部分,全球产业大国地位更加稳固。我国信息产业占全国工业比重已超过10%,截至2016年12月,互联网普及率为53.2%,我国网民总数已达7.31亿人,较2015年年底提升了2.9个百分点。

1. 信息技术的定义

信息技术(Information Technology,IT),是主要用于管理和处理信息的各种技术的总称。它主要是应用计算机科学和通信技术来设计、开发、安装和实施信息系统及应用软件。它也常被称为信息和通信技术(Information and Communications Technology,ICT),主要包括传感技术、计算机与智能技术、通信技术和控制技术。

"信息技术教育"中的"信息技术",可以从广义、中义、狭义三个层面来定义。

广义而言,信息技术是指能充分利用与扩展人类信息器官功能的各种方法、工具与技能的总和。该定义强调的是从哲学上阐述信息技术与人的本质关系。

中义而言,信息技术是指对信息进行采集、传输、存储、加工、表达的各种技术之和。该定义强调的是人们对信息技术功能与过程的一般理解。

狭义而言,信息技术是指利用计算机、网络、广播电视等各种硬件设备及软件工具与科学方法,对文图声像各种信息进行获取、加工、存储、传输与使用的技术之和。该定义强调的是信息技术的现代化与高科技含量。

信息技术的应用包括计算机硬件和软件、网络和通信技术、应用软件开发工具等。计算机和互联网普及以来,人们日益普遍地使用计算机来生产、处理、交换和传播各种形式的信息(如书籍、商业文件、报刊、唱片、电影、电视节目、语音、图形、影像等)。

2. 信息时代的主要支撑技术

(1)微电子技术

① 发展历程。

1947年,肖克利发明晶体管。1959年,诺宜斯发明世界上第一块半导体集成电路(IC)。60多年来,微电子技术飞速发展,世界半导体年增长率超过15%,2000年总产值达2 000亿美元。以IC为基础的电子信息产品市场总额超过10 000亿美元,成为世界第一大产业。

② 技术发展。

摩尔定律:集成电路中包含的晶体管数量每18个月将增长一倍。预计摩尔定律将持续到至少2020年。目前集成电路生产主流技术集中体现为12英寸晶圆、28nm。高产能、低成本将是未来集成电路生产竞争的关键,因此制程线宽的缩小和晶圆尺寸的进一步增大将是未来集成电路的发展趋势。

（2）通信技术

信息传输与应用的层次如图 1-1 所示。

通信信号传输的两种最主要方式：光纤通信、无线电通信。

（3）光纤通信技术的发展情况

光纤是最理想的通信传输媒介。

光纤通信的发展历程：五代光纤通信技术与性能。

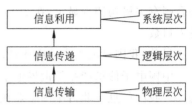

图 1-1　信息传输与应用的层次

第一代：1978 年，0.85μm，多模，20～100Mb/s，中继 10km。

第二代：20 世纪 80 年代初，1.31μm，单模，1.7Gb/s，50km。

第三代：1985 年，1.55μm，4Gb/s，100km。

第四代：20 世纪 90 年代初，WDM ＋ EDFA 为主要标志，2.5Gb/s×4 500km，10Gb/s×14 000km。

第五代：光孤子通信，光脉冲信号保形传输，基本思想于 1973 年提出。1988 年，贝尔实验室采用受激拉曼散射补偿损耗。

（4）无线电通信

① 无线电波频段及主要传播模式。

电波传播的特点：

- 频率越高可承载的信息量越大、方向性越强，但传播损耗越大、穿透能力越弱。
- 频率越低可承载的信息量越小、方向性越弱，但传播损耗越小、穿透能力越强。

主要传播模式：

- 地波传播：中长波段，电波沿地球表面传播。
- 天波传播：短波波段，利用地球电离层反射。
- 视距传播：直线传播，超短波、微波，容量较大。
- 散射通信：对流层中的不均匀体对电波散射的特性进行传播。

② 蜂窝移动通信技术。

蜂窝移动通信系统是一种移动通信硬件架构，分为模拟蜂窝系统和数字蜂窝系统。由于构成系统覆盖的各通信基地台的信号覆盖呈六边形，从而使整个覆盖网络像一个蜂窝而得名。

移动通信发展简史：20 世纪 20 年代初美国即出现了最早的移动通信系统；20 世纪 60 年代开始出现了蜂窝移动通信系统。蜂窝移动通信技术已经历了四代，正在向第五代（5G）发展。全球移动通信用户数增加迅速，每年超过 40%。广泛普及的 4G 包含了若干种宽带无线接入通信系统。4G 的特点可以用 MAGIC 描述，即移动多媒体、任何时间任何地点、全球漫游支持、集成无线方案和个人定制化服务。第五代移动通信标准，也称第五代移动通信技术（5G）。根据目前各国研究，5G 技术相比目前的 4G 技术，其峰值速率将增长数十倍，从 4G 的 100Mb/s 提高到几十 Gb/s。也就是说，1 秒钟可以下载 10 余部高清电影，可支持的用户连接数增长到 100 万用户/平方千米，可以更好地满足物联网这样的海量接入场景。同时，端到端延时将从 4G 的十几毫秒减少到 5G 的几毫秒。从发展态势看,5G目前还处于技术标准的研究阶段,今后几年4G还将保持主导地位,持续高速发展,但5G有望2020年正式商用。

（5）网络技术

① 信息网络。

信息网络主要由传统意义下的电信网络和计算机网络经不断发展、结合、融合而成,是信息传递的基础平台。信息种类分为:

- 话音:实时;可靠性要求低;信息量较小。
- 数据:非实时;可靠性要求高;信息量变化大。
- 视频:实时;可靠性要求中等;信息量大。

这三类信息对传输、交换提出了不同的要求,导致电话网、电视网、计算机网等不同网络的出现。

网络利用交换手段实现对信息传递过程的控制。信息交换的主要类型如图1-2所示。

② 因特网（Internet）技术。

因特网的出现是20世纪信息技术最有影响力的事件。因特网的核心是TCP/IP协议族,共有4层（如图1-3所示）。

图1-2　信息交换的主要类型　　　　图1-3　TCP/IP协议族

因特网新技术包括IPv6、下一代互联网NGI、流媒体技术。

③ 接入网技术。

接入网技术即"信息高速公路"的"最后一公里"相关技术。主要有光纤到户（FTTH）、光纤/铜缆混合网（HFC）、数字用户环路（ADSL,目前发展很快）、无线本地环（WLL）。

（6）软件技术

软件技术是指为计算机系统提供程序和相关文档支持的技术。所谓程序,是指为使计算机实现所预期的目标而编排的一系列步骤,没有软件,计算机就没有存在的必要,也就没有蓬勃发展的计算机应用。

- 软件的本质:用来描述客观世界。
- 软件的特征:构造性和演化性。
- 软件模型:指对软件的一种抽象。

硬件是系统的舞台,软件是系统的灵魂。由于软件是逻辑、智力产品,软件的开发须建立庞大的逻辑体系,这与其他产品的生产是不同的。软件不是生产出来的,软件是通过人类智力劳动开发出来的;软件开发是软件模型抽象度不断降低的过程。

按照应用范围划分,一般来讲,软件被划分为系统软件、应用软件和介于这二者之间的中间件。系统软件为计算机使用提供最基本的功能,可分为操作系统和系统软件,其中操作系统是最基本的软件。应用软件是为了某种特定的用途而开发的软件。它可以是一个特定的程序,比如一个图像浏览器。也可以是一组功能联系紧密,可以互相协作的程序的集合,比如微软的 Office 软件。也可以是一个由众多独立程序组成的庞大的软件系统,比如数据库管理系统。如今智能手机得到了极大的普及,运行在手机上的应用软件简称手机软件。所谓手机软件就是可以安装在手机上的软件,完善原始系统的不足与个性化。

软件开发是根据用户要求建造出软件系统或者系统中的软件部分的过程。软件开发是一项包括需求捕捉、需求分析、设计、实现和测试的系统工程。软件一般是用某种程序设计语言来实现的,通常采用软件开发工具进行开发。

软件定义是近年的热门话题。那么软件究竟能定义什么呢?从最早的软件定义无线电,到软件定义网络、数据中心、信息系统、世界。也就是说,软件可以定义一切。软件不但可以指挥本地硬件实现各种功能,还可以通过通信网络指挥远处的信息系统协同实现各种功能。正是在硬件和网络的大力支持下,软件才进入了定义一切的时代。随着软件定义逐渐普及、完善,信息系统会更好地为人的移动交际提供服务,更好地满足人的本能和需求。尽管在硬件和通信支持下,软件好像已经无所不能,但软件定义的世界才刚刚开始。人类社会还有很多尚未发现的真理、未曾发明的技术、有待掌握的知识技能。

3. 信息技术的发展趋势

信息技术发展特点如下。

① 数字化、宽带化、综合化、个人化、智能化。

② 技术更新速度加快,技术创新空间大。

③ 与社会生活的结合日益紧密,社会生活信息化。

世界知名信息技术研究和分析机构 Gartner 每年都发布新兴技术成熟度曲线报告。以《2015 年度新兴技术成熟度曲线报告》为例,其中评估了 112 个领域超过 2000 项新兴技术的市场类型、成熟度、商业应用及未来发展,认为基于“众力聚合”的数字化商业发展仍然是 2015 年新兴技术发展的主题(Gartner 在 2012 年提出“众力聚合”理念(Nexus of Forces),即移动、云、社交、大数据 4 方面互相连接和组合将会形成巨大力量,创造出新的巨大商机),并据此提出了具有重大潜力的 37 项新技术。其中,位于技术萌芽期 17 项,期望膨胀期 11 项,泡沫谷底期有 7 项,稳步爬升期有 2 项,如图 1-4 所示。

值得关注的技术包括手势控制、混合云计算、物联网、机器学习、可判断人类意图的技术、语音翻译。这些技术将在 2 至 5 年内进入高峰期。

大数据没有在 2015 年曲线上出现。这一改变表明对大数据概念的炒作进入尾声,企业将会更加关注于如何应用,实时的数据分析能力日益成为核心竞争力。

物联网和云计算作为信息技术新的高度和形态被应用、发展。根据中国物联网校企

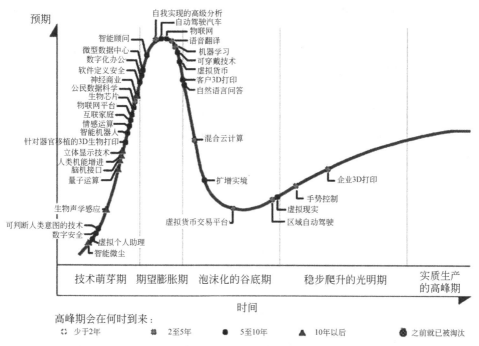

图 1-4　Gartner 发布年度新兴技术成熟度曲线(以 2015 年为例)

联盟的定义,物联网为当下几乎所有技术与计算机互联网技术的结合,让信息更快更准地收集、传递、处理并执行,是科技的最新呈现形式与应用。

信息技术蓬勃发展,信息化、数字化已经渗透到社会、经济生活的方方面面,人类社会已经迈入了信息时代。

1.2　信息时代的计算装置——计算机

信息时代通过信息获取方法(例如采用传感器追踪获取人、产品、车、天气、买卖等原始数据)后,需要对数据进行计算处理,信息技术中担当计算的装置就是计算机。

计算机(computer)俗称“电脑”,是现代一种用于高速计算的电子计算机器,可以进行数值计算,又可以进行逻辑计算,还具有存储记忆功能。它能够按照事先编好的程序运行指令,自动、高速处理海量数据的现代化智能电子设备。计算机系统由硬件系统和软件系统所组成,没有安装任何软件的计算机称为裸机。计算机可分为超级计算机、工业控制计算机、网络计算机、个人计算机、嵌入式计算机五类,新型的计算模型有生物计算机、光子计算机、量子计算机等。

1.2.1　图灵机

现代计算机不论如何发展,目前其本质的计算模型仍然是图灵机计算模型。

图灵机(Turing Machine),又称图灵计算、图灵计算机,是由数学家阿兰·麦席森·图灵(Alan Mathison Turing,1912—1954)提出的一种抽象计算模型,即将人们使用纸笔进行数学运算的过程进行抽象,由一个虚拟的机器替代人们进行数学运算。这个虚拟的机器就是目前计算机扮演的角色。

所谓的图灵机就是指一个抽象的机器,它有一条无限长的纸带,纸带分成了一个一个的小方格,每个方格有不同的颜色。有一个机器头在纸带上移来移去。机器头有一组内部状态,还有一些固定的程序。在每个时刻,机器头都要从当前纸带上读入一个方格信息,然后结合自己的内部状态查找程序表,根据程序输出信息到纸带方格上,并转换自己的内部状态,然后进行移动(如图1-5所示)。

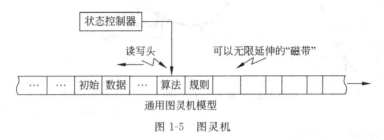

图 1-5　图灵机

这些看似简单的移动(前进、后退)操作,通过任意组合作用于二进制串(数据)就可以衍变出复杂的计算功能。

1.2.2　存储程序原理

光有图灵机模型,还无法制造出符合人脑运算机制的自动计算机器。存储程序原理使得机器可以摆脱手工一条一条输入指令,机器可以按照事先编好的、存放在存储器里的程序运行指令,自动、高速处理数据。正是由于存储程序原理,现代计算机才得以最终诞生。

存储程序原理是冯·诺依曼于1946年提出的将程序像数据一样存储到计算机内部存储器中的一种设计原理。冯·诺依曼(John Von Neumann,1903—1957)是20世纪最重要的数学家之一,是在现代计算机、博弈论、核武器和生化武器等诸多领域内有杰出建树的最伟大的科学全才之一,被后人称为美国"计算机之父"和"博弈论之父"。

存储程序原理又称"冯·诺依曼原理",是将程序像数据一样存储到计算机内部存储器中的一种设计原理。程序存入存储器后,计算机便可自动地从一条指令转到执行另一条指令。现代电子计算机均按此原理设计。

首先,把程序和数据通过输入输出设备送入内存。

一般的内存都是划分为很多存储单元,每个存储单元都有地址编号,这样按一定顺序把程序和数据存起来,而且还把内存分为若干个区域,比如有专门存放程序区和专门存放数据的数据区。

其次,执行程序,必须从第一条指令开始,以后一条一条地执行。

一般情况下按存放地址号的顺序,由小到大依次执行,当遇到条件转移指令时,才改变执行的顺序。每执行一条指令,都要经过三个步骤。第一步,把指令从内存中送往译码器,称为取指;第二步,译码器把指令分解成操作码和操作数,产生相应的各种控制信号送往各电器部件;第三步,执行相应的操作。这一过程是由电子路线来控制,从而实现自动连续地工作。

根据存储程序原理制造的计算机称为冯·诺依曼体系结构计算机(如图 1-6 所示)。冯·诺依曼体系结构是现代计算机的基础,现在大多计算机仍是冯·诺依曼计算机的组织结构,只是做了一些改进而已,并没有从根本上突破冯·诺依曼体系结构的束缚。

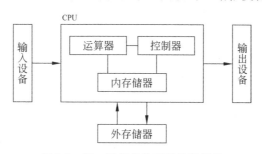

图 1-6　冯·诺依曼体系结构计算机

根据冯·诺依曼体系结构构成的计算机,必须具有如下功能:

① 把需要的程序和数据送至计算机中;

② 必须具有长期记忆程序、数据、中间结果及最终运算结果的能力;

③ 能够完成各种算术、逻辑运算和数据传送等数据加工处理的能力;

④ 能够根据需要控制程序走向,并能根据指令控制机器的各部件协调操作;

⑤ 能够按照要求将处理结果输出给用户。

数据以二进制表示,将指令和数据同时存放在存储器中,是冯·诺依曼计算机方案的特点之一。由此,计算机由控制器、运算器、存储器、输入设备、输出设备五部分组成。

1.2.3　现代计算机的发展与特点

现代计算机本质模型是图灵机,体系结构遵循存储程序原理。

1946 年 2 月 14 日,由美国军方定制的世界上第一台电子计算机"电子数字积分计算机"(ENIAC Electronic Numerical and Calculator)在美国宾夕法尼亚大学问世了。ENIAC(中文名为埃尼阿克)是美国奥伯丁武器试验场为了满足计算弹道需要而研制的,这台计算器使用了 17 840 支电子管,大小为 80 英尺×8 英尺,重达 28 吨,功耗为 170kW,其运算速度为每秒 5 000 次的加法运算,造价约为 487 000 美元。

但是,ENIAC 并没有遵循存储程序原理,ENIAC 机本身存在两大缺点:①没有存储器;②它用布线接板进行控制,甚至要搭接几天,计算速度也就被这一工作抵消了。真正按照存储程序原理制造的计算机是冯·诺依曼参与研制的、1949 年 8 月交付的 EDVAC(Electronic Discrete Variable Automatic Computer,离散变量自动电子计算机),EDVAC 方案明确奠定了新机器由五个部分组成,包括运算器、控制器、存储器、输入和输出设备,并描述了这五部分的职能和相互关系。同时根据电子元件双稳态工作的特点，在电子计算机中采用二进制。

随着物理元器件的变化，不仅计算机主机经历了更新换代，它的外部设备也在不断地变革。比如外存储器，由最初的阴极射线显示管发展到磁芯、磁鼓，以后又发展为通用的磁盘，现又出现了体积更小、容量更大、速度更快的只读光盘(CD-ROM)、闪存存储器(U盘)等。

根据主要设备元器件、集成度和功能，电子数字计算机发展主要分为以下几个阶段。

- 第 1 代：电子管计算机(1946—1957 年)。
- 第 2 代：晶体管计算机(1957—1964 年)。
- 第 3 代：中小规模集成电路计算机(1964—1971 年)。
- 第 4 代：大规模和超大规模集成电路计算机(1971 年至今)。
- 第 5 代：第五代计算机指具有人工智能或新型体系结构的新一代计算机，它具有推理、联想、判断、决策、学习、超高速运算等功能。第 5 代计算机仍在研制和发展中。

计算机的主要特点如下。

① 运算速度快：计算机内部电路组成，可以高速准确地完成各种算术运算。当今计算机系统的运算速度已达到每秒万亿次，微机也可达每秒亿次以上，使大量复杂的科学计算问题得以解决。例如，卫星轨道的计算、大型水坝的计算、24 小时天气预报人工计算需要几年甚至几十年，而在现代社会里，用计算机只需几分钟就可完成。

② 计算精确度高：科学技术的发展特别是尖端科学技术的发展，需要高度精确的计算。计算机控制的导弹之所以能准确地击中预定的目标，是与计算机的精确计算分不开的。一般计算机可以有十几位甚至几十位(二进制)有效数字，计算精度可由千分之几到百万分之几，是任何计算工具所望尘莫及的。

③ 逻辑运算能力强：计算机不仅能进行精确计算，还具有逻辑运算功能，能对信息进行比较和判断。计算机能把参加运算的数据、程序以及中间结果和最后结果保存起来，并能根据判断的结果自动执行下一条指令以供用户随时调用。正因为其逻辑计算功能，计算机又称为电脑。

④ 存储容量大：计算机内部的存储器具有记忆特性，可以存储大量的信息。这些信息，不仅包括各类数据信息，还包括加工这些数据的程序。

⑤ 自动化程度高：由于计算机具有存储记忆能力和逻辑判断能力，所以人们可以将预先编好的程序纳入计算机内存。在程序控制下，计算机可以连续、自动地工作，不需要人的干预。

⑥ 性价比高：由于集成度不断提高，计算机价格不断降低，几乎每家每户都会有各种规格的计算机(台式机、笔记本计算机、手机等)，计算机应用越来越普遍化、大众化。

超级计算机是能够处理大数据量与高速运算的计算机，具有很强的计算和处理数据的能力，主要特点表现为高速度和大容量，配有多种外部和外围设备及丰富的、高功能的软件系统。超级计算机多用于国家高科技领域和尖端技术研究，是一个国家科研实力的体现，它对国家安全、经济和社会发展具有举足轻重的意义。

新一代的超级计算机采用涡轮式设计,每个刀片就是一个服务器,能实现协同工作,并可根据应用需要随时增减。单个机柜的运算能力可达 460.8 千亿次/秒,理论上协作式高性能超级计算机的浮点运算速度为 100 万亿次/秒,实际高性能运算速度测试的效率高达 84.35%。

2010 年,由国防科技大学研制的天河一号在超算排行榜上首次夺冠;2013 年,天河二号又两度位列榜首,并获得世界超算四连冠。2016 年 6 月,全球超级计算机 500 强榜单发布:中国神威计算机夺冠。神威太湖之光超级计算机(如图 1-7 所示)实现了从 CPU、操作系统、互联网络等核心部件的完全自主研发,其 CPU 采用国产众核芯片,双精浮点峰值高达 3TFlops。

图 1-7　神威太湖之光超级计算机

在现在的信息社会中,计算机、网络、通信技术会三位一体化。新世纪的计算机将把人从重复、枯燥的信息处理中解脱出来,从而改变我们的工作、生活和学习方式,给人类和社会拓展了更大的生存和发展空间。

1.3　信息素养与计算机文化

1.3.1　信息素养

信息时代为了适应科学技术高速发展和经济全球化的挑战,开始注重培养人们新的能力,尤其要求具备迅速地筛选和获取信息、准确地鉴别信息的真伪、创造性地加工和处理信息的能力,并把掌握和运用信息技术的能力作为与读、写、算同等重要的终生有用的基础能力。值得一提的是,信息素养作为现代公民所必须具备的基本素质,也越来越受到世界各国的关注和重视。

信息素养(information literacy)的本质是全球信息化需要人们具备的一种基本能力。信息素养这一概念是信息产业协会主席保罗·泽考斯基于 1974 年在美国提出的。简单的定义来自 1989 年美国图书馆学会(American Library Association,ALA)。它包括:能够判断什么时候需要信息,并且懂得如何去获取信息,如何去评价和有效利用所需的信息。

信息素养是一种基本能力：信息素养是一种对信息社会的适应能力。美国教育技术CEO论坛2001年第4季度报告提出21世纪的能力素质，包括基本学习技能（指读、写、算）、信息素养、创新思维能力、人际交往与合作精神、实践能力。信息素养是其中一个方面，它涉及信息的意识、信息的能力和信息的应用。

信息素养是一种综合能力：信息素养涉及各方面的知识，是一个特殊的、涵盖面很宽的能力，它包含人文的、技术的、经济的、法律的诸多因素，和许多学科有着紧密的联系。信息技术支持信息素养，通晓信息技术强调对技术的理解、认识和使用技能。而信息素养的重点是内容、传播、分析，包括信息检索以及评价，涉及更宽的方面。它是一种了解、搜集、评估和利用信息的知识结构，既需要通过熟练的信息技术，也需要通过完善的调查方法、鉴别和推理来完成。信息素养是一种信息能力，信息技术是它的一种工具。

具体而言，信息素养应包含以下五个方面的内容。

① 热爱生活，有获取新信息的意愿，能够主动地从生活实践中不断地查找、探究新信息。

② 具有基本的科学和文化常识，能够较为自如地对获得的信息进行辨别和分析，正确地加以评估。

③ 可灵活地支配信息，较好地掌握选择信息、拒绝信息的技能。

④ 能够有效地利用信息，表达个人的思想和观念，并乐意与他人分享不同的见解或信息。

⑤ 无论面对何种情境，能够充满自信地运用各类信息解决问题，有较强的创新意识和进取精神。

1.3.2　计算机文化

所谓计算机文化，就是人类社会的生存方式因使用计算机而发生根本性变化而产生的一种崭新文化形态。

这种崭新的文化形态可以体现为：

① 计算机理论及其技术对自然科学、社会科学的广泛渗透表现的丰富文化内涵；

② 计算机的软硬件设备，作为人类所创造的物质设备丰富了人类文化的物质设备品种；

③ 计算机应用介入人类社会的方方面面，从而创造和形成的科学思想、科学方法、科学精神、价值标准等成为一种崭新的文化观念。

1.4　计 算 思 维

高端计算目前已经与理论研究、实验手段一起，成为获得科学发现的三大支柱（如图1-8所示）。因此，理论科学、实验科学和计算科学是推动人类文明进步和科技发展的重要途径。

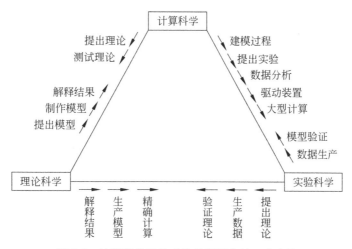

图 1-8　计算科学已经成为科学研究的三大支柱

思维是人脑对客观事物的一种概括的、间接的反映,它反映客观事物的本质和规律。思维的组成包括思维原料(自然界)、思维主体(人脑)、思维工具(认识的反映形式)。

2006 年 3 月,美国卡内基·梅隆大学计算机科学系主任周以真(Jeannette M. Wing)教授在美国计算机学会期刊 *Communications of the ACM* 上给出并定义了计算思维(computational thinking)。

计算思维是运用计算机科学的基础概念进行问题求解、系统设计以及人类行为理解等涵盖计算机科学之广度的一系列思维活动。

1．求解问题中的计算思维

利用计算手段求解问题的过程是:首先要把实际的应用问题转换为数学问题,可能是一组偏微分方程,其次将 PDE 离散为一组代数方程组,然后建立模型、设计算法和编程实现,最后在实际的计算机中运行并求解。

前两步是计算思维中的抽象,后两步是计算思维中的自动化。

2．设计系统中的计算思维

任何自然系统和社会系统都可视为一个动态演化系统,演化伴随着物质、能量和信息的交换,这种交换可以映射为符号变换,使之能用计算机进行离散的符号处理。

当动态演化系统抽象为离散符号系统后,就可以采用形式化的规范描述,建立模型、设计算法和开发软件来揭示演化的规律,实时控制系统的演化并自动执行。

3．理解人类行为中的计算思维

计算思维是基于可计算的手段,以定量化的方式进行的思维过程。计算思维就是应对信息时代新的社会动力学和人类动力学所要求的思维。在人类的物理世界、精神世界和人工世界三个世界中,计算思维是建设人工世界需要的主要思维方式。

利用计算手段来研究人类的行为,可视为社会计算,即通过各种信息技术手段,设计、实施和评估人与环境之间的交互。

为了让人们更易于理解,又将计算思维更进一步地定义为(如图1-9所示):

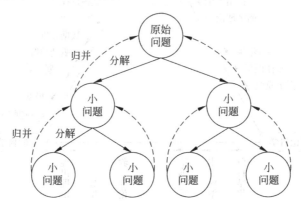

图1-9　问题的分解与归并思想

① 通过约简、嵌入、转化和仿真等方法,把一个看来困难的问题重新阐释成一个我们知道问题怎样解决的方法;

② 一种递归思维,是一种并行处理,是一种把代码译成数据又能把数据译成代码,是一种多维分析推广的类型检查方法;

③ 一种采用抽象和分解来控制庞杂的任务或进行巨大复杂系统设计的方法,是基于关注分离的方法(SoC方法);

④ 一种选择合适的方式去陈述一个问题,或对一个问题的相关方面建模使其易于处理的思维方法;

⑤ 按照预防、保护及通过冗余、容错、纠错的方式,并从最坏情况进行系统恢复的一种思维方法;

⑥ 利用启发式推理寻求解答,也即在不确定情况下的规划、学习和调度的思维方法;

⑦ 利用海量数据来加快计算,在时间和空间之间,在处理能力和存储容量之间进行折中的思维方法。

计算是抽象的自动执行,自动化需要某种计算机去解释抽象。

从操作层面上讲,计算就是如何寻找一台计算机去求解问题,隐含地说就是要确定合适的抽象,选择合适的计算机去解释执行该抽象,后者就是自动化。

计算思维虽然具有计算机的许多特征,但是计算思维本身并不是计算机的专属。实际上,即使没有计算机,计算思维也会逐步发展,甚至有些内容与计算机没有关系。但是,正是由于计算机的出现,给计算思维的发展带来了根本性的变化。

4. 计算思维的应用领域

（1）生物学

计算机科学许多领域渗透到生物信息学中的应用研究,包括数据库、数据挖掘、人工智能、算法、图形学、软件工程、并行计算和网络技术等都被用于生物计算的研究。

从各种生物的 DNA 数据中挖掘 DNA 序列自身规律和 DNA 序列进化规律,可以帮助人们从分子层次上认识生命的本质及其进化规律。DNA 序列实际上是一种用 4 种字母表达的"语言"。

（2）脑科学

脑科学是研究人脑结构与功能的综合性学科,它以揭示人脑高级意识功能为宗旨,与心理学、人工智能、认知科学和创造学等有着交叉渗透。

美国神经生理学家罗杰·斯佩里进行了裂脑实验,提出大脑两半球功能分工理论。他认为:大脑左右半球完全可以以不同的方式进行思维活动,左脑侧重于抽象思维,如逻辑抽象、演绎推理和语言表达等;右脑侧重于形象思维,如直觉情感、想象创新等。

（3）化学

计算机科学在化学中的应用包括化学中的数值计算、化学模拟、化学中的模式识别、化学数据库及检索、化学专家系统等。

基于非结构网格和分区并行算法,为求解多组分化学反应流动守恒方程组开发了单程序多数据流形式的并行程序,对已有的预混可燃气体中高速飞行的弹丸的爆轰现象进行了有效的数值模拟。

（4）经济学

计算博弈论正在改变人们的思维方式。

囚徒困境是博弈论专家设计的典型示例,但是囚徒困境博弈模型可以用来描述两家企业的价格大战等许多经济现象（如图 1-10 所示）。

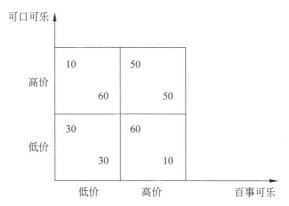

图 1-10 经济学问题通过囚徒困境博弈模型转换为计算问题

（5）艺术

计算机艺术是科学与艺术相结合的一门新兴交叉学科,它包括绘画、音乐、舞蹈、影视、广告、书法模拟、服装设计、图案设计、产品和建筑造型设计以及电子出版物等众多领域。

（6）其他领域

工程学（电子、土木、机械、航空航天等）：计算高阶项可以提高精度,进而降低重量、减少浪费并节省制造成本;波音 777 飞机完全是采用计算机模拟测试的,没有经过风洞测试。

社会科学：社交网络是 MySpace 和 YouTube 等发展壮大的原因之一；统计机器学习被用于推荐和声誉服务系统，例如 Netflix 和联名信用卡等。

国外著名高校已经对计算思维的培养有了充分的认识和行动。斯坦福大学在"下个十年计算机课程开设情况"方案中提出了新的核心课程体系，包括计算机数学基础、计算机科学中的概率论、数据结构和算法的理论核心课程，以及包括抽象思维和编程方法、计算机系统与组成、计算机系统和网络原理在内的系统核心课程，强调将计算理论和计算思维的培养纳入课程全过程。

计算思维反映了计算学科本质特征和核心的解决问题方法，旨在提高学生的信息素养，培养学生发明和创新的能力及处理计算机问题时应有的思维方法、表达形式和行为习惯。计算思维在一定程度上像是教人们"怎么像计算机科学家一样思维"，这应当作为计算思维能力培养的主要任务。

1.5 云计算与大数据

云计算与大数据是现代信息技术的基础设施，是信息系统取得效益的重要途径。云计算（cloud computing）是硬件资源的虚拟化与按需使用，大数据（big data）是海量数据的高效处理。云计算作为计算资源的底层，支撑着上层的大数据处理。

互联网是信息技术领域人类在 20 世纪做出的对今后影响最大的发明，开放、自治、动态变化是互联网的主要特征，这些特征使得云计算与传统的分布式计算有着本质的不同。云计算并不是革命性的新发展，而是数据管理技术不断演进的结果。现在的大数据分析，跟传统意义的分析有一个本质区别。传统的分析基于结构化、关系型的数据，而且往往是取一个很小的数据集，来对整个数据进行预测和判断。现在的大数据分析对整个数据全集直接进行存储和管理分析。

1.5.1 云计算的概念

云计算是一种通过 Internet 以服务的方式提供动态可伸缩的虚拟化资源的计算模式。云计算的核心技术主要包括虚拟化和服务计算。

美国国家标准与技术研究院（NIST）定义：云计算是一种按使用量付费的模式，这种模式提供可用的、便捷的、按需的网络访问，进入可配置的计算资源共享池（资源包括网络、服务器、存储、应用软件、服务），这些资源能够被快速提供，只需投入很少的管理工作，或与服务供应商进行很少的交互。云计算概念被大量运用到生产环境中，国内的阿里云与云谷公司的 Xen System，以及在国外已经非常成熟的 Intel 公司和 IBM 公司，各种云计算的应用服务范围正日渐扩大，影响力也无可估量。

云计算常与网格计算、效用计算相混淆。

- 网格计算：分布式计算的一种，由一群松散耦合的计算机组成的一个超级虚拟计算机，常用来执行一些大型任务。

- 效用计算：IT 资源的一种打包和计费方式，比如按照计算、存储分别计量费用，像传统的电力等公共设施一样。

事实上，许多云计算部署也依赖于计算机集群（但与网格的组成、体系结构、目的、工作方式大相径庭），也吸收了效用计算的特点。

云计算是目前主流的信息基础设施，其成功不仅在于技术上的更新，更重要的是其商业计算模式的创新。它将计算任务分布在大量计算机构成的资源池上，使各种应用系统能够根据需要获取计算力、存储空间和信息服务。

1. 云计算的特点

云计算具有以下特点。

（1）超大规模

云具有相当的规模，Google 云计算已经拥有 100 多万台服务器，Amazon、IBM、微软、阿里巴巴等公司的云均拥有几十万台服务器。企业私有云一般拥有数百上千台服务器。云能赋予用户前所未有的计算能力。

（2）虚拟化

云计算支持用户在任意位置、使用各种终端获取应用服务。所请求的资源来自云，而不是固定的有形的实体。应用在云中某处运行，但实际上用户无须了解、也不用担心应用运行的具体位置。只需要一台笔记本或者一个手机，就可以通过网络服务来实现我们需要的一切，甚至包括超级计算这样的任务。

（3）高可靠性

云使用了数据多副本容错、计算结点同构可互换等措施来保障服务的高可靠性，使用云计算比使用本地计算机可靠。

（4）通用性

云计算不针对特定的应用，在云的支撑下可以构造出千变万化的应用，同一个云可以同时支持不同的应用运行。

（5）高可扩展性

云的规模可以动态伸缩，满足应用和用户规模增长的需要。

（6）按需服务

云是一个庞大的资源池，可以按需购买；云可以像自来水、电、煤气那样计费。

（7）极其廉价

由于云的特殊容错措施可以采用极其廉价的结点来构成云，云的自动化集中式管理使大量企业无须负担日益高昂的数据中心管理成本，云的通用性使资源的利用率较之传统系统大幅提升，因此用户可以充分享受云的低成本优势，经常只要花费几百美元、几天时间就能完成以前需要数万美元、数月时间才能完成的任务。

云计算可以认为包括以下几个层次的服务：基础设施即服务（IaaS），平台即服务（PaaS）和软件即服务（SaaS）（如图 1-11 所示）。

（1）IaaS：基础设施即服务

IaaS(Infrastructure-as-a-Service)：基础设施即服务。消费者通过 Internet 可以从完

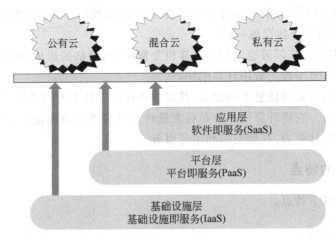

图 1-11 云计算的服务模式和类型

善的计算机基础设施获得服务,例如硬件服务器租用。典型产品有 Amazon EC2、IBM Blue Cloud 等。

(2) PaaS:平台即服务

PaaS(Platform-as-a-Service):平台即服务。PaaS 实际上是指将软件研发的平台作为一种服务,以 SaaS 的模式提交给用户。因此,PaaS 也是 SaaS 模式的一种应用。但是,PaaS 的出现可以加快 SaaS 的发展,尤其是加快 SaaS 应用的开发速度,例如软件的个性化定制开发。典型产品有 Google App Engine、Force.com 等。

(3) SaaS:软件即服务

SaaS(Software-as-a-Service):软件即服务。它是一种通过 Internet 提供软件的模式,用户无须购买软件,而是向提供商租用基于 Web 的软件,来管理企业经营活动。典型产品如金蝶云。

云计算数据中心是一整套复杂的设施,包括刀片服务器、宽带网络连接、环境控制设备、监控设备以及各种安全装置等。数据中心是云计算的重要载体,为云计算提供计算、存储、带宽等各种硬件资源,为各种平台和应用提供运行支撑环境。

1.5.2 云计算的应用

云应用是云计算概念的子集,是云计算技术在应用层的体现。云应用跟云计算最大的不同在于,云计算作为一种宏观技术发展概念而存在,而云应用则是直接面对客户解决实际问题的产品。

云应用的工作原理是把传统软件"本地安装、本地运算"的使用方式变为"即取即用、用完即散"的服务,通过互联网或局域网连接并操控远程服务器集群,完成业务逻辑或运算任务的一种新型应用。云应用的主要载体为互联网技术,以瘦客户端(thin client)或智能客户端(smart client)的展现形式,其界面实质上是 HTML5、Javascript 或 Flash 等技术的集成。云应用不但可以帮助用户降低 IT 成本,更能大大提高工作效率,因此传统软件向云应用转型的发展革新浪潮已经不可阻挡。

1. 云物联

物联网就是物物相连的互联网。这有两层意思：第一，物联网的核心和基础仍然是互联网，是在互联网基础上的延伸和扩展的网络；第二，其用户端延伸和扩展到了任何物品与物品之间，进行信息交换和通信。

随着物联网业务量的增加，对数据存储和计算量的需求将带来对云计算能力的要求：在物联网的初级阶段采用从计算中心到数据中心的技术；在物联网高级阶段，需要虚拟化云计算技术、SOA 等技术的结合实现互联网的泛在服务：TaaS（everyThing as a Service）。

2. 云安全

云安全（cloud security）是一个从云计算演变而来的新名词。云安全的策略构想是：使用者越多，每个使用者就越安全，因为如此庞大的用户群，足以覆盖互联网的每个角落，只要某个网站被挂马或某个新木马病毒出现，就会立刻被截获。

云安全通过网状的大量客户端对网络中软件行为的异常监测，获取互联网中木马、恶意程序的最新信息，推送到 Server 端进行自动分析和处理，再把病毒和木马的解决方案分发到每一个客户端。

3. 云存储

云存储是在云计算（cloud computing）概念上延伸和发展出来的一个新概念，是指通过集群应用、网格技术或分布式文件系统等功能，将网络中大量各种不同类型的存储设备通过应用软件集合起来协同工作，共同对外提供数据存储和业务访问功能的一个系统。当云计算系统运算和处理的核心是大量数据的存储和管理时，云计算系统中就需要配置大量的存储设备，那么云计算系统就转变成为一个云存储系统，所以云存储是一个以数据存储和管理为核心的云计算系统。

4. 私有云

私有云（private cloud）是将云基础设施与软硬件资源创建在防火墙内，以供机构或企业内各部门共享数据中心的资源。创建私有云，除了硬件资源外，一般还有云设备（IaaS）软件；目前商业软件有 VMware 的 vSphere 和 Platform Computing 的 ISF，开放源代码的云设备软件主要有 Eucalyptus 和 OpenStack。

5. 云游戏

云游戏是以云计算为基础的游戏方式，在云游戏的运行模式下，所有游戏都在服务器端运行，并将渲染完毕后的游戏画面压缩后通过网络传送给用户。在客户端，用户的游戏设备不需要任何高端处理器和显卡，只需要基本的视频解压能力就可以了。你可以想象一台掌机和一台家用机拥有同样的画面，家用机和我们今天用的机顶盒一样简单，其至家用机可以取代电视的机顶盒而成为新的电视收看方式。

6. 云教育

视频云计算应用在教育行业的实例：流媒体平台采用分布式架构部署,分为 Web 服务器、数据库服务器、直播服务器和流服务器,如有必要可在信息中心架设采集工作站搭建网络电视或实况直播应用,在各个学校已经部署录播系统或直播系统的教室配置流媒体功能组件,这样录播实况可以实时传送到流媒体平台管理中心的全局直播服务器上,同时录播的课件也可以上传存储到流存储服务器上,方便今后的检索、点播、评估等各种应用。

7. 云会议

云会议是基于云计算技术的一种高效、便捷、低成本的会议形式。使用者只需要通过互联网界面,进行简单易用的操作,便可快速高效地与全球各地的团队及客户同步分享语音、数据文件及视频,而会议中数据的传输、处理等复杂技术由云会议服务商帮助使用者进行操作。

目前国内云会议主要集中在以 SaaS 模式为主体的服务内容,包括电话、网络、视频等服务形式,基于云计算的视频会议就叫云会议。云会议是视频会议与云计算的完美结合,带来了最便捷的远程会议体验。"及时语移动云电话会议"系统,是云计算技术与移动互联网技术的完美融合,通过移动终端进行简单的操作,提供随时随地高效地召集和管理会议。

8. 云社交

云社交(cloud social)是一种物联网、云计算和移动互联网交互应用的虚拟社交应用模式,以建立著名的"资源分享关系图谱"为目的,进而开展网络社交。云社交的主要特征,就是把大量的社会资源统一整合和评测,构成一个资源有效池向用户按需提供服务。参与分享的用户越多,能够创造的利用价值就越大。

1.5.3 大数据

对于大数据(big data),研究机构 Gartner 给出了这样的定义：大数据指无法在一定时间范围内用常规软件工具进行捕捉、管理和处理的数据集合,是需要新处理模式才能具有更强的决策力、洞察发现力和流程优化能力的海量、高增长率和多样化的信息资产。

大数据的发展历史见表 1-1,一般分为三个阶段。

表 1-1　大数据发展的三个阶段

阶　　段	时　　间	内　　容
第一阶段：萌芽期	20 世纪 90 年代至 21 世纪初	随着数据挖掘理论和数据库技术的逐步成熟,一批商业智能工具和知识管理技术开始被应用,如数据仓库、专家系统、知识管理系统等

阶　段	时　间	内　容
第二阶段：成熟期	21世纪前十年	Web 2.0应用迅猛发展,非结构化数据大量产生,传统处理方法难以应对,带动了大数据技术的快速突破,大数据解决方案逐渐走向成熟,形成了并行计算与分布式系统两大核心技术,谷歌的GFS和MapReduce等大数据技术受到追捧,Hadoop平台开始大行其道
第三阶段：大规模应用期	2010年以后	大数据应用渗透各行各业,数据驱动决策,信息社会智能化程度大幅提高

大数据一般具有5V+1C的特征,即:

Volume,数据体量大;Variety,数据类型的多样性;Velocity,指获得数据的速度快;Veracity,数据的质量,即处理的结果要保证一定的准确性;Value,大数据包含很多深度的价值;Complexity,数据量复杂度高,来源多渠道。

大数据技术的战略意义不在于掌握庞大的数据信息,而在于对这些含有意义的数据进行专业化处理。换而言之,如果把大数据比作一种产业,那么这种产业实现盈利的关键,在于提高对数据的加工能力,通过加工实现数据的增值。

大数据包括结构化、半结构化和非结构化数据,非结构化数据(如声音、图像等)越来越成为数据的主要部分。据IDC的调查报告显示:企业中80%的数据都是非结构化数据,这些数据每年都按指数增长。大数据就是互联网发展到现今阶段的一种表象或特征而已,在以云计算为代表的技术创新下,很难收集和使用的数据开始容易被利用起来了,大数据会逐步为人类创造更多的价值。

大数据技术如此风靡全球的核心在于:一切以数据说话。大数据的价值体现在以下几个方面:

① 对大量消费者提供产品或服务的企业可以利用大数据进行精准营销;

② 做小而美模式的中小微企业可以利用大数据做服务转型;

③ 面临互联网压力必须转型的传统企业需要与时俱进充分利用大数据的价值。

图灵奖获得者、著名数据库专家Jim Gray博士观察并总结人类自古以来,在科学研究上,先后历经了实验、理论、计算和数据四种范式。数据范式的典型方式就是大数据。在思维方式方面,大数据完全颠覆了传统的思维方式,即:全样而非抽样,效率而非精确,相关而非因果。

大数据需要特殊的技术,以有效地处理大量的容忍经过时间内的数据。适用于大数据的技术,包括大规模并行处理(MPP)数据库、数据挖掘、分布式文件系统、分布式数据库、云计算平台、互联网和可扩展的存储系统。

大数据无处不在,包括金融、汽车、零售、餐饮、电信、能源、政务、医疗、体育、娱乐等在内的社会各行各业都已经有大数据的身影(如图1-12所示)。

1.5.4　大数据的核心技术

针对海量数据,进行大数据处理和分析的两大核心技术就是分布式存储和分布式处理(如图1-13所示)。

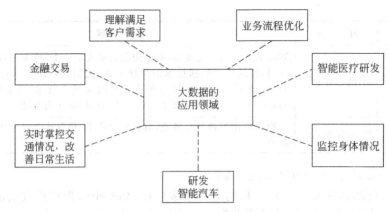

图 1-12　大数据的应用领域

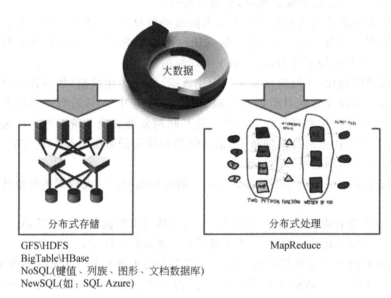

分布式存储
GFS\HDFS
BigTable\HBase
NoSQL(键值、列族、图形、文档数据库)
NewSQL(如：SQL Azure)

分布式处理
MapReduce

图 1-13　大数据的两大核心技术

　　分布式存储解决海量数据如何在分布式环境(如 Internet)下分散存放的问题。分布式存储技术并不是将数据存储在某个或多个特定的结点上,而是通过网络使用每台计算机上的磁盘空间,并将这些分散的存储资源构成一个虚拟的存储设备,数据分散地存储在各个角落。

　　分布式处理解决如何利用多台计算机系统协同计算以应对海量数据计算的需求。分布式处理将不同地点的,或具有不同功能的,或拥有不同数据的多台计算机通过通信网络连接起来,在控制系统的统一管理控制下,协调地完成大规模信息处理任务的计算机系统。分布式处理中最重要的技术基础就是 MapReduce。MapReduce 最早是由 Google 公司研究提出的一种面向大规模数据处理的并行计算模型和方法。MapReduce 是一种编程模型,用于海量数据的并行运算。概念"Map(映射)"和"Reduce(归约)",是其主要思想。它方便编程人员在不会分布式并行编程的情况下,将自己的程序运行在分布式系统上。当前的软件实现是指定一个 Map(映射)函数,用来把一组键值对映射成一组新的键值对,指定并发的 Reduce(归约)函数,用来保证所有映射的键值对中的每一个共享相同的键组。可以把 MapReduce 理解为,把一堆杂乱无章的数据按照某种特征归纳起来,然后处理并得到最后的结果。Map 面对的是杂乱无章的互不相关的数据,它解析每个数据,从中提取出 key 和 value,也就是提取了数据的特征。经过 MapReduce 的 Shuffle 阶段之后,在 Reduce 阶段看到的都是已经归纳好的数据了,在此基础上可以做进一步的处理以便得到结果。

要使大数据技术落地,主要需要解决以下问题:面对的具体领域数据如何建模?多源、多维数据如何 ETL(抽取 Extract、转换 Transform、加载 Load)? 如何进行数据清洗?如何应对大规模(离线、在线或流式计算)数据处理与分析?计算结果如何可视化展示?大数据技术的不同层面及具体功能参见表 1-2。

表 1-2　大数据技术的不同层面及其功能

技术层面	功　　能
数据采集	利用 ETL 工具将分布的、异构数据源中的数据,如关系数据、平面数据文件等,抽取到临时中间层后进行清洗、转换、集成,最后加载到数据仓库或数据集市中,成为联机分析处理、数据挖掘的基础;或者也可以把实时采集的数据作为流计算系统的输入,进行实时处理分析
数据存储和管理	利用分布式文件系统、数据仓库、关系数据库、NoSQL 数据库、云数据库等,实现对结构化、半结构化和非结构化海量数据的存储和管理
数据处理与分析	利用分布式并行编程模型和计算框架,结合机器学习和数据挖掘算法,实现对海量数据的处理和分析;对分析结果进行可视化呈现,帮助人们更好地理解数据、分析数据
数据隐私和安全	在从大数据中挖掘潜在的巨大商业价值和学术价值的同时,构建隐私数据保护体系和数据安全体系,有效保护个人隐私和数据安全

目前,大数据技术发展方兴未艾、竞争激烈,其计算模式及其代表产品见表 1-3。

表 1-3　大数据计算模式及其代表产品

大数据计算模式	解　决　问　题	代　表　产　品
批处理计算	针对大规模数据的批量处理	MapReduce、Spark 等
流计算	针对流数据的实时计算	Storm、S4、Flume、Streams、Puma、DStream、Super Mario、银河流数据处理平台等
图计算	针对大规模图结构数据的处理	Pregel、GraphX、Giraph、PowerGraph、Hama、GoldenOrb 等
查询分析计算	大规模数据的存储管理和查询分析	Dremel、Hive、Cassandra、Impala 等

有人说,我们目前所处的信息技术时代是 ABC 时代,即人工智能(A)、大数据(B)和云计算(C);又有人说,现在信息技术已经进入到"云物移大智"时代,云是云计算,物是物联网,移是移动互联,大是大数据,智是智慧城市或智慧地球。由此可见,云计算和大数据技术是目前信息技术的主流基础设施,其与物联网、移动互联及人工智能是一种相互依

存、共生共存的关系,由图 1-14 可以看出云计算、大数据与物联网的相互依存关系。

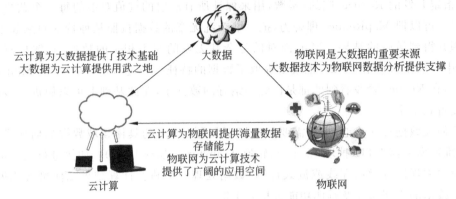

云计算为大数据提供了技术基础
大数据为云计算提供用武之地

物联网是大数据的重要来源
大数据技术为物联网数据分析提供支撑

大数据

云计算为物联网提供海量数据
存储能力
物联网为云计算技术
提供了广阔的应用空间

云计算

物联网

图 1-14　大数据、云计算和物联网之间的关系

新一代信息技术,不只是指信息领域的一些分支技术,如集成电路、计算机、无线通信等的纵向升级,更主要的是指信息技术的整体平台和产业的代际变迁。新一代信息技术,"新"在网络互联的移动化和泛在化、信息处理的集中化和大数据化、信息服务的智能化和个性化。新一代信息技术发展的热点不是信息领域各个分支技术的纵向升级,而是信息技术横向渗透融合到制造、金融、教育等其他行业,信息技术研究的主要方向将从产品技术转向服务技术,其中以信息化和工业化深度融合为主要目标的"互联网+"是新一代信息技术的集中体现。

练 习 题

一、思考题

1. 什么是信息? 什么是信息技术?

2. 信息技术的主要支撑技术有哪些?

3. 软件的本质和特质是什么?

4. 信息网络交换的类型主要有哪些?

5. 信息技术的发展趋势如何?

6. 什么是图灵机计算模型? 依据存储程序原理,计算机由哪几大部分组成?

7. 现代计算机的发展和特点如何?

8. 什么是信息素养? 什么是计算机文化?

9. 如何理解计算思维反映了计算学科本质特征和核心的解决问题方法?

10. 本课程的主要内容模块有哪些? 其组织逻辑如何?

11. 什么是云计算? 云计算具有什么特点?

12. 大数据一般具有的 5V+1C 特征是什么?

13. 大数据的核心技术有哪些? 如何理解?

14. 云计算与大数据的关系如何?

15. 新一代信息技术的特点是什么？

二、填空题

1. 计算思维是运用计算机科学的基础概念进行问题求解、_____以及人类行为理解等涵盖计算机科学之广度的一系列_____。

2. 信息素养的本质是全球信息化需要人们具备的一种_____。

3. 信息是对客观世界中各种事物的运动状态和变化的_____，是客观事物之间相互联系和相互作用的表征，表现的是客观事物运动状态和变化的_____。

4. 数据以二进制表示，将指令和数据同时存放在存储器中，是冯·诺依曼计算机方案的特点之一。由此，计算机由_____、_____、_____、输入设备、输出设备五部分组成。

5. 计算机由硬件系统和软件系统所组成，没有安装任何_____的计算机称为裸机。

6. 云计算可以认为包括以下几个层次的服务：_____，平台即服务（PaaS）和_____。

7. 大数据指无法在一定时间范围内用_____进行捕捉、管理和处理的数据集合，是需要新处理模式才能具有更强的决策力、洞察发现力和流程优化能力的海量、高增长率和多样化的_____。

8. 信息技术研究的主要方向将从产品技术转向_____，其中以信息化和工业化深度融合为主要目标的_____是新一代信息技术的集中体现。

第2章

计算机系统

本章学习目标：

通过本章的学习，了解计算机基本工作原理，掌握计算机软件系统和硬件系统；了解计算机硬件组成及主要性能指标，掌握数据在计算机中的表示及编码；掌握常用进制数，了解字符编码（ASCII 码），了解汉字（GB 码）编码。

本章要点：

- 计算机系统；
- 计算机组成及工作原理；
- 计算机软件系统；
- 计算机主要技术指标；
- 信息在计算机中的表示形式；
- 微型计算机硬件组成。

2.1　计算机系统

2.1.1　计算机系统的组成

计算机系统是由硬件系统和软件系统两大部分组成，本节将分别介绍计算机硬件系统和软件系统。

计算机硬件是构成计算机系统各功能部件的集合。是由电子、机械和光电元件组成的各种计算机部件和设备的总称，是计算机完成各项工作的物质基础。计算机硬件是看得见、摸得着的，实实在在存在的物理实体。

计算机软件是指与计算机系统操作有关的各种程序以及任何与之相关的文档和数据的集合。其中程序是用程序设计语言描述的适合计算机执行的语句指令序列。

没有安装任何软件的计算机通常称为"裸机"，裸机是无法工作的。如果计算机硬件脱离了计算机软件，那么它就成为了一台无用的机器。如果计算机软件脱离了计算机的硬件就失去了它运行的物质基础，所以说二者相互依存，缺一不可，共同构成一个完整的计算机系统。

计算机系统的基本组成如图 2-1 所示。

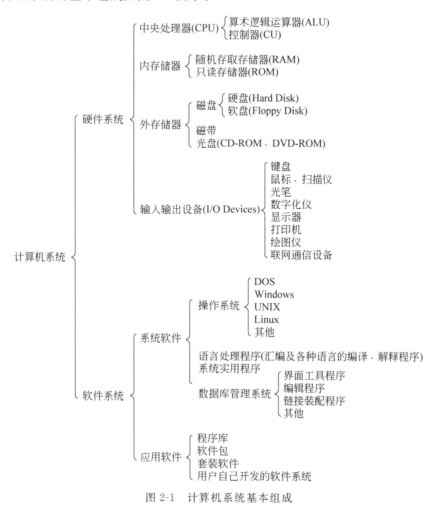

图 2-1 计算机系统基本组成

2.1.2 计算机组成及工作原理

现代计算机是一个自动化的信息处理装置,它之所以能实现自动化信息处理,是由于采用了"存储程序"工作原理。这一原理是 1946 年由冯·诺依曼和他的同事们在一篇题为《关于电子计算机逻辑设计的初步讨论》的论文中提出并论证的。这一原理确立了现代计算机的基本组成和工作方式。

① 计算机硬件由五个基本部分组成:运算器、控制器、存储器、输入设备和输出设备。

② 计算机内部采用二进制来表示程序和数据。

③ 采用"存储程序"的方式,将程序和数据放入同一个存储器中(内存储器),计算机能够自动高速地从存储器中取出指令加以执行。

可以说计算机硬件的五大部件中每一个部件都有相对独立的功能,分别完成各自不同的工作。如图 2-2 所示,五大部件实际上是在控制器的控制下协调统一地工作。首先,在控制器输入命令的控制下,把表示计算步骤的程序和计算中需要的原始数据,通过输入设备送入计算机的存储器存储。其次当计算开始时,在取指令作用下把程序指令逐条送入控制器。控制器对指令进行译码,并根据指令的操作要求向存储器和运算器发出存储、取数命令和运算命令,经过运算器计算并把结果存放在存储器内。在控制器的取数和输出命令作用下,通过输出设备输出计算结果。

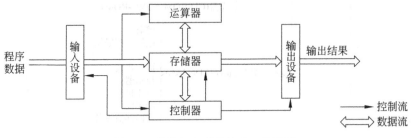

图 2-2　计算机组成及简单工作原理

1. 运算器

运算器也称为算术逻辑单元(Arithmetic Logic Unit,ALU)。它的功能是完成算术运算和逻辑运算。算术运算是指加、减、乘、除及它们的复合运算。而逻辑运算是指"与""或""非"等逻辑比较和逻辑判断等操作。在计算机中,任何复杂运算都转化为基本的算术与逻辑运算,然后在运算器中完成。

2. 控制器

控制器(Controller Unit,CU)是计算机的指挥系统,控制器一般由指令寄存器、指令译码器、时序电路和控制电路组成。它的基本功能是从内存取指令和执行指令。指令是指示计算机如何工作的一步操作,由操作码(操作方法)及操作数(操作对象)两部分组成。控制器通过地址访问存储器、逐条取出选中单元指令,分析指令,并根据指令产生的控制信号作用于其他各部件来完成指令要求的工作。上述工作周而复始,保证了计算机能自动连续地工作。

通常将运算器和控制器统称为中央处理器,即 CPU(Central Processing Unit),它是整个计算机的核心部件,是计算机的"大脑"。它控制了计算机的运算、处理、输入和输出等工作。

集成电路技术是制造微型机、小型机、大型机和巨型机的 CPU 的基本技术。它的发展使计算机的速度和能力有了极大的改进。在 1965 年,芯片巨人英特尔公司的创始人戈登·摩尔,给出了著名的摩尔定律:芯片上的晶体管数量每隔 18～24 个月就会翻一番。让所有人感到惊奇的是,这个定律非常精确地预测了芯片的 30 年发展。1958 年第一代集成电路仅仅包含两个晶体管,1997 年,奔腾 II 处理器则包含了 750 万个晶体管,2000 年的 Pentium 4 已达到了 0.13 微米技术,集成了 4200 万个晶体管。CPU 集成的晶体管数量越大,就意味着更强的芯片计算能力。

3. 存储器

存储器(memory)是计算机的记忆装置,它的主要功能是存放程序和数据。程序是计算机操作的依据,数据是计算机操作的对象。

(1) 信息存储单位

程序和数据在计算机中以二进制的形式存放于存储器中。存储容量的大小以字节为单位来度量。经常使用 KB(千字节)、MB(兆字节)、GB(吉字节)和 TB 来表示。它们之间的关系是:$1KB=1024B=2^{10}B$,$1MB=1024KB=2^{20}B$,$1GB=1024MB=2^{30}B$,$1TB=1024GB=2^{40}B$,在某些计算中为了计算简便经常把 2^{10}(1024)默认为是 1000。

位(b):是计算机存储数据的最小单位。机器字中一个单独的符号 0 或 1 被称为一个二进制位,它可存放一位二进制数。

字节(B):字节是计算机存储容量的度量单位,也是数据处理的基本单位,8 个二进制位构成一个字节。一个字节的存储空间称为一个存储单元。

字(word):计算机处理数据时,一次存取、加工和传递的数据长度称为字。一个字通常由若干个字节组成。

字长(word long):中央处理器可以同时处理的数据的长度称为字长。字长决定 CPU 的寄存器和总线的数据宽度。现代计算机的字长有 8 位、16 位、32 位、64 位。

(2) 存储器的分类

根据存储器与 CPU 联系的密切程度可分为内存储器(主存储器)和外存储器(辅助存储器)两大类。内存在计算机主机内,它直接与运算器、控制器交换信息,容量虽小,但存取速度快,一般只存放那些正在运行的程序和待处理的数据。为了扩大内存储器的容量,引入了外存储器,外存作为内存储器的延伸和后援,间接和 CPU 联系,用来存放一些系统必须使用,但又不急于使用的程序和数据,程序必须调入内存方可执行。外存存取速度慢,但存储容量大,可以长时间地保存大量信息。CPU 与内、外存之间的关系如图 2-3 所示。

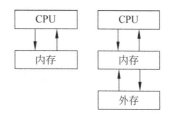

图 2-3 CPU 访问内、外存储器的方式

现代计算机系统中广泛应用半导体存储器,从使用功能角度看,半导体存储器可以分成两大类:断电后数据会丢失的易失性(volatile)存储器和断电后数据不会丢失的非易失性(non-volatile)存储器。微型计算机中的 RAM 属于可随机读写的易失性存储器,而 ROM 属于非易失性(non-volatile)存储器。

(3) 存储器工作原理

为了更好地存放程序和数据,存储器通常被分为许多等长的存储单元,每个单元可以存放一个适当单位的信息。全部存储单元按一定顺序编号,这个编号被称为存储单元的地址,简称地址。存储单元与地址的关系是一一对应的。应注意存储单元的地址和它里面存放的内容完全是两回事。

对存储器的操作通常称为访问存储器,访问存储器的方法有两种,一种是选定地址后向存储单元存入数据,被称为"写";另一种是从选定的存储单元中取出数据,被称为"读"。可见,不论是读还是写,都必须先给出存储单元的地址。来自地址总线的存储器地址由地址译码器译码(转换)后,找到相应的存储单元,由读/写控制电路根据相应的读、写命令来确定对存储器的访问方式,完成读写操作。数据总线则用于传送写入内存或从内存取出的信息。主存储器的结构框图如图 2-4 所示。

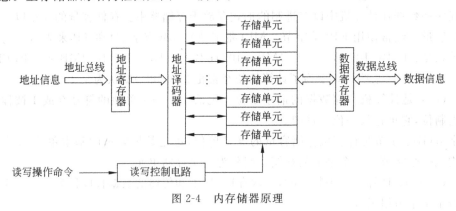

图 2-4　内存储器原理

4. 输入设备

输入设备是从计算机外部向计算机内部传送信息的装置。其功能是将数据、程序及其他信息,从人们熟悉的形式转换为计算机能够识别和处理的形式输入到计算机内部。

常用的输入设备有键盘、鼠标、光笔、扫描仪、数字化仪、条形码阅读器等。

5. 输出设备

输出设备是将计算机的处理结果传送到计算机外部供计算机用户使用的装置。其功能是将计算机内部二进制形式的数据信息转换成人们所需要的或其他设备能接受和识别的信息形式。常用的输出设备有显示器、打印机、绘图仪等。

通常我们将输入设备和输出设备统称为 I/O 设备(Input/Output),它们都属于计算机的外部设备。

2.1.3　计算机软件系统

一个完整的计算机系统是由硬件和软件两部分组成的。硬件是组成计算机的物理实体。但仅有硬件计算机还不能工作,要使计算机解决各种问题,必须有软件的支持,软件是介于用户和硬件系统之间的界面。

"软件"一词于 20 世纪 60 年代初传入我国。国际标准化组织(ISO)将软件定义为:电子计算机程序及运用数据处理系统所必需的手续、规则和文件的总称。对此定义,一种公认的解释是:软件由程序和文档两部分组成。程序由计算机最基本的指令组成,是计算机可以识别和执行的操作步骤;文档是指用自然语言或者形式化语言所编写的用来描述程序的内容、组成、功能规格、开发情况、测试结构和使用方法的文字资料和图表。程序是具有目的性和可执行性的,文档则是对程序的解释和说明。

程序是软件的主体。软件按其功能划分,可分为系统软件和应用软件两大类型。

1. 系统软件

系统软件(system software)是负责管理计算机系统中各种独立的硬件,使得它们可以协调工作。系统软件使得计算机使用者和其他软件将计算机当作一个整体而不需要顾及底层每个硬件是如何工作的。

一般来讲,系统软件包括操作系统和一系列基本的工具(比如编译器,数据库管理,存储器格式化,文件系统管理,用户身份验证,驱动管理,网络连接等方面的工具)。

(1)操作系统

操作系统(Operating System,OS)是系统软件的核心。为了使计算机系统的所有资源(包括硬件和软件)协调一致、有条不紊地工作,就必须用一个软件来进行统一管理和统一调度,这种软件称为操作系统。它的功能就是管理计算机系统的全部硬件资源、软件资源及数据资源,从图 2-5 可以看出,操作系统是最基本的系统软件,其他的所有软件都是建立在操作系统的基础之上的。操作系统是用户与计算机硬件之间的界面,没有操作系统作为中介,用户对计算机的操作和使用将变得非常难且低效。操作系统能够合理地组织计算机整个工作流程,最大限度地提高资源利用率。操作系统在为用户提供一个方便、友善、使用灵活的服务界面的同时,也提供了其他软件开发、运行的平台。它具备五个方面的功能,即 CPU 管理、作业管理、存储器管理、设备管理及文件管理。操作系统是每一台计算机必不可少的软件,现在具有一定规模的现代计算机其至具备几个不同的操作系统。操作系统的性能在很大程度上决定了计算机系统工作的优劣。微型计算机常用的操作系统有 DOS(Disk Operating System)、UNIX、Xenix、Linux、Windows 98/2000、NetWare、Windows NT、Windows XP、Windows 7、Windows 10 等。

图 2-5　用户面对的计算机系统

(2)语言处理程序

在介绍语言处理程序之前,很有必要先介绍一下计算机程序设计语言的发展。

软件是指计算机系统中的各种程序,而程序是用计算机语言来描述的指令序列。计算机语言是人与计算机交流的一种工具,这种交流被称为计算机程序设计。程序设计语言按其发展演变过程可分为三种:机器语言、汇编语言和高级语言,前二者统称为低级语言。

机器语言(machine language)是直接由机器指令(二进制)构成的,因此由它编写的计算机程序不需要翻译就可直接被计算机系统识别并运行。这种由二进制代码指令编写的程序最大的优点是执行速度快、效率高,同时也存在着严重的缺点:机器语言很难掌握,编程烦琐、可读性差、易出错,并且依赖于具体的机器,通用性差。

汇编语言(assemble language)采用一定的助记符号表示机器语言中的指令和数据，是符号化了的机器语言，也称作"符号语言"。汇编语言程序指令的操作码和操作数全都用符号表示，大大方便了记忆，但用助记符号表示的汇编语言，它与机器语言归根到底是一一对应的关系，都依赖于具体的计算机，因此都是低级语言。同样具备机器语言的缺点，例如缺乏通用性、烦琐、易出错等，只是程度上不同罢了。用这种语言编写的程序(汇编程序)不能在计算机上直接运行，必须首先被一种称为汇编程序的系统程序"翻译"成机器语言程序，才能由计算机执行。任何一种计算机都配有只适用于自己的汇编程序(assembler)。

高级语言又称为算法语言，它与机器无关，是近似于人类自然语言或数学公式的计算机语言。高级语言克服了低级语言的诸多缺点，它易学易用、可读性好、表达能力强(语句用较为接近自然语言的英文来表示)、通用性好(用高级语言编写的程序能使用在不同的计算机系统上)。但是，高级语言编写的程序不能被计算机直接识别和执行，它也必须经过某种转换才能执行。

高级语言种类很多，功能很强，常用的高级语言有：面向过程的 BASIC、用于科学计算的 Fortran、支持结构化程序设计的 Pascal、用于商务处理的 COBOL 和支持现代软件开发的 C 语言；现在又出现了面向对象的 VB(Visual Basic)、VC++(Visual C++)、Delphi、Java 等语言，使得计算机语言解决实际问题的能力得到了很大的提高。

① Fortran 语言在 1954 年提出，1956 年实现的。适用于科学和工程计算，它已经具有相当完善的工程设计计算程序库和工程应用软件。

② Pascal 语言是结构化程序设计语言，适用于教学、科学计算、数据处理和系统软件开发等，目前逐渐被 C 语言所取代。

③ C 语言是美国 Bell 实验室开发成功的，是一种具有很高灵活性的高级语言。C 语言程序简洁，功能强，适用于系统软件、数据计算、数据处理等，成为目前使用得最多的程序设计语言之一。

④ Visual Basic 是在 BASIC 语言的基础上发展起来的面向对象的程序设计语言的，它既保留了 BASIC 语言简单易学的特点，同时又具有很强的可视化界面设计功能，能够迅速地开发 Windows 应用程序，是重要的多媒体编程工具语言。

⑤ C++ 是一种面向对象的语言。面向对象的技术在系统程序设计、数据库及多媒体应用等诸多领域得到广泛应用。专家们预测，面向对象的程序设计思想将会主导今后程序设计语言的发展。

⑥ Java 是一种新型的跨平台分布式和程序设计语言。Java 以其简单、安全、可移植、面向对象、多线程处理和具有动态等特性引起世界范围的广泛关注。Java 语言是基于 C++ 的，其最大的特色在于"一次编写，处处运行"。Java 已逐渐成为网络软件的核心语言。

语言处理程序的功能是将除机器语言以外，利用其他计算机语言编写的程序，转换成机器所能直接识别并执行的机器语言程序的程序。可以分为三种类型，即汇编程序、编译程序和解释程序。通常将汇编语言及各种高级语言编写的计算机程序称为源程序(source program)，而把由源程序经过翻译(汇编或者编译)而生成的机器指令程序称为目标程序(object program)。语言处理程序中的汇编程序与编译程序具有一个共同的特点,即必须生成目标程序,然后通过执行目标程序得到最终结果。而解释程序是对源程序进行解释(逐句翻译),翻译一句执行一句,边解释边执行,从而得到最终结果。解释程序不产生将被执行的目标程序,而是借助解释程序直接执行源程序本身。汇编、编译与解释的过程如图 2-6 所示。

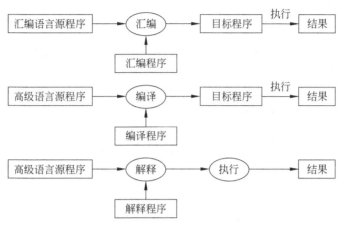

图 2-6　汇编、编译与解释过程

应该注意的是,除机器语言外,每一种计算机语言都应具备一种与之对应的语言处理程序。

（3）服务性程序

服务性程序(支撑软件)是指为了帮助用户使用与维护计算机,提供服务性手段,支持其他软件开发而编制的一类程序。此类程序内容广泛,主要有以下几种。

① 工具软件:工具软件主要是帮助用户使用计算机和开发软件的软件工具,如美国 Central Point Software 公司推出的 PCTools。

② 编辑程序:编辑程序能够为用户提供一个良好的书写环境,如 EDLIN、EDIT、写字板等。

③ 调试程序:调试程序用来检查计算机程序有哪些错误,以及错误位置,以便于修正,如 DEBUG。

④ 诊断程序:诊断程序主要用于对计算机系统硬件的检测和维护,能对 CPU、内存、软硬驱动器、显示器、键盘及 I/O 接口的性能和故障进行检测。

（4）数据库管理系统

数据库技术是计算机技术中发展最快、用途广泛的一个分支,可以说,在很多计算机应用开发中都离不开数据库技术。数据库管理系统是对计算机中所存放的大量数据进行组织、管理、查询有效提供一定处理功能的大型系统软件。主要分为两类,一类是基于微型计算机的小型数据库管理系统,如 Access 和 Foxpro;另一类是大型数据库管理系统,如 Oracle。

2. 应用软件

应用软件是指在计算机各个应用领域中,为解决各类实际问题而编制的程序,它用来帮助人们完成在特定领域中的各种工作。应用软件是为解决各类实际问题而编制的程序,它用来帮助人们完成在特定领域中的各种工作。应用软件主要包括:

① 文字处理程序:文字处理程序用来进行文字录入、编辑、排版、打印输出的程序,例如 Microsoft Word、WPS 2000 等。

② 表格处理软件:电子表格处理程序用来对电子表格进行计算、加工、打印输出的程序,如 Lotus、Excel 等。

③ 辅助设计软件:软件开发程序是为用户进行各种应用程序的设计而提供的程序或软件包。常用的有 AutoCAD、Photoshop、3D Studio MAX 等。另外,上述的各种语言及语言处理程序也为用户提供了应用程序设计的工具,也可视为软件开发程序。

④ 实时控制软件:在现代化工厂里,计算机普遍用于生产过程的自动控制,称为"实时控制"。例如,在化工厂中,用计算机控制配料、温度、阀门的开闭;在炼钢车间,用计算机控制加料、炉温、冶炼时间等;在发电厂,用计算机控制发电机组等。这类控制对计算机的可靠性要求很高,否则会生产出不合格产品,或造成重大事故。目前,PC 上较流行的软件有 FIX、InTouch、Lookout 等。

⑤ 用户应用程序;用户应用程序是指用户根据某一具体任务,使用上述各种语言、软件开发程序而设计的程序,如人事档案管理程序、计算机辅助教学软件、各种游戏程序等。

2.1.4 计算机的主要性能指标

对于不同用途的计算机,其对不同部件的性能指标要求有所不同。例如,对于用作科学计算为主的计算机,其对主机的运算速度要求很高;对于用作大型数据库处理为主的计算机,其对主机的内存容量、存取速度和外存储器的读写速度要求较高;对于用作网络传输的计算机,则要求有很高的 I/O 速度,因此应当有高速的 I/O 总线和相应的 I/O 接口。

1. 运算速度

计算机的运算速度是指计算机每秒钟执行的指令数。单位为每秒百万条指令(简称 MIPS)或者每秒百万条浮点指令(简称 MFPOPS)。它们都是用基准程序来测试的。影响运算速度的有如下几个主要因素。

① CPU 的主频。指计算机的时钟频率。它在很大程度上决定了计算机的运算速度。例如,Intel 公司的 CPU 主频最高已达 3.20GHz 以上,AMD 公司的可达 400MHz 以上。

② 字长。CPU 进行运算和数据处理的最基本、最有效的信息位长度。PC 的字长,已经由 8088 的准 16 位(运算用 16 位,I/O 用 8 位)发展到现在的 32 位、64 位。

③ 指令系统的合理性。每种机器都设计了一套指令,一般均有数十条到上百条,如加、浮点加、逻辑与、跳转等,组成了指令系统。

2. 存储器的指标

① 存取速度。内存储器完成一次读(取)或写(存)操作所需的时间称为存储器的存

取时间或者访问时间。而连续两次读(或写)所需的最短时间称为存储周期。对于半导体存储器来说,存取周期为几十到几百 ns(10^{-9}s)。

② 存储容量。存储容量一般用字节(B)数来度量。PC 的内存储器已由 286 机配置的 1MB,发展到现在 P4(奔腾 4)配置 256MB,甚至 512MB 以上。内存容量的加大,对于运行大型软件十分必要,否则会感到慢得无法忍受。

3. I/O 的速度

主机 I/O 的速度,取决于 I/O 总线的设计。这对于慢速设备(例如键盘、打印机)关系不大,但对于高速设备则效果十分明显。例如对于当前的硬盘,它的外部传输率已可达 20MB/s、40MB/s 以上。

以上只是一些主要性能指标。除了上述这些主要性能指标外,微型计算机还有其他一些指标,例如,所配置外围设备的性能指标以及所配置系统软件的情况等。另外,各项指标之间也不是彼此孤立的,在实际应用时,应该把它们综合起来考虑,而且还要遵循"性能价格比"的原则。

2.1.5 计算机中信息的表示

计算机要处理的信息是多种多样的,如日常的十进制数、文字、符号、图形、图像和语言等。但是计算机无法直接"理解"这些信息,所以计算机需要采用数字化编码的形式对信息进行存储、加工和传送。

信息的数字化表示就是采用一定的基本符号,使用一定的组合规则来表示信息。计算机中采用的二进制编码,其基本符号是 0 和 1。

1. 二进制代码

(1) 采用二进制代码的原因

在计算机中为什么要采用二进制? 原因如下:

① 可行性。

采用二进制,只有 0 和 1 两个状态,需要表示 0、1 两种状态的电子器件很多,如开关的接通和断开,晶体管的导通和截止、磁元件的正负剩磁、电位电平的低与高等都可表示 0、1 两个数码。使用二进制,电子器件具有实现的可行性。

② 简易性。

二进制数的运算法则少,运算简单,使计算机运算器的硬件结构大大简化(十进制的乘法九九口诀表 55 条公式,而二进制乘法只有 4 条规则)。

③ 逻辑性。

由于二进制 0 和 1 正好和逻辑代数的假(false)和真(true)相对应,有逻辑代数的理论基础,用二进制表示二值逻辑很自然。

(2) 二进制代码和二进制数码

我们从二进制代码和二进制数码开始讲述计算机基础知识,是因为二进制代码和二进制数码是计算机信息表示和信息处理的基础。

代码是事先约定好的信息表示的形式。二进制代码是把 0 和 1 两个符号按不同顺序排列起来的一串符号。

二进制数码有两个基本特征：
- 用 0、1 两个不同的符号组成的符号串表示数量；
- 相邻两个符号之间遵循"逢 2 进 1"的原则，即左边的一位所代表的数目是右边紧邻同一符号所代表的数目的 2 倍。

二进制代码和二进制数码是既有联系又有区别的两个概念：凡是用 0 和 1 两种符号表示信息的代码统称为二进制代码（或二值代码）；用 0 和 1 两种符号表示数量并且整个符号串各位均符合"逢 2 进 1"原则的二进制代码，称为二进制数码。

目前的计算机内部几乎毫无例外地使用二进制代码或二进制数码来表示信息，是由于以二进制代码为基础设计、制造计算机，可以做到速度快、元件少，既经济又可靠。虽然计算机从使用者看来处理的是十进制数，但在计算机内部仍然是以二进制数码为操作对象进行处理的，理解它的内部形式是必要的。

在计算机中数据的最小单位是 1 位二进制代码，简称为位（b）。8 个连续的位称为一个字节（1B）。

2. 进制

计数的方法有很多种，在日常生活中我们最常见的是国际上通用的计数方法——十进制计数法。但是除了十进制外还有其他计数制，如一天 24 小时，称为二十四进制，一小时 60 分钟，称为六十进制，这些称为进位计数制。计算机中使用的是二进制。

这几种进制采用的都是带权计数法，它包含两个基本要素：基数、位权。

基数是一种进位计数制所使用的数码状态的个数。如十进制有十个数码：0、1、2、…、7、8、9，因此基数为 10。二进制有两个数码：0 和 1，因此基数为 2。

位权表示一个数码所在的位。数码所在的位不同，代表数的大小也不同。如十进制从右面起第一位是个位，第二位是十位，第三位是百位……"个（10^0）、十（10^1）、百（10^2）、千（10^3）……"就是十进制位的"位权"。每一位数码与该位"位权"的乘积表示该位数值的大小。如十进制中 9 在个位代表 9，在十位上代表 90。

一般一个长度为 n 的二进制数 $a_{n-1}\cdots\cdots a_1 a_0$，用科学计数法表示为：$a_{n-1}\cdots\cdots a_1 a_0 = a_{n-1}\times 2^{n-1}+\cdots+a_1\times 2^1+a_0\times 2^0$。例如，二进制数 10101 用科学计数法表示：$10101 = 1\times 2^4+0\times 2^3+1\times 2^2+0\times 2^1+1\times 2^0$。

3. 进制转换

在计算机世界中还涉及八进制、十进制和十六进制。下面将讲述这几种进制之间的转换。

（1）二进制与十进制的转换

① 二进制转十进制。

方法："按权展开求和"。

例：$(1011.01)_2 = (1\times2^3 + 0\times2^2 + 1\times2^1 + 1\times2^0 + 0\times2^{-1} + 1\times2^{-2})_{10}$

$\qquad\qquad\quad = (8+0+2+1+0+0.25)_{10}$

$\qquad\qquad\quad = (11.25)_{10}$

② 十进制转二进制

十进制整数转二进制数："除以 2 取余,逆序输出"。

例：$(85)_{10} = (1010101)_2$

$$
\begin{array}{r|l}
2 & 85 \\
\hline
2 & 42 \quad \cdots\cdots 1 \\
\hline
2 & 21 \quad \cdots\cdots 0 \\
\hline
2 & 10 \quad \cdots\cdots 1 \\
\hline
2 & 5 \quad \cdots\cdots 0 \\
\hline
2 & 2 \quad \cdots\cdots 1 \\
\hline
2 & 1 \quad \cdots\cdots 0 \\
\hline
 & 0 \quad \cdots\cdots 1
\end{array}
$$

十进制小数转二进制数："乘以 2 取整,顺序输出"。

例：$(0.375)_{10} = (0.011)_2$

$$
\begin{array}{r}
0.375 \\
\times \quad 2 \\
\hline
0.\ |75 \\
\times \quad 2 \\
\hline
1.\ |50 \\
\times \quad 2 \\
\hline
1.\ |00
\end{array}
$$

（2）八进制与二进制的转换

例：将八进制的 27.516 转换成二进制数：

$\qquad\qquad$ 2 $\quad$ 7 $\quad.\quad$ 5 $\quad$ 1 $\quad$ 6

$\qquad\qquad$ 010 $\quad$ 111 $\quad.\quad$ 101 $\quad$ 001 $\quad$ 110

即：$(27.516)_8 = (10111.10100111)_2$

例：将二进制的 10011.0011 转换成八进制：

$\qquad\qquad$ 010 $\quad$ 011 $\quad.\quad$ 001 $\quad$ 100

$\qquad\qquad$ 2 $\qquad$ 3 $\quad.\quad$ 1 $\qquad$ 4

即：$(10011.0011)_2 = (23.14)_8$

（3）十六进制与二进制的转换

例：将十六进制数 5BF.C 转换成二进制：

$\qquad\qquad\qquad$ 5 $\qquad$ B $\qquad$ F $\quad.\quad$ C

$\qquad\qquad\qquad$ 0101 $\quad$ 1011 $\quad$ 1111 $\quad.\quad$ 1100

即：$(5BF.C)_{16} = (10110111111.11)_2$

例：将二进制数 1100011.1101 转换成十六进制：

$$0110 \quad 0011 \, . \, 1101$$
$$6 \qquad 3 \quad . \quad D$$

即：$(1100011.1101)_2 = (63.D)_{16}$

4. 二进制的运算

（1）算术运算

加法：$0+0=0$ ，$0+1=1$，$1+0=1$，$1+1=10$

减法：$0-0=0$，$1-0=1$，$1-1=0$，$10-1=1$

乘法：$0\times0=0$，$0\times1=0$，$1\times0=0$，$1\times1=1$

（2）位运算

与：0 and $0=0$ ，0 and $1=0$ ，1 and $0=0$ ，1 and $1=1$

或：0 or $0=0$ ，0 or $1=1$ ，1 or $0=1$ ，1 or $1=1$

非：not $0=1$ ，not $1=0$

异或：0 xor $0=0$ ，0 xor $1=1$ ，1 xor $0=1$ ，1 xor $1=0$

（3）位移运算

左移（二进制数 k 左移 n 位）：k shl $n=k\times2^n$

右移（二进制数 k 右移 n 位）：k shr $n=k$ div 2^n

例：求下列二进制数运算的结果。

$$101+101=1010$$
$$101\times11=1111$$
$$1000-11=101$$
$$1001 \text{ shl } 2=100100$$
$$1100110 \text{ shr } 2 =11001$$

5. 计算机中数的表示

在普通数字中，用＋或－符号在数的绝对值之前来区分数的正负。在计算机中有符号数包含三种表示方法：原码、反码和补码。

（1）原码表示法

用机器数的最高位代表符号位，其于各位是数的绝对值。符号位若为 0 则表示正数，若为 1 则表示负数。

（2）反码表示法

正数的反码和原码相同，负数的反码是对原码除符号位外各位取反。

（3）补码表示法

正数的补码和原码相同，负数的补码是该数的反码加 1。

例如：$X=+1001010$ $Y=-1001010$

则 $[X]_原=01001010$ $[Y]_原=11001010$

     $[X]_反=01001010$ $[Y]_反=10110101$

     $[X]_补=01001010$ $[Y]_补=10110110$

引入补码之后计算机中的加减法运算都可以用加法来实现,符号位和数字一样对待,并且有这样的公式$[X]_补+[Y]_补=[X+Y]_补$。

6. 计算机中非数值数据的表示

计算机是处理信息的工具,而信息既包括数字这样的数值信息,也包括文字符号、图形、声音等非数值信息。

（1）字符的表示

在计算机处理信息的过程中,要处理数值数据和字符数据,因此需要将数字、运算符、字母、标点符号等字符用二进制编码来表示、存储和处理。目前通用的是美国国家标准学会规定的 ASCII 码——美国标准信息交换代码(如表 2-1 所示)。每个字符用 7 位二进制数来表示,共有 128 种状态,这 128 种状态表示了 128 种字符,包括英文大小写字母、0……9、其他符号和控制符。

表 2-1　7 位 ASCII 码表

十六进制		高三位	0X00	0X01	0X02	0X03	0X04	0X05	0X06	0X07
	十进制		0	1	2	3	4	5	6	7
低四位		二进制	000	001	010	011	100	101	110	111
0X00	0	0000	NUL	DEL	SP	0	@	P	`	p
0X01	1	0001	SOH	DC1	!	1	A	Q	a	q
0X02	2	0010	STX	DC2	"	2	B	R	b	r
0X03	3	0011	ETX	DC3	#	3	C	S	c	s
0X04	4	0100	EOT	DC4	$	4	D	T	d	t
0X05	5	0101	ENQ	NAK	%	5	E	U	e	u
0X06	6	0110	ACK	SYN	&	6	F	V	f	v
0X07	7	0111	BEL	ETB		7	G	W	g	w
0X08	8	1000	BS	CAN	(	8	H	X	h	x
0X09	9	1001	HT	EM	)	9	I	Y	i	y
0X0A	10	1010	LF	SUB	*	:	J	Z	j	z
0X0B	11	1011	VT	ESC	+	;	K	[	k	{
0X0C	12	1100	FF	FS	,	<	L	\	l	|
0X0D	13	1101	CR	GS	—	=	M	]	m	}
0X0E	14	1110	SO	RS	.	>	N	^	n	~
0X0F	15	1111	SI	US	/	?	O	_	o	DEL

（2）汉字的数字化表示

① 汉字输入码。

汉字输入方法大体可分为区位码(数字码)、音码、形码、音形码。

区位码：优点是无重码或重码率低，缺点是难于记忆。

例如：一个汉字的机内码目前通常用 2 个字节来表示：第一个字节是区码的区号加 $(160)_{10}$；第二个字节是区位码的位码加 $(160)_{10}$。

已知：汉字"却"的区位码是 4020，试写出机内码两个字节的二进制的代码。

[答案]"却"的机内码第一个字节是 $160+40=200$，其二进制代码是 $(11001000)_2$；"却"的机内码第二个字节是 $160+20=180$，其二进制代码是 $(10110100)_2$。

1	1	0	0	1	0	0	0
1	0	1	1	0	1	0	0

音码：优点是大多数人都易于掌握，但同音字多，重码率高，影响输入的速度。

形码：根据汉字的字型进行编码，编码的规则较多，难于记忆，必须经过训练才能较好地掌握，重码率低。

音形码：将音码和形码结合起来，输入汉字，减少重码率，提高汉字输入速度。

② 汉字交换码。

汉字交换码是指不同的具有汉字处理功能的计算机系统之间在交换汉字信息时所使用的代码标准。自国家标准 GB 2312—80 公布以来，我国一直沿用该标准所规定的国标码作为统一的汉字信息交换码。

GB 2312—80 标准包括了 6763 个汉字，按其使用频度分为一级汉字 3755 个和二级汉字 3008 个。一级汉字按拼音排序，二级汉字按部首排序。此外，该标准还包括标点符号、数种西文字母、图形、数码等符号 682 个。

区位码的区码和位码均采用从 01 到 94 的十进制，国标码采用十六进制的 21H 到 73H（数字后加 H 表示其为十六进制数）。区位码和国标码的换算关系是：区码和位码分别加上十进制数 32。如"国"字在表中的 25 行 90 列，其区位码为 2590，国标码是 397AH。

由于 GB 2312—80 是 20 世纪 80 年代制定的标准，在实际应用时常常感到不够，所以，建议处理文字信息的产品采用新颁布的 GB 18030 信息交换用汉字编码字符集，这个标准繁、简字均处于同一平台，可解决两岸三地间 GB 码与 BIG5 码间的字码转换不便的问题。

（3）字符和汉字的输出

字符和汉字除用"内码"表示、存储和处理外，另一个重要的表示是字符和汉字的"图形"字符输出，即显示和打印出字符和汉字的外部形状。为此，计算机系统必须维护一个字库，存储每一个字符或汉字的可视字形。这种可视字形称为"字模"。字模犹如印刷厂里活字排版用的铅字；不同的是计算机字库中对每一个字符或汉字只保存一个字模，而印刷厂却要保存许多铅字。字库有 ASCII 字符字库和汉字字库，分别存储字符字模和汉字字模。

① 字符字模和字库：建立字模的一种方法是点阵法。一个字母，如 A，用 7×5 的点阵表示它，即每一个字符占据 7 行 5 列网格的面积。在这个网格上用笔涂写一个字符图形，凡笔经过的格子涂成黑色，笔没有经过的格子保留白色(如图 2-7 中的网格部分所示)。

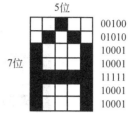

图 2-7　字符字模

根据字符的网格，用一组二进制数表示它。字符 A 的字模对应的一组二进制数(见图 2-7 中二进制数部分，按列排列)是 0011111、0100100、1000100、0100100、0011111，表示成十六进制是 1F、24、44、24、1F 。这一组二进制数，称为位图(Bitmap)，就表示了一个字符。所有字符的字模集中在一起，就构成字符的字库。对 ASCII 字符而言，最多只有 128 个字模。字库中的每一个字模与该字符的内码(即字符编码)之间建立一种对应关系。使当已知一个字符的内码时，就能按已规定的对应关系获得该字符的字模(即它的位图)，并送到输出设备上显示出来。图 2-8 显示了利用字库显示字符的工作原理。当 CPU 产生一个字符(如 A)，要在显示器上显示，则 CPU 把字符的内码(如 41H)送到显示器的显示存储器中，显示器根据内码从字库读出字形信息(即 A 的字模信息)，送到显示器并显示在屏幕上。

② 汉字字模和字库：与字符的字模和字库的表示方法类似，一个汉字，如"中"，亦用点阵表示。只是汉字有各种不同的字体、字形和字号，要用不同规格的点阵表示。如有 16×16、16×32、32×32、48×48 等规格的汉字点阵，每一个点在存储器中用一个二进制位存储。例如，在 16×16 的点阵中，需 8×32 位的存储空间，每 8 位为 1 字节，所以，需 32 字节的存储空间。在相同点阵中，不管其笔画繁简，每个汉字所占的字节数相等。所有汉字字模集中在一起存储和管理，即形成汉字字库。图 2-9 所示的是通常用于显示器的 16×16 点阵汉字字模。

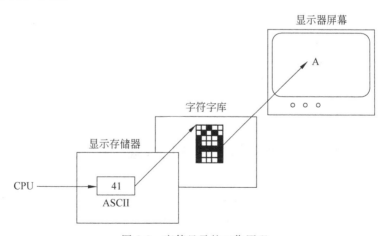

图 2-8　字符显示的工作原理

汉字字库的管理和使用与字符字库相同，不再赘述。但是，汉字字库较字符字库而言要大得多。一般地，字符字模不超过 128 个，而汉字字库却数以万计，管理和使用技术也难得多。当然，汉字字模的点阵表示不是唯一的方法，近年来还有诸如用矢量法表示汉字

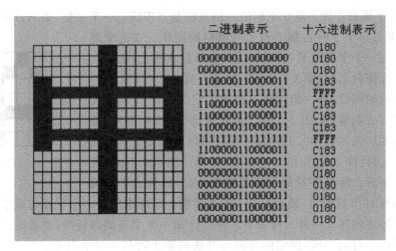

	二进制表示	十六进制表示
	0000000110000000	0180
	0000000110000000	0180
	0000000110000000	0180
	1100000110000011	C183
	1111111111111111	FFFF
	1100000110000011	C183
	1100000110000011	C183
	1100000110000011	C183
	1111111111111111	FFFF
	1100000110000011	C183
	0000000110000011	0180
	0000000110000011	0180
	0000000110000011	0180
	0000000110000011	0180
	0000000110000011	0180

图 2-9　汉字点阵

字模。所谓的矢量汉字是指用矢量方法将汉字点阵字模进行压缩后得到的汉字字形的数字化信息。矢量表示法是为了节省存储空间,而采用的字形数据压缩技术。

(4) 其他信息的数字化

① 图像信息的数字化。

一幅图像可以看作是由一个个像素点构成,图像的信息化,就是对每个像素用若干个二进制数码进行编码。图像信息数字化后,往往还要进行压缩。

图像文件的后缀名有 bmp、gif、jpg 等。

② 声音信息的数字化。

自然界的声音是一种连续变化的模拟信息,可以采用 A/D 转换器对声音信息进行数字化。声音文件的后缀名有 wav、mp3 等。

③ 视频信息的数字化。

视频信息可以看成连续变换的多幅图像构成,播放视频信息,每秒需传输和处理 25 幅以上的图像。视频信息数字化后的存储量相当大,所以需要进行压缩处理。视频文件后缀名有 avi、mpg 等。

2.2　微型计算机的硬件组成

微型计算机包括多种系列,多种档次、型号的计算机。一个完整的微机系统同样也是由硬件系统和软件系统组成的。微型机的核心部分是由一片或几片超大规模集成电路组成的,称为微处理器,例如英特尔公司的 Pentium 4。所谓微型机就是以微处理器为核心,配上大规模集成电路制成的存储器、输入输出接口电路以及系统总线所组成的计算机。下面我们介绍微型机的硬件构成。

微型机基本都是由显示器、键盘和主机构成的。在主机箱内有主板、硬盘驱动器、光盘驱动器、软盘驱动器、电源、显示适配器(显示卡)等。

2.2.1 主板

主板位于机箱的内部。如图 2-10 所示,主板是一块矩形的印刷电路板,上面分布着南桥芯片、北桥芯片、各种插槽、跳线、外设的接口以及许多的元器件等。主板是整个计算机的中枢,所有部件及外设都是通过主板与处理器连接在一起,并进行通信,然后由处理器发出相应的操作指令,执行相应的操作,所以了解主板的结构是非常重要的。

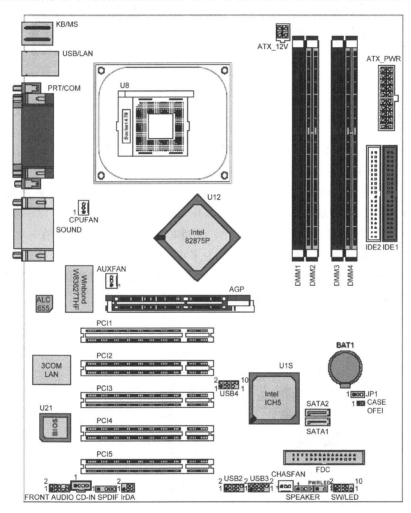

图 2-10　主板

1.处理器插座

处理器插座是用来安装处理器的,它的结构是根据主板所支持处理器的架构来决定的。目前常用的处理器架构是 Socket(见图 2-11),左边的是 Socket 处理器插座,右边是微处理器的背面。后期生产的 Pentium Ⅲ 和赛扬处理器采用的是 Socket 370 结构的安装插座,早期的 Pentium 4 使用的是 Socket 423,以后是 Socket 478。Socket 有一个处理器插座手柄,拉开可以拿下和安上 CPU,压下后处理器插针就可以与插座很好地接触。

处理器插座手柄

处理器缺口位

图 2-11 处理器的 Socket 插座

2. 芯片组

芯片组是主板的核心部件,对主板性能起着决定性的作用。在一种新处理器推出之时,必定有相应的主板芯片组同步推出,它是与处理器保持同步的。

主板芯片组主要分两部分,分别由一块单独的芯片负责,这两块芯片就是通常所说的南桥和北桥。图 2-12 中的 82875 就是北桥芯片,北桥芯片功耗较大,所以一般装有散热器。图 2-12 中标为 ICH5 的就是南桥芯片。北桥芯片是离处理器最近的一块芯片,主要因为北桥芯片与处理器之间的通信最密切,为了提高通信性能而缩短了传输距离。南桥芯片离处理器比较远,因为它所连接的 I/O 总线较多,离处理器远一点有利于布线。图 2-12 是南桥芯片、北桥芯片的工作原理示意图。

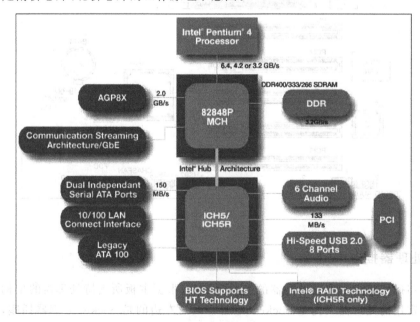

图 2-12 南桥、北桥的工作原理

北桥芯片(north bridge)是主板芯片组中起主导作用的芯片,也称为主桥(host bridge)。一般来说,芯片组的名称就是以北桥芯片的名称来命名的,例如英特尔 845E 芯片组的北桥芯片是 82845E,875P 芯片组的北桥芯片是 82875P,等等。北桥芯片负责与 CPU 的联系并控制内存、AGP、南桥之间的数据传输,整合型芯片组北桥芯片的内部还集成了显卡芯片。由于每一款处理器产品就对应一款相应的北桥芯片,所以北桥芯片的种类非常多。

南桥芯片(south bridge)是主板芯片组的重要组成部分,一般位于主板上离 CPU 插槽较远的下方,PCI 插槽的附近。相对于北桥芯片来说,其数据处理量并不算大,所以南桥芯片一般都没有覆盖散热片。南桥芯片不与处理器直接相连,而是通过一定的方式与北桥芯片相连。南桥芯片负责 I/O 总线之间的通信,如 PCI 总线、USB、LAN、ATA、SATA 等,这些技术一般来说已经比较成熟,所以不同芯片组中南桥芯片可能是一样的。南桥芯片的发展方向主要是集成更多的功能,例如网卡、RAID、IEEE 1394,甚至 Wi-Fi 无线网络等。

3. 内存插槽

内存插槽是用来插入内存的,它采用接触法与内存条的“金手指”接触。图 2-13 所示的主板上有 4 条内存插槽。不同规范的内存条,内存插槽的结构也有所区别。目前主要有两种内存,一种是 168 线的 SD 内存,它有 168 个接触点;另一种就是现在流行的 DDR 内存,它是 184 线的。因为结构及电气性能(主要是指电压)的不同,二者不能通用。

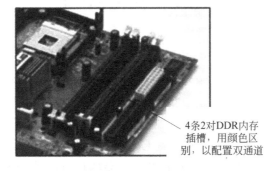

4条2对DDR内存
插槽,用颜色区
别,以配置双通道

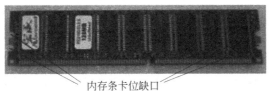

内存条卡位缺口

图 2-13 内存条、内存插槽和金手指

4. PCI 插槽和 ISA 插槽

目前内置板卡多是采用 PCI 总线接口,因此,主板上中插槽最多的就是 PCI,图 2-13 中有 4 条 PCI 插槽,它通常采用乳白色。原来的计算机中还保留有 ISA 插槽,但随着 ISA 总线的日趋淘汰,现在的主板上基本都看不到 ISA 插槽了,ISA 插槽通常是黑色的,它比 PCI 接口插槽要长一些。

PCI 总线（Peripheral Component Interconnect，外部设备互连）属于局部总线，是由 PCI 组织推出的一种总线结构。PCI 总线的时钟频率为 33MHz，数据带宽 32 位，它具有 133MB/S 的最大数据传输率。

常用的 PCI 总线接口的内置板卡有声卡、网卡、内置 Modem 卡等。同一主板上的 PCI 插槽都是通用的，可以随便选择一个未用的插上声卡、网卡或者内置 Modem 板卡，不过最好间距均衡一些，以便更好地散热，主板上的 PCI 和 ISA 插槽如图 2-14 所示。

PCI接口插槽   ISA插槽，比PCI长一些

图 2-14   PCI 和 ISA 插槽

5. AGP 插槽

AGP 插槽（Accelerated-Graphics-Port，加速图形端口）：是为提高视频带宽而设计的总线结构。AGP 总线实际上是从 PCI 总线中分离出来的，针对图形显示方面进行了优化，专门用于图形显示卡，它将显卡与主板的北桥芯片组直接相连，进行点对点的传输。但是 AGP 插槽并不是正规的数据总线，它只能和 AGP 显卡相连，不具通用性和扩展性。

在 AGP 推出以前，显示设备是采用 PCI 总线接口的，PCI 的最大数据传输能力为 133MB/s。随着 CPU 主频的逐步提升以及显卡上 GPU（图形处理器）性能的日新月异，单位时间内所要处理的 3D 图形和纹理越来越多，大量的数据要在极短的时间内频繁地在 CPU 和 GPU 之间反复交换，PCI 总线已经远远不能满足要求。于是 AGP 应运而生。

在最新的 AGP 8x 规范中，这种触发模式仍将使用，只是触发信号的工作频率变成 266MHz，两个信号触发点也变成了每个时钟周期的上升沿，单信号触发次数为 4 次，这样它在一个时钟周期所能传输的数据就从 AGP4x 的 4 倍变成了 8 倍，理论传输带宽将可达到 2128MB/s。

6. 硬盘接口

硬盘接口是连接硬盘和光驱的。目前有两种完全不同的硬盘接口标准，一种就是传统的并行 ATA 标准，也称 IDE 接口。另一种是最新的串行 ATA 接口，又称为 SATA。二者的最根本区别是数据传输速率，并行 ATA 的最新版本为 ATA/133，最大传输数据能力为 133MB/s;而 SATA 的第一版 SATA 1.0 的最大传输速率可达到 150MB/s,第二版、第三版传输速率分别可达到 300MB/s 和 600MB/s,这是传统的并行 ATA 所无法达到的。

并行 ATA 自 ATA66 后就开始采用 80 芯 40 线的数据线,而串行 SATA 只需要 15 芯 4 线即可,数据线的数量大大减少,方便了设备的安装。由图 2-15 可以清楚地看到两种硬盘接口的结构。

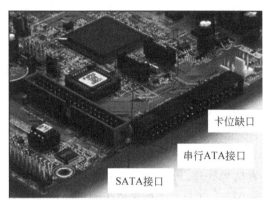

图 2-15　IDE 和串行 ATA 接口

7. 软驱接口

现在,软驱已经很少使用,但仍是计算机的基本配置之一。软驱在图 2-10 主板上的接口就是 FDC。

8. 外设接口

因为计算机的外设都是直接连在主板上的,所以在一块主板中会有各种各样的外设接口,如键盘接口、鼠标接口、打印机接口、USB 接口、网线接口以及音频输出/输入接口等,如图 2-16 所示。

图 2-16　各种外设的接口

图 2-16 中的 4 号位置是键盘和鼠标接口,它们在外观上是一样的,但是不能用错。为了便于识别,通常以不同的颜色来区分,绿色的是鼠标接口,而紫色的为键盘接口。

5 号位置是并行接口,通常用于和打印机连接。6 号位置为串行 COM 口,主要是用于和外置 Modem 和其他串口通信设备的连接。

图中的 7 号和 9 号位置都是 USB 接口。USB(Universal Serial Bus,通用串行总线)是一种新的连接外围设备的总线标准,是由 IBM、Intel、NEC 等厂商联合制定。USB 1.1 的数据传输率为 12MB/s,目前最新的标准是 USB 2.0,理论传输速率可达 480MB/s。目前许多新的设备都采用这种接口。它的优点是数据传输速率高、支持即插即用、热插拔、可以对外设供电等。

图中的 10 号位置是网卡接口,目前,许多主板上都集成了网卡,不必再单独购买网卡。

图中的 11 号位置是声卡的输入/输出接口,这也是在主板上集成了声卡后才提供的。由于多媒体技术的普及,声卡已成为家用 PC 的标准设备。Intel 公司于 1996 年发布了 AC97 标准,它把声卡中成本最高的 DSP(数字信号处理器)给去掉了,而通过特别编写的驱动程序,让 CPU 来负责信号处理,再配合一些必要的输入输出芯片,完成声卡的功能,这就是所谓的软声卡——AC97 声卡。主板集成了 AC97 声卡后就不必再单独购买声卡了。AC97 声卡工作时需要占用一部分 CPU 资源。

主板上声卡常用的接口只有 3 个,按照 PC99 规范,通常也是用颜色来区分。红色的接口用于连接麦克风。绿色的是音频输出接口,接音箱或耳机,浅蓝色的是音频输入接口。

9. 超级 I/O 控制芯片

在主板上还可以看到一块大规模集成电路,这就是超级 I/O 控制芯片,用于连接键盘、鼠标、软盘驱动器、打印接口(并行端口)、游戏杆控制接口、串行接口等外设。

10. BIOS 芯片

BIOS 芯片指的是主板上的一个存储芯片,BIOS 的英文全称是 Basic Input Output System,即基本输入输出系统。BIOS 中存储的主要内容是有关微机系统的最基本输入输出程序,如系统信息设置程序(即所谓的 CMOS 设置或 BIOS 设置程序),开机上电自检程序(POST 程序)以及一些控制基本输入输出设备的中断服务例程等。目前 BIOS 一般采用 Flash Memory 芯片,可以方便用户进行主板升级。但是由 CIH 病毒引起的 BIOS 损坏或数据丢失就会导致系统无法开机。

11. 电源供应接口

主板使用 ATX 结构的电源供应器给主板供电。目前 P4 主板的电源供应器一般有两个接口。ATX 20-Pin 电源接口是主要的电源供应接口。另外还有一个 4 芯的 ATX 12V 电源接口,用于为 CPU 供电。

12. 前面板指示灯、开关接口

机箱的前面板上有电源开关、复位开关、电源指示灯、硬盘指示灯和小扬声器,通过电缆连接在主板的相应接口上。

2.2.2 微处理器

CPU 全称为 Central Processing Unit,中文译为中央处理器或微处理器,主要用于运算和控制操作,是整个微机系统的核心。我们一般对微机的命名主要参考微处理器的型号,如一台微机标明 P4 2.4GHz,就是说这台微机的处理器是 Pentium 4,工作频率是 2.4GHz。图 2-17 展示了美国 Intel(英特尔)公司发布的 Itanium(安腾)处理器。Itanium 处理器是英特尔第一款 64 位的处理器。

图 2-17 Itanium 处理器

CPU 的性能大致上能反映出它所配置微机的性能,因此,CPU 的性能指标十分重要。下面简单介绍一些 CPU 常用的技术指标。

1. 主频、外频和倍频

主频也叫做时钟频率,是 CPU 的核心工作频率。主频越高,CPU 在一个时钟周期里所能完成的指令数也就越多,CPU 的运算速度也就越快。CPU 主频与 CPU 的外频和倍频的关系是:主频=外频×倍频。

外频是 CPU 与主板之间同步运行的速度,目前大部分计算机系统中外频是内存与主板之间同步运行的速度。在这种方式下,可以理解为:CPU 的外频直接影响内存的访问速度,外频越高,CPU 就可以处理更多的数据,从而使整个系统的速度进一步提高。

倍频就是 CPU 的核心工作频率与外频之间的倍数,在相同的外频下,倍频越高,CPU 的工作频率也越高。实际上,在相同外频的前提下,高倍频的 CPU 本身意义并不大。单纯的一味追求高倍频而得到高主频的 CPU 会出现明显的"瓶颈"效应,这样无疑是一种浪费。从有关计算可以得知,CPU 的倍频在 5~8 倍的时候,其性能可以得到比较充分的发挥,如果超出这个数值,系统与 CPU 之间进行数据交换的速度就跟不上 CPU 的运算速度,从而浪费 CPU 的计算能力。

2. 前端总线

前端总线 FSB 是 AMD 在推出 K7 CPU 时提出的概念,一直以来很多人都误认为这个名词不过是外频的一个别称。实际上,平时所说的外频是指 CPU 与主板的连接速度,而前端总线速度指的是数据传输的速度。例如,100MHz 外频指数字脉冲信号每秒钟震荡 1 亿次,而 100MHz 前端总线则指每秒钟 CPU 可接收的数据传输量是 100MHz×

64b÷8b/Byte＝800MB。就 Pentium 4 而言,前端总线的频率是外部数据总线的物理工作频率(即外频)的 4 倍,前端总线比外频更具代表性。

3. 内存总线速度

内存总线速度(memory-bus speed)也就是系统总线速度,一般等同于 CPU 的外频。CPU 处理的数据都由主存储器提供,而主存储器也就是平常所说的内存。一般我们放在硬磁盘或者其他各种存储介质上的文件都要通过内存,然后再进入 CPU 进行处理,所以与内存之间的通道,也就是内存总线的速度对整个系统的性能就显得尤为重要。

4. 缓存

缓存又称为高速缓存,就是指可以进行高速数据交换的存储器。CPU 的缓存分为两种,即 L1 Cache(一级缓存)和 L2 Cache(二级缓存)。

L1 高速缓存,就是我们经常说的一级高速缓存。在 CPU 里面内置了高速缓存可以提高 CPU 的运行效率。内置的 L1 高速缓存容量和结构对 CPU 的性能影响较大,不过高速缓冲存储器均由静态 RAM 组成,结构较复杂,在 CPU 管芯面积不能太大的情况下,L1 高速缓存的容量不可能做得太大。

L2 高速缓存,指 CPU 外部的高速缓存。Pentium Ⅱ 的 L2 Cache 运行在 CPU 核心频率一半的频率下,容量为 512KB。

5. 工作电压

工作电压指 CPU 正常工作所需的电压。早期 CPU(386、486)由于工艺落后,它们的工作电压一般为 5V,随着 CPU 的制造工艺与主频的提高,CPU 的工作电压有逐步下降的趋势,Coppermine 结构的 Pentium Ⅲ 采用 1.6V 的工作电压。低的工作电压能解决功耗过大和发热过多的问题。

6. 制造工艺

早期的 CPU 大多采用 0.5 微米以上的制作工艺,Pentium 的制造工艺是 0.35 微米,Pentium Ⅱ 和赛扬采用 0.25 微米。在 1999 年年底,Intel 公司推出了采用 0.18 微米制造工艺的 Pentium Ⅲ 处理器,即 Coppermine 处理器。

更精细的工艺使得原有的晶体管电路大幅度地缩小了,能耗越来越低,CPU 也就更省电。可以极大地提高 CPU 的集成度和工作频率。

2.2.3 内存

1. 内存的定义

内存是存储器的一种,存储器是计算机的重要组成部分。存储器按其用途可分为主存储器(main memory,简称主存)和辅助存储器(auxiliary memory,简称辅存),主存储器又称内存储器(简称内存),辅助存储器又称外存储器(简称外存)。外存通常是指硬盘、光盘、软磁盘和近几年出现的优盘,它们能保存大量信息,并且在断电后不会丢失信息。内存在计算机中的作用是举足轻重的,系统内存的容量对于一台机器的性能有着很大的影响。

严格来说,内存是一个广义的概念,它泛指计算机系统中,存放数据与指令的半导体存储单元,包括 RAM(Random Access Memory,随机存取存储器)和 ROM(Read Only Memory,只读存储器)以及 CPU 内的存储单元,人们习惯将 RAM 称为内存,而对于后两者,则称 ROM 和 Cache。所以,当谈到内存时,一般仅是指 RAM 而言,本书所提到的内存除非特别说明也都是指 RAM。

2. 内存的种类

现在的 RAM 多为 MOS 型半导体电路,它分为静态和动态两种电路形式。静态 RAM 是靠双稳态触发器来记忆信息的;动态 RAM 是靠 CMOS 电路中的栅极电容来存储信息的。由于电容上的电荷会泄漏,需要定时给予补充,所以动态 RAM 需要设置刷新电路。但动态 RAM 比静态 RAM 集成度高、功耗低、成本低,适于制作大容量存储器。所以微机的系统内存通常采用动态 RAM,而 Cache 则使用静态 RAM。

3. 内存的接口类型

内存的接口类型可以分为 SIMM 接口类型和 DIMM 接口两种类型。

SIMM 即单边直插式内存模块,这是 5x86 及其较早的 PC 中所采用的内存接口方式。在 Pentium 中,使用 72 针的 SIMM 接口的内存条。

DIMM 即双边直插式内存模块,也就是说这种类型接口的内存条的两边都有数据接口触片,这种接口模式的内存广泛应用于现在的计算机中。Pentium Ⅱ 和 Pentium Ⅲ 使用的 SDRAM 一边有 84 根接线,由于是双边的,所以一共有 84×2＝168 个接线,人们经常把这种内存称为 168 线内存,而把 72 线的 SIMM 类型内存模块直接称为 72 线内存。

4. 动态内存的种类

动态 RAM 按制造工艺的不同,又可分为动态随机存储器(Dynamic RAM,简记为 DRAM)、扩展数据输出随机存储器(Extended Data Out RAM,简记为 EDO-RAM)和同步动态随机存储器(Synchronized Dynamic RAM,简记为 SDRAM)。

DRAM 需要恒电流以保存信息,一旦断电,信息即丢失。它的刷新频率每秒钟可达几百次,但由于 DRAM 使用同一套电路来存取数据,所以 DRAM 的存取时间有一定的时间间隔,这导致了它的存取速度并不是很快。另外,在 DRAM 中,由于存储地址空间是按页排列的,所以当访问某一页面时,切换到另一页面会占用 CPU 额外的时钟周期。其接口多为 72 线的 SIMM 类型。

EDO-RAM 同 DRAM 相似,它取消了扩展数据输出内存与传输内存两个存储周期之间的时间间隔,在把数据发送给 CPU 的同时去访问下一个页面,故而速度要比普通 DRAM 快 15%～30%。工作电压为一般为 5V,其接口方式多为 72 线的 SIMM 类型,但也有 168 线的 DIMM 类型。

SDRAM 同 DRAM 有很大区别,它使用同一个 CPU 时钟周期即可完成数据的访问和刷新,即以同一个周期、相同的速度、同步地工作,因而可以与系统总线以同频率工作,可大大提高数据传输率,其速度要比 DRAM 和 EDO-RAM 快很多(比 EDO-RAM 提高近50%),最大可达到 133MHz,工作电压一般为 3.3V,其接口多为 168 线的 DIMM 类型。

5. DDR 内存

目前,Pentium 4 计算机上使用的一般是 DDR 内存,即双数据传输率同步动态随机存储器(double data rates SDRAM)。DDR 内存是在 SDRAM 的基础上进行了改进,DDR 内存在时钟脉冲的上升和下降沿都可传输数据,而不是像 SDRAM 那样仅在时钟脉冲的下降沿传输数据,DDR 即双数据率。这样就可以在不提高时钟频率的情况下,使数据传输率提高了一倍。DDR 内存条有 184 个引脚,金手指中只有一个缺口,而 SDRAM 内存条是 168 个引脚,金手指中有两个缺口。

6. DDR 内存的性能指标

根据 DDR 内存条的工作频率,分为 DDR200、DDR266、DDR333、DDR400 等多种类型。与 SDRAM 一样,DDR 也是与系统总线频率(即 CPU 外频)同步的,不过因为双倍数据传输,因此工作在 133MHz 频率下的 DDR 相当于 266MHz 的 SDRAM,于是便用 DDR266 来表示。

除了用工作频率来标示 DDR 内存条之外,有时也用带宽值来标示。内存带宽也叫"数据传输率",是指单位时间内通过内存的数据量,通常以 GB/s 表示。我们用一个简短的公式来说明内存带宽的计算方法:内存带宽=工作频率×位宽/8×n(时钟脉冲上下沿传输系数,DDR 的系数为 2)。DDR 内存条的数据带宽是 64 位。例如 DDR 266 的内存带宽为 2100MB/s,所以又用 PC2100 来标示它,于是 DDR333 就是 PC2700,DDR400 就是 PC3200 了。

7. DDR 内存的标示

DDR 内存的标示如图 2-18 所示。

图 2-18 DDR 内存的标示

现在的内存条上,大家可以看到有一个八脚的小芯片叫 SPD,它实际上是一个

EEPROM(可擦写存储器),它的容量有 256 字节,可以写入包括内存的标准工作状态、速度、响应时间等信息。从 PC100 时代开始,规定符合 PC100 标准的内存条必须安装 SPD,而且主板可以从 SPD 中读取到内存的信息,并按 SPD 的设定信息来使内存获得最佳的工作环境。

另外内存条上一般还有芯片标识,通常包括厂商名称、单片容量、芯片类型、工作速度、生产日期等内容,其中还可能有电压、容量系数和一些厂商的特殊标识。芯片标识是直接观察内存条性能参数的重要依据。

2.2.4 显示卡

近年来,显示卡(简称"显卡")的发展速度非常快。显卡从最初只支持单色显示的显卡,到现在的 3D 加速图形卡,已经过了好几代。当彩色的 CRT 显示器面世后,显卡也开始支持彩色显示,最早支持彩色显示的显卡只能显示二维的图像效果,因此被称为 2D 卡。后来随着操作系统的发展和三维游戏的需求,2D 显卡已不能满足需要,在这样的情况下,3D 图形加速卡面世了。3D 图形加速卡上有一个专门的图形处理芯片 GPU,GPU 可以帮助 CPU 处理大量的图像数据,进行复杂的图形运算,将 CPU 从繁重的图形三维运算中解脱出来,减少了 CPU 处理图形函数的时间。图 2-19 所示的是一块 AGP 接口的 3D 显卡。显卡上的 GPU 芯片是显卡的核心,由于 GPU 芯片的功耗较大,因此为其配备了一个散热风扇,从而保障其能够正常工作。

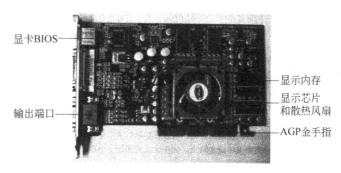

显卡BIOS

输出端口

显示内存

显示芯片和散热风扇

AGP金手指

图 2-19 显示卡的基本结构

2.2.5 外部存储器

1. 硬盘

硬盘驱动器和软盘驱动器都属于磁盘驱动器,通过盘片上磁场的变化记录各种信息,用于存储各类软件、程序和数据。它们既是输入设备,又是输出设备,但只能和计算机内存交换信息。磁盘驱动器和内存不同,在计算机断电之后,存储内容可以长期保存,所以说它们才是计算机真正的存储部件。图 2-20 显示了硬盘的外观。

图 2-20 硬盘的外观

硬盘作为微机系统的外存储器成为微机的主要配置,它由硬盘片、硬盘驱动电机和读写磁头等组装并封装在一起成为温彻斯特驱动器。硬盘工作时,固定在同一个转轴上的数张盘片以每分钟 7200 转甚至更高的速度旋转,磁头在驱动电机的带动下在磁盘上做径向移动,寻找定位点,完成写入或读出数据工作。

硬盘使用前要经过低级格式化、分区及高级格式化后即可使用。硬盘的低级格式化出厂前已完成。从存储容量上目前有 200GB、500GB 和 1TB 等。

描述硬盘性能参数的技术术语很多,如容量、磁头数、柱面数、扇区数、盘片数、转速、缓冲区大小、SMART 支持、平均寻道时间、最大寻道时间、最大外部数据传输率等等。

2. 光盘

光盘是利用激光原理进行读写的设备,目前微机上配备 CDROM(只读型光盘)驱动器或 DVD 驱动器。CDROM 容量为 680MB,DVD 的存储容量更大。

DVD-ROM 的全称为 Digital Versatile Disc(数字通用光盘),是由飞利浦和索尼公司与松下和时代华纳两大 DVD 阵营制定的新一代数据存储标准。利用这一新的数据存储标准,我们可以轻易地将单面单层的存储量提高到 4.7GB,并且还采用更先进的 MPEG-2 解压缩标准,MPEG-2 标准要比以往使用的 VHS 和 MPEG-1 标准的画质解析度要清晰得多,其最高解析度可以轻而易举地达到 500～1000 线。图 2-21 所示的是一款 DVD-ROM 的外观。

图 2-21　DVD-ROM 光驱

CD-RW 与 CD-R 仅一个字母之差,但在性能和工作原理等方面却有所差异。CD-RW 是指可以多次写入、多次读取的可擦写光盘刻录机。CD-RW 的工作原理是使用了一种所谓的"相变"(phase change)技术,同样也是利用激光的大功率辐射,对光盘本身的感光物质进行瞬间的加温,它与 CD-R 的不同点是,它是通过相位转换来记录数据。这种工作方式与 CD 有所不同,由此可以制造出能够提供读取的反射点,而且这些类似小"泡"的反射点也是可以重复烧制的。

3. U 盘

U 盘即 USB 盘的简称,而"优盘"只是 U 盘的谐音称呼。U 盘是闪存的一种,因此也叫闪盘。闪存盘,是中国在计算机存储领域二十年来唯一属于中国人的原创性发明专利成果。最大的特点就是小巧便于携带、存储容量大、价格便宜。U 盘是移动存储设备之一,其外观如图 2-22 所示。一般的 U 盘容量有 4GB、8GB、16GB、64G、128GB 等。

U 盘有 USB 接口,是 USB 设备。如果操作系统是 Windows 2000/XP/2003/Vista 或更高版本,将 U 盘直接插到机箱前面板或后面的 USB 接口上,系统就会自动识别。

首次使用 U 盘,系统会报告发现新硬件,稍候会提示:新硬件已经安装并可以使用了。打开"我的电脑",会看到多出来一个名为"可移动磁盘"的图标。经过这一步后,以后

图 2-22　各种 U 盘

再使用 U 盘,插上后可以直接打开"我的电脑"。此时注意,在屏幕最右下角,会有一个小图标,就是 USB 设备的意思。接下来,可以像平时操作文件一样,在 U 盘上保存、删除文件。但是,要注意,U 盘使用完毕后,关闭所用窗口,尤其是关于 U 盘的窗口,正确拔下 U 盘前,要右击右下角的 USB 设备图标,再单击"安全删除硬件",单击"停止"按钮,在弹出的窗口中,再单击"确定"按钮。当右下角出现提示:"你现在可以安全地移除驱动器了"这句提示后,才能将 U 盘从机箱上拔下。

4. 移动微盘存储设备

移动硬盘顾名思义是以硬盘为存储介质,强调便携性的存储产品。目前市场上移动硬盘有以标准硬盘为基础的,也有以微型硬盘(1.8 英寸硬盘等)为基础的。因为采用硬盘为存储介质,因此移动硬盘在数据的读写模式与标准 IDE 硬盘是相同的。移动硬盘多采用 USB、IEEE1394 等传输速度较快的接口,可以较高的速度与系统进行数据传输。

2.2.6　输入输出设备

1. 输入设备

输入设备(input device)是向计算机输入数据和信息的设备,是计算机与用户或其他设备通信的桥梁。输入设备是用户和计算机系统之间进行信息交换的主要装置之一。键盘、鼠标、摄像头、扫描仪、光笔、手写输入板、游戏杆、语音输入装置等都属于输入设备。输入设备是人或外部与计算机进行交互的一种装置,用于把原始数据和处理这些数据的程序输入到计算机中。计算机能够接收各种各样的数据,既可以是数值型的数据,也可以是各种非数值型的数据,如图形、图像、声音等都可以通过不同类型的输入设备输入到计算机中,进行存储、处理和输出。

(1) 键盘

按结构原理划分为按键有触点和按键无触点类型:

- 触点式,利用机械触点的分离与闭合判断电路的通断,由于磨损、氧化等易产生接触不良等故障。
- 无触点式,通过按键上下运动使电容的电量发生变化,达到检测开关的通断,不存在磨损和接触不良等问题,且密封组装,有防尘特性。

按与主机通信信息划分为编码键盘和非编码键盘:

- 编码键盘就是当某个键被按下后,能够提供一个与之相对应的编码信息,功能全部由硬件完成。
- 非编码键盘是用较为简单的硬件和专用的程序来识别被按键的位置,提供一个与位置相对应的中间代码(扫描码),然后用专用软件将其转换成规定的编码,即功能由软件完成。

图 2-23 为键盘的外观图。

(2) 鼠标

鼠标是控制计算机显示器上光标移动的输入设备。一般有两个键,使用 PS/2 接口或 USB 接口方式,图 2-24 为鼠标的外观图。

图 2-23　薄膜式键盘　　　　图 2-24　光电鼠标

鼠标的特点是快速、精确地光标定位,优良的人机交互。

鼠标主要分为机电式和光电式。机电式为一个外涂橡胶的钢球、两对光电管和栅轮组成,进行代表 X、Y 方向的定位和测距;光电式没有机械滚动部分,代之以两对互为直角的光电探测器,分别进行 X、Y 方向定位。与计算机通信方式分为有线和无线(红外和无线电)两种。

鼠标的指标主要有分辨率、轨迹速度等。

在操作系统中安装鼠标器的驱动程序,就可在系统中配置使用鼠标器。IBM-PC,通过软中断 INT33H 调用鼠标器驱动程序,可进行的操作有鼠标器初始化、开始显示光标、停止显示光标、读光标位置与按钮状态、设置光标位置、读鼠标位移量等。

(3) 扫描仪

扫描仪是把图形图像和字符变为二进制图像数据的计算机输入设备,图 2-25 为扫描仪的外观图。按照扫描的方式可分为台式、手持等,按照其处理的颜色分为黑白扫描仪和彩色扫描仪,扫描仪的性能指标有分辨率、扫描幅面、扫描速度等。配有专用软件的扫描仪可以把图形、图像和文字、字符变为二进制图像数据存入计算机存储器,另一方面通过显示器将输入的图形、图像显示出来。其接口有并行口和 SCSI 接口两种形式。

（4）数字相机

数字相机与扫描仪类似,采用数千个微小的光传感器将反射光转换为电脉冲。拍摄时,数字相机的镜头和普通胶片相机一样打开,但在相机后面接受反射光的不是基于卤化银的胶卷,而是一个布满成千上万个光敏晶体管的微型芯片,这些晶体管就是著名的电荷耦合设备 CCD,将光转换成电脉冲,光线越强,电荷量越大。CCD 可以把亮度分级,但并不认识颜色。和所有的数字设备一样,这些产品通过把三个基本色混合到一个像素来产生自然的彩色。为了做到这一点,数字相机必须分三次操作来完成一幅彩色相片。CCD的精度决定了最高分辨率,这是选购数字相机时要考虑的一个重要参数,当然镜头的质量和图像处理技术也是重要的性能指标。一旦按下快门,镜头和 CCD 完成了相应的感光工作,最后的彩色图像便以压缩图像的格式存放在数字相机的存储器里。现在,大部分数字相机使用标准的 U 盘接口,这意味着任何台式计算机或笔记本计算机均能与数字相机通信。

（5）其他输入设备

利用话筒可以进行语音输入,利用录音笔可以很方便地记录信息。还可以利用触摸设备进行输入等。数码相机、录音笔和触摸屏分别如图 2-26、图 2-27 和图 2-28 所示,它们都是输入设备。

图 2-25　平板式扫描仪

图 2-26　数码相机

图 2-27　录音笔

图 2-28　触摸屏

2. 输出设备

输出设备(output device)是人与计算机交互的一种部件,用于数据的输出。它把各种计算结果数据或信息以数字、字符、图像、声音等形式表示出来。输出设备的功能是将计算机内部二进制形式的信息转换成人们所需要的或其他设备能接受和识别的信息形式。常见的输出设备有打印机、显示器、绘图仪、数/模转换器、影像输出系统、语音输出系统、磁记录设备等。

(1) 显示器

显示器(monitor)又称监视器,是实现人机对话的主要工具。它既可以显示键盘输入的命令或数据,也可以显示计算机数据处理的结果。图 2-29 为液晶显示器外形图。

显示器的种类很多,有阴极射线管显示器(CRT)、液晶显示器、等离子显示器等。目前显示器以液晶显示器为主流。

图 2-29 液晶显示器

显示器的主要性能指标如下。

- 屏幕尺寸:显示器屏幕的对角线长度,长宽比例为 4∶3。
- 点间距:显示器屏幕上像素间的距离。
- 颜色数:每个像素点可显示的颜色数(灰度级)。
- 对比度:图像(字符)与背景的浓度差。
- 帧频:字符或图像每秒在屏幕上出现的次数。
- 行频:单位时间内电子束从屏幕左到右的扫描次数。
- 扫描方式:电子束扫过荧光屏上所有像素的方式,分隔行扫描和逐行扫描两种方式。

(2) 打印机

打印机可以将输出直接在纸上打印。打印技术可分为击打式和非击打式。打印的字形分为点阵形和非点阵形。

点阵针式打印机的特点是结构简单、体积小、重量轻、价格低,字符种类不受限制,较易实现汉字打印,还可以打印图形和图像。图 2-30 是针式打印机的外观图。

激光打印机输出速度快,印字质量高,而且可以使用普通纸张。它的印字质量明显优

图 2-30 针式打印机

于点阵式打印机。普通激光印字机的印字分辨率都能达到 300DPI(每英寸 300 个点)或 400DPI,甚至 600DPI。特别是对汉字或图形/图像输出,是理想的输出设备。图 2-31 是激光打印机的外观图。

喷墨打印机是类似于用墨水写字一样的打印机可直接将墨水喷射到普通纸上实现印刷,如喷射多种颜色墨水则可实现彩色硬拷贝输出。喷墨

打印机的喷墨技术有连续式和随机式两种。目前市场上流行的各种型号打印机大多采用随机式喷墨技术。图 2-32 是喷墨打印机的外观图。

图 2-31　激光打印机

图 2-32　喷墨打印机

（3）绘图仪

绘图仪是一种输出图形的硬拷贝设备。绘图仪在绘图软件的支持下可绘制出复杂、精确的图形，是各种计算机辅助设计不可缺少的工具。绘图仪的性能指标主要有绘图笔数、图纸尺寸、分辨率、接口形式及绘图语言等。现代的绘图仪已具有智能化的功能，它自身带有微处理器，可以使用绘图命令，具有直线和字符演算处理以及自检测等功能。绘图仪一般是由驱动电机、插补器、控制电路、绘图台、笔架、机械传动等部分组成。绘图仪除了必要的硬设备之外，还必须配备丰富的绘图软件。只有软件与硬件结合起来，才能实现自动绘图。图 2-33 显示了绘图仪的外观。

（4）声音输出设备

声音输出设备包括声卡和扬声器。声卡在主板上，通过扬声器输出声音。

按照数据传输的总线不同，现在的声卡可分为两大类：ISA 声卡和 PCI 声卡。ISA 的总线最高传输率为 8.33MB/s，其低带宽不利于声卡在多媒体应用中发挥更多功能；而 PCI 总线为 132MB/s，具有充足的带宽以便让声卡发挥更多的功能，既解决了传输的瓶颈，也降低了系统资源的消耗。图 2-34 显示了 PCI 声卡的外观。

图 2-33　绘图仪

图 2-34　PCI 声卡

扬声器主要有耳机和音箱两种。

（5）投影仪

根据所显示源的性质，投影仪主要可分为家用视频型和商用数据型两类。图 2-35 显示了投影仪的外观。

图 2-35　投影仪

家用视频型投影仪针对视频方面进行优化处理,其特点是亮度都在 1000 流明左右,对比度较高,投影的画面宽高比多为 16∶9,各种视频端口齐全,适合播放电影和高清晰电视,适于家庭用户使用。

商用数据型投影仪主要显示微机输出的信号,用来商务演示办公和日常教学,亮度根据使用环境有不同的选择,投影画面宽高比都为 4∶3,功能全面,对于图像和文本以及视频都可以演示,一般型号都同时具有视频及数字输口。

练 习 题

一、思考题

1．简述计算机系统的组成。

2．计算机硬件由哪几个部分组成？请分别说明各部件的作用。

3．指令和程序有什么区别？试述计算机执行指令的过程。

4．简述系统软件和应用软件的区别。

5．简述解释和编译的区别。

6．简述将源程序编译成可执行程序的过程。

7．什么是主板？它主要有哪些部件？各部件是如何连接的？

8．CPU 有哪些性能指标？

9．简述内存和外存特点有哪些。

10．输入、输出设备有什么作用？常见的输入、输出设备有哪些？

二、单项选择题

1．将计算机的内存储器和外存储器相比,内存的主要特点之一是(　　　)。

(A) 价格更便宜　　　(B) 存储容量更大

(C) 存取速度快　　　(D) 价格虽贵但容量大

2．计算机指令的集合称为(　　　)。

(A) 计算机语言　　(B) 程序　　　　(C) 软件　　　　(D) 数据库系统

3. 计算机内所有的信息都是以(   )数码形式表示的。
   (A) 八进制　　　　　(B) 十六进制　　　　(C) 十进制　　　　　(D) 二进制

4. 按存取速度来划分,下列存储器中(   )的速度最快。
   (A) 主(内)存储器　　　　　　　　(B) 硬盘
   (C) Cache　　　　　　　　　　　(D) 优盘

5. 计算机性能指标包括多项,下列选项中(   )不属于性能指标。
   (A) 主频　　　　　(B) 字长　　　　　(C) 运算速度　　　　(D) 是否带光驱

6. 计算机硬件系统由(   )组成。
   (A) 控制器、显示器、打印机、主机和键盘
   (B) 控制器、运算器、存储器、输入输出设备
   (C) CPU、主机、显示器、硬盘、电源
   (D) 主机箱、集成块、显示器、电源

7. CAM 是计算机应用领域中的一种,其含义是(   )。
   (A) 计算机辅助设计　　　　　　　(B) 计算机辅助制造
   (C) 计算机辅助教学　　　　　　　(D) 计算机辅助测试

8. 一个完整的计算机系统应当包括(   )。
   (A) 硬件系统和软件系统　　　　　(B) 主机和外部设备
   (C) 主机和实用程序　　　　　　　(D) 运算器、存储器和控制器

9. 计算机存储器分为(   )两类。
   (A) RAM 和 ROM　　　　　　　　(B) RAM 和 EPROM
   (C) 硬盘和软盘　　　　　　　　　(D) 内存和外存

10. 能把高级语言源程序翻译成目标程序的处理程序是(   )。
    (A) 编辑程序　　　　(B) 汇编程序　　　　(C) 编译程序　　　　(D) 解释程序

11. 要使用外存储器中的信息,应先将其调入(   )。
    (A) 控制器　　　　(B) 运算器　　　　(C) 微处理器　　　　(D) 内存储器

12. 第一台计算机的逻辑元件采用的是(   )。
    (A) 电子管　　　　　　　　　　　(B) 晶体管
    (C) 中小规模集成电路　　　　　　(D) 大规模集成电路

13. 在下列设备中,不能作为计算机的输入设备是(   )。
    (A) 打印机　　　　(B) 键盘　　　　(C) 扫描仪　　　　(D) 鼠标

14. 下面(   )一组设备包括输入设备、输出设备和存储设备。
    (A) CRT、CPU、ROM　　　　　　(B) 鼠标器、绘图仪、光盘
    (C) 磁盘、鼠标器、键盘　　　　　(D) 磁带、打印机、激光打印机

15. 感染计算机病毒的原因是(   )。
    (A) 与外界交换信息时感染
    (B) 因硬件有故障而被感染
    (C) 未正常关机而感染
    (D) 磁盘因与已感染病毒的盘放在一起而感染

16. 以下( )软件不是杀毒软件。

    (A) KILL   (B) Norton Anti Virus

    (C) WPS2000   (D) KV3000

17. 关于文件的含义,比较恰当的说法应该是( )。

    (A) 记录在存储介质上按名存取的一组相关信息的集合

    (B) 记录在存储介质上按名存取的一组相关程序的集合

    (C) 记录磁盘上按名存取的一组相关信息的集合

    (D) 记录磁盘上按名存取的一组相关程序的集合

18. 对于一张加了写保护的软盘,它( )。

    (A) 既不会传染病毒,也不会被病毒传染

    (B) 不但会向外传染病毒,还会被病毒感染

    (C) 虽不会传染病毒,但会被病毒感染

    (D) 虽不会被病毒感染,但会向外传染病毒

19. Pentium(奔腾)指的是计算机中( )的型号。

    (A) 主板   (B) 存储器   (C) 中央处理器   (D) 驱动器

20. 以下( )都是系统软件。

    (A) DOS 和 Excel   (B) WPS 和 UNIX

    (C) DOS 和 UNIX   (D) UNIX 和 Word

第3章

操 作 系 统

本章学习目标：

通过本章的学习，了解操作系统的概念、发展历史及常用的桌面操作系统和移动操作系统，熟练掌握操作系统进程的定义，理解进程调度的过程，熟练掌握内存管理的基本内容，理解文件及文件系统的定义，了解设备管理的基本内容。

本章要点：

- 操作系统的概念；
- 操作系统的发展历史；
- 常用桌面操作系统及移动操作系统；
- 进程的定义与调度；
- 内存管理的基本内容；
- 文件及文件系统的定义；
- 设备管理的基本内容。

操作系统是一台计算机必不可少的系统软件，是整个计算机系统的灵魂。操作系统是一个复杂的计算机程序集，它提供操作过程的协议或行为准则。没有操作系统，计算机就无法工作，就不能解释和执行用户输入的命令或运行简单的程序。操作系统的主要功能是管理资源，控制程序执行，改善人机界面，提供各种服务，并合理组织计算机工作流程为用户方便有效地使用计算机提供良好的运行环境。操作系统是掌控计算机局势的软件系统，了解其运行机理，掌握其基本操作，对于理解计算机的基本运行原理至关重要。

3.1 操作系统基本概念

3.1.1 操作系统的定义

操作系统（Operating System，OS）是管理和控制计算机硬件与软件资源的计算机程序，是直接运行在底层硬件上的最基本的系统软件，任何其他应用软件都要在操作系统之上运行。操作系统的功能包括管理计算机系统的硬件、软件及数据资源，控制程序运行，改善人机界面,为其他应用软件提供支持,让计算机系统所有资源最大限度地发挥作用,并提供各种形式的用户界面,使用户有一个好的工作环境,为其他软件的开发提供必要的服务和相应的接口等。操作系统管理着计算机硬件资源,同时按照应用程序的资源请求,分配资源,例如,划分 CPU 时间、开辟内存空间、调用外接设备等。操作系统好比企业中的总经理,负责协调和管理所有其他人员,并监督管控各类事宜,以保证企业(计算机系统)正常运转。

具体而言,操作系统是掌控计算机整体局势的控制系统,它介于计算机硬件平台和应用软件之间,如图 3-1 所示。

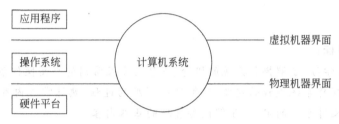

图 3-1　操作系统上下界面

如图 3-1 所示,操作系统为用户屏蔽了复杂的硬件平台,避免由人来对复杂的硬件进行直接管理。其实最原始的计算机设计之初是没有操作系统的,涉及硬件以及软件的管理事务都是由操作员来完成的,这时的计算机被称为单一控制终端、单一操作员模式。随着计算机系统复杂性的增长,人已不能胜任日益复杂的管理任务,因此编写出操作系统这个管理软件来代替人类掌控计算机系统。

综上所述,操作系统就是管理控制计算机上所有事情的软件系统。它的功能包括:
- 管理计算机上的软硬件资源;
- 合理调用计算机上的资源;
- 保护计算机资源的安全;
- 维持计算机系统及自身的正常运转。

为了实现上述功能,操作系统必须具备两大特点:资源复用和资源虚化。其中资源复用包括:

① 空分复用共享,例如在计算机的主存和辅存中,数据在存储空间中可能是被分散存储的,一个看似完整的文件在底层硬件中可能会被划分成若干部分,分布在磁盘的不同扇区的不同磁道中,有些部分甚至可能被存储在其他盘片上;

② 时分复用共享,例如 CPU 会将任务离散化,分成若干线程,在不同的时间片段内处理不同的子任务,以确保每个任务都会相对公平地得到尽快的处理。

很显然,为了实现上述资源复用的功能,需要一个具备统一协调和管理功能的软件,以保障用户在读取或是处理数据时不会考虑过多的细节,这样便要求操作系统还要具备资源虚化的特点。值得注意的是,用户在操作系统中所看到的资源并不是资源本身,而是资源被虚化和抽象后的可视化图像,如图 3-2 所示。资源虚化就如同人对现实世界的感觉一样,我们看到的颜色以及感知到的温度本质上都是身体反馈给大脑的信号,都是对现实物体的抽象描述。同样,操作系统对计算机进行"包装",将计算机复杂晦涩的硬件隐藏起来,对外部用户呈现友好清晰的界面,使用户更容易理解计算机系统。因此,学习操作系统的过程就如同打开某个复杂仪器的外壳,"窥视"其内部的运行机理,了解计算机运行的最基本的原理和过程。

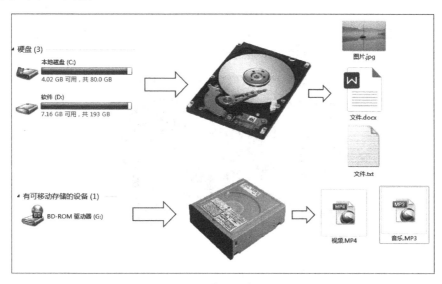

图 3-2　操作系统资源虚化

3.1.2　操作系统的发展历史

操作系统从无到有,又从最初的简单程序发展到现在的庞大而又复杂的大系统,一共经历了以下 7 个阶段。

1. 人工操作系统

人工操作系统阶段大概在 1940 年以前,此时的计算机并不是现代意义的计算机,其结构和原理都非常原始,只能做简单的数学运算,如图 3-3 所示。因此其上所有的操作都是由人来完成的,可以说在这个阶段真正的操作系统还没有诞生。

图 3-3　使用人工操作的原始计算机

2. 单一操作系统

单一操作系统阶段大概在 1940 年至 1950 年之间，此时的操作系统被称为单一操作员及单一控制终端的系统，运行在 ENIAC 计算机上，如图 3-4 所示。该操作系统的本质仅是一系列供用户使用的标准命令的集合，用户通过这些命令完成人机交互的功能。由于需要等待用户输入命令，所以该操作系统的效率很低。

图 3-4 使用单一操作系统的 ENIAC 计算机

用户使用这类操作系统的过程大致如下：先把程序和数据穿孔在卡片或纸带上，然后将卡片或纸带装上输入机，启动输入机把程序和数据送入计算机，再通过控制台开关启动程序运行，运行完毕后，用户拿走计算结果。单一操作系统的缺点是：

- 用户独占全机：系统资源利用率低。
- CPU 等待用户：计算前，手工装入纸带或卡片。
- 计算完成后，手工卸取纸带或卡片，如图 3-5 所示。

图 3-5 早期计算机的输入输出与存储设备：打孔卡片

3. 批处理操作系统

批处理操作系统阶段大概在 1950 年至 1960 年之间，为了提高操作系统的效率，人们提出了批处理操作系统。该操作系统运行在 IBM-1401 和 7094 等第二代通用计算机上，如图 3-6 所示。批处理操作系统允许人们事先把想好的命令打印在纸带上，然后由计算机成批地处理。

批处理操作系统的工作过程是用户先将作业交到机房操作员，操作员收集一批作业

图 3-6　使用批处理操作系统的第二代通用计算机

后将作业输入到辅存(如磁带)上,形成一个作业队列。在管理程序的控制下实现作业的自动运行。管理程序从这一批中选一道作业调入内存运行。当这一作业完成时,管理程序调入另一道程序,直到这一批作业全部完成。

批处理操作系统的特点是:

① 作业之间不需要人的干预;

② 监控程序常驻内存,开机后第一个进入内存,直到关机一直驻留在内存中;

③ 专职操作员、程序员可以不在现场,程序员(和非编程用户)无法同计算机交互;

④ 监控程序只为一个计算机系统设计,一个管理程序只能在一种机器上运行;

⑤ 作业转换时间大大减小,系统运行效率提高;

⑥ 资源利用率低,单道执行,很多资源空闲。

为了克服批处理操作系统的缺点,提高系统资源的利用率,后期又产生了多道程序设计的思想。

4. 多道批处理操作系统

多道批处理操作系统阶段大概在 1960 年至 1970 年之间,此时的计算机系统已经变得比较复杂了,但是对于 CPU 而言,对输入输出的处理依然是串行的,程序在进行输入输出时,CPU 只能等待。因此,为了进一步提高效率,人们设计了多道批处理操作系统,它可以将 CPU 运行和输入输出重叠起来同时运行。下面的例子可以说明多道批处理操作系统的优势。

例如,任务 1 将数据输入计算机需 50ms,在处理器上运行数据需 100ms,结果存放到存储器上需 30ms。

在单道情况下,处理器的利用率=100/(50+100+30)≈55.55%。

为了提高处理器的利用率,可以同时接收多道任务,例如接收任务 1 的同时还接收任务 2。

假设任务 2 为:从输入数据需 30ms,在处理器上处理数据需 50ms,结果输出需 20ms。在多道情况下,处理器同时处理两个任务的利用率=(100+50)/180≈83.33%。

从上面的结果可以看出,多道批处理提供了一种类似于流水线的数据处理方式,任务越多,多道批处理操作系统的利用率就越高。但是需要注意的是,多道批处理操作系统在宏观上虽然是并行的(同时有多道程序有内存运行,某一时间段上,各道程序不同程度地向前推进),但在微观上依然是串行的,这是因为任一时刻最多只有一道作业占用 CPU,CPU 是被多道程序交替使用的,即前一节中提到的时分复用资源共享的方式。

推动多道批处理系统形成和发展的动力是提高资源利用率和系统吞吐量。那么如何满足用户的另一种需要:交互、共享主机、方便上机? 在这种需求下,产生了一种允许多个联机用户同时使用一个计算机系统进行交互式计算的操作系统。

5. 分时操作系统

分时操作系统阶段大概在 1970 年,多道批处理操作系统使计算机的运行效率和吞吐量大大提高,但是用户的程序依然是先制作在卡片上,然后交给管理员统一运行,这使得一些问题的结果往往需要等待很长时间。因此,人们想到允许多个用户同时连在终端计算机上,每个用户都拥有自己的终端显示器和输入设备,系统在所有的用户之间进行分时管理,每个人只能获得一段时间的控制权,这种形式的系统被称为分时操作系统(time-sharing operating system),如图 3-7 所示。

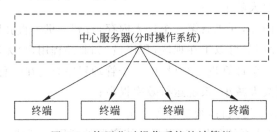

图 3-7　使用分时操作系统的计算机

在分时操作系统中,CPU 的处理时间和内存空间被按时间间隔进行分割,这些时间间隔被称为时间片,每个用户程序轮流地使用时间片。由于时间片的持续时间很小,使得用户感觉像是在独占计算机。分时操作系统的特点是可以有效地增加资源的利用率。UNIX 操作系统就是典型的分时操作系统。

6. 实时操作系统

同样是在 1970 年左右,人们又设计了实时操作系统,用于某些特殊领域的应用。例如,使用计算机对工业生产环节进行监控时,往往需要计算机系统能在短时间内作出反应,以防止重大事故的发生。实时操作系统(Real Time Operating System,RTOS)是指当外界输入命令时,能够及时接收并快速予以处理,处理结果能在指定时间内控制生产过程或作出快速响应的操作系统。因而,快速响应和高可靠是实时操作系统的主要特征。实时操作系统有可以分为硬实时操作系统和软实时操作系统,前者对于反应时间要求非常严格,后者只要按照任务的优先级,尽可能快作出响应即可。实时操作系统一般用于嵌入式设备上,例如电梯的控制系统,对于用户的命令要求进行实时处理。

实时系统的特点是:

① 如果运行程序的逻辑和时序出现偏差,将会引起系统崩溃;

② 能够对外界的事件和数据作出快速处理和响应。

目前,有两种类型的实时系统:软实时系统和硬实时系统。

- 软实时系统的宗旨是使各个任务运行得越快越好,并不要求限定某一任务必须在多长时间内完成;
- 在硬实时系统中各任务不仅要执行无误而且要做到准时。

大多数实时系统是软实时系统和硬实时系统的结合。

上述的批处理系统、分时系统、实时系统是三种基本的操作系统类型。一个操作系统若兼有三者或其中两者的功能,则此操作系统称为通用操作系统。

7. 嵌入式操作系统

嵌入式操作系统 EOS(Embedded Operating System)是一种用途非常广泛的操作系统,过去它主要应用于工业控制和国防系统领域。EOS 负责嵌入系统的全部软硬件资源的分配、调度工作,控制协调并发活动;它必须体现其所在系统的特征,能够通过装卸某些模块来达到系统所要求的功能。目前,已推出一些应用比较成功的 EOS 产品系列。随着 Internet 技术的发展、信息家电的普及应用及 EOS 的微型化和专业化,EOS 开始从单一的弱功能向高专业化的强功能方向发展。嵌入式操作系统的应用范围如图 3-8 所示。

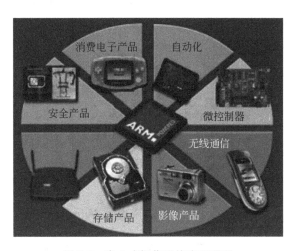

图 3-8　嵌入式操作系统应用范围

8. 网络操作系统

网络操作系统是指专门针对网络环境下实现各种网络服务而提供管理控制的操作系统。这些网络服务包括 Web 网站服务、域名解析服务、动态主机配置服务、文件共享与传输服务及电子邮件服务等。

9. 现代操作系统

到了 1980 年以后,计算机行业获得了快速的发展,伴随着新型复杂计算机系统的出现,现代操作系统也应运而生。比较有代表性的现代操作系统有 UNIX、Linux、Windows

等。现代操作系统具备并发、共享、虚拟和异步四大基本特征,是一个极其复杂的软件系统。

3.1.3 常用现代操作系统

1. 常用桌面操作系统

桌面操作系统是指运行在普通计算机上的操作系统,它可以为用户提供友好的操作界面,是目前应用最广泛的操作系统。目前主流的桌面操作系统主要有 Windows 和 Linux 系列。

(1) Windows 操作系统

Windows 操作系统诞生于 1985 年,是一款由美国微软公司开发的窗口化操作系统,采用图形化的操作模式。开发 Windows 操作系统最初的目的是取代 DOS 操作系统的指令化操作,提供一个友好并简单的人机操作界面。

Windows 操作系统的版本从最初的 Windows 1.0 发展到后来的 Windows 95、Windows 98、Windows ME、Windows 2000、Windows 2003、Windows XP、Windows Vista、Windows 7 以及 Windows 8、Windows 10。目前市场上比较流行的版本是 Windows 7。Windows 操作系统常见的系列图标如图 3-9 所示。

图 3-9　各系列版本 Windows 操作系统图标

上述一系列版本的 Windows 操作系统又可分为家用版本和服务器版本。服务器版本的 Windows 操作系统主要面向服务器主机,带有很多家用版本不具备的功能,例如,各类网络服务的搭建与管理,包括超文本传输服务(HTTP)、域名解析服务(DNS)、动态主机配置服务(DHCP)、文件传输服务(FTP)、文件共享服务以及电子邮件传输服务(E-mail,支持网络协议 SMTP、POP3)等。

微软 Windows 操作系统的最重要的成绩就是它将图形用户界面和多任务技术引入了桌面计算领域。它用图形化的窗口替换了命令提示符界面,使得整个操作系统变得更加有组织性,更加简单易操作,计算机屏幕变成了虚拟的图形化桌面,一切操作都变得非常直观,如图 3-10 所示。微软 Windows 操作系统从 1985 年的第一代到如今的 Windows

8 和 Windows 10 操作系统已经经历了三十多年的时间，其间的各类版本层出不穷，但是时至今日仍然是比较人性化和功能全面的操作系统。这是微软兼顾用户的需求不断改进而来的，Windows 甚至已经成了操作系统的代名词。

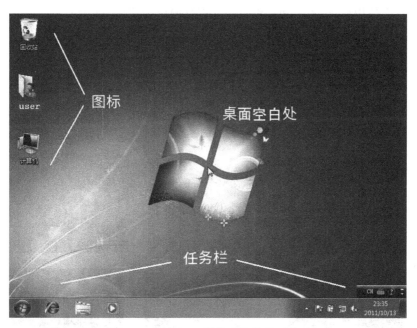

图 3-10　Windows 操作系统的桌面界面

（2）Linux 操作系统

Linux 诞生于 1991 年 10 月 5 日，是由芬兰赫尔辛基大学的一名学生——林纳斯·托瓦兹（Linus Torvalds）开发成功的，他最初的目的是想设计一个代替 Minix（由一位名叫 Andrew Tannebaum 的计算机教授编写的一个操作系统示教程序）的操作系统，这个操作系统可用于 386、486 或奔腾处理器的个人计算机上，并且具有 UNIX 操作系统的全部功能，因而开始了 Linux 雏形的设计。

Linux 是一套完全免费开源的类 UNIX 操作系统，是一个多用户、多任务、支持多线程和多处理器的现代操作系统。它能运行主要的 UNIX 工具，支持各类网络协议和网络服务。Linux 支持 32 位和 64 位硬件系统，它继承了 UNIX 以网络为核心的设计思想，是一个性能稳定、可靠性高的多用户网络操作系统，目前已被广泛应用于各个领域的计算机系统当中。Linux 的主要特征有两点：第一，一切内容都是文件形式，即操作系统中的所有内容都可以归结为文件，包括命令、硬件和软件设备、操作系统、进程等；第二，每个软件都有明确的用途。Linux 图标如图 3-11 所示。

Linux 以它的高效性和灵活性著称。它能够在 PC 上实现全部的 UNIX 特性，具有多任务、多用户的能力。Linux 是在

图 3-11　Linux 操作系统原始图标及其开发者

GNU 公共许可权限下免费获得的,是一个符合 POSIX 标准的操作系统,常见 Linux 操作系统发行版本图标如图 3-12 所示。Linux 操作系统软件包不仅包括完整的 Linux 操作系统,还包括带有多个窗口管理器的 X-Windows 图形用户界面,如同我们使用 Windows 一样,允许我们使用窗口、图标和菜单对系统进行操作,如图 3-13 所示。

图 3-12　常见 Linux 操作系统发行版本的图标

Linux 之所以受到广大计算机爱好者的喜爱,主要原因有两个。一是它属于自由软件,用户不用支付任何费用就可以获得它和它的源代码,并且可以根据自己的需要对它进行必要的修改,无偿对它使用,无约束地继续传播。另一个原因是,它具有 UNIX 的全部功能,任何使用 UNIX 操作系统或想要学习 UNIX 操作系统的人都可以从 Linux 中获益。

与 Windows 不同的是,Linux 的版本分为内核版本和发行版本,前者是指系统内核的更新版本,后者是指一些公司在内核基础上增加各类功能而发行的不同 Linux 版本。Linux 的内核版本由 3 部分组成:主版本号,次版本号,末版本号,例如 2.5.7。内核版本号的第二位数字,可以确定 Linux 内核版本的类型:开发版本的第二位数字是奇数,稳定版本的第二位数字是偶数。

2. 常用移动操作系统

移动操作系统是指运行在手机、电子书、微型电脑和便携式播放器等手持移动设备上的操作系统。随着移动互联网的井喷式发展,移动设备已经遍布世界的每个角落,这使得移动操作系统占据了很大一部分市场。目前主流的桌面操作系统主要有苹果公司的

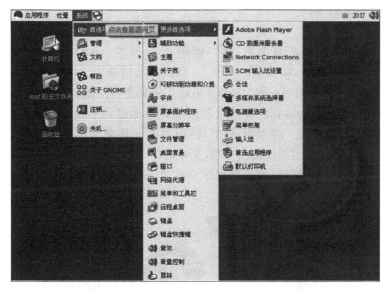

图 3-13　红帽 Linux 操作系统桌面界面

iOS、Android 以及 Windows Phone 系列。

（1）iOS 操作系统

iOS 操作系统是指运行于 iPhone、iPod touch 以及 iPad 等苹果品牌设备上的操作系统。iOS 与苹果的 Mac OS X 操作系统一样，都属于类 UNIX 的商业操作系统。原本这个系统名为 iPhone OS，因为 iPad、iPhone、iPod touch 都使用 iPhone OS，所以 2010WWDC 大会上宣布改名为 iOS(iOS 为美国 Cisco 公司网络设备操作系统注册商标，苹果改名已获得 Cisco 公司授权）。

iOS 操作系统的架构可分为四层：可轻触层、媒体层、核心服务层、核心操作系统层，如图 3-14 所示。

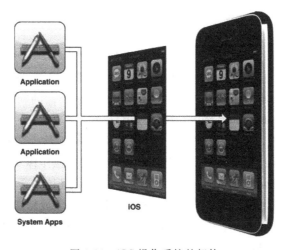

图 3-14　iOS 操作系统的架构

（2）Android 操作系统

Android 是一种基于 Linux 操作系统的、开放源码的操作系统，主要使用于移动设备，如智能手机、平板电脑和智能电视等，如图 3-15 所示。Android 系统最初由 Andy Rubin 开发，2005 年被 Google 收购。实际上，真正意义的基于 Android 的第一部智能手机是在 2008 年 10 月发布的，随后 Android 迅速扩展到平板电脑、电视、数码相机等领域。到 2011 年第一季度，Android 在全球的市场份额首次超过诺基亚的塞班系统，跃居全球第一。而在最近全球已售出的智能手机中，使用谷歌的移动操作系统 Android 占到 3/4 的比例，而且其在应用下载生态系统中占据主导地位。不仅如此，Android 在移动广告市场也占据了近 45.8% 的份额，超过苹果 iOS 所占的 45.3% 的市场份额。

图 3-15　使用 Android 操作系统的设备

由于 Android 系统开放性的先天优势，使得开发者可以天马行空地开发自己的软件，同时支持丰富的硬件，再加上 Android 系统将谷歌的地图、邮件、搜索等优秀的互联网服务无缝集成，成就了 Android 移动设备操作系统今日无法撼动的霸主地位。

（3）Windows Phone 操作系统

Windows Phone 操作系统（简称 WP）是微软开发的一款手机操作系统。Windows Phone 具有桌面定制、图标拖曳、滑动控制等一系列前卫的操作体验。其主屏幕通过提供类似仪表盘的体验来显示新的电子邮件、短信、未接来电、日历约会等，让人们对重要信息保持时刻更新。它还包括一个增强的触摸屏界面以及一个最新版本的 IE Mobile 浏览器。触摸屏界面更方便手指操作。全新的 Windows 手机把网络、个人计算机和手机的优势集于一身，让人们可以随时随地享受到想要的体验。

微软公司于 2010 年 10 月 11 日晚上 9 点 30 分正式发布了智能手机操作系统

Windows Phone,并将其使用接口称为 Modern 接口,如图 3-16 所示。2011 年 2 月,诺基亚与微软达成全球战略同盟并深度合作共同研发。2011 年 9 月 27 日,微软发布 Windows Phone 7.5。2012 年 6 月 21 日,微软正式发布 Windows Phone 8,采用和 Windows 8 相同的 Windows NT 内核,同时也针对市场的 Windows Phone 7.5 发布 Windows Phone 7.8。现有 Windows Phone 7 手机因为内核不同,都将无法升级至 Windows Phone 8 系统。2014 年,微软发布 Windows Phone 8.1 系统,该系统可以向下兼容,让使用 Windows Phone 8 手机的用户也可以升级到 Windows Phone 8.1。2014 年 4 月 Build2014 开发者大会发布 Windows Phone 8.1。在 2014 年 6 月,Windows Phone 8 手机部分用户将会收到 Windows Phone 8.1 预览版更新。

图 3-16　Windows Phone 操作系统

3.2　操作系统的进程管理

3.2.1　进程的定义

进程(process)指的是某个可并发程序的一次执行过程,例如前面提到的多道批处理操作系统可以同时处理多个任务,很多程序共享一个 CPU 资源,某一时刻 CPU 执行的只是程序的一部分过程,这个过程就是进程。进程和程序是不同的,程序是静态的,进程是动态的,一个程序可以有多个进程,一个进程可以属于多个程序。

1. 程序的并发执行

所谓程序的并发执行,是指两个或两个以上的程序在计算机系统中的执行时间在客观上互相重叠,即一个程序的执行尚未结束,另一个程序已经开始执行。

程序顺序执行时的特征为:

① 顺序性:每一操作必须在下一操作开始之前结束。

② 封闭性:程序运行时独占全机资源,资源的状态(除初始状态外)只有本程序才能改变,程序一旦执行,其结果不受外界影响。

③ 可再现性：程序执行环境和初始条件相同，重复执行时，结果相同。

程序并发执行时的特征为：

① 间断性：程序并发运行时，共享系统资源，为完成同一任务相互合作，会形成相互制约关系，导致并发程序具有"执行—暂停—执行"这种间断性的活动规律。

② 失去封闭性：程序并发执行时，资源状态由多个程序改变，某程序执行时，会受到其他程序影响，失去封闭性。

③ 不可再现性：失去封闭性，导致失去可再现性。

2. 进程的特点

一个进程具有如下特点。

① 动态性：进程的执行过程具有生命周期。

② 并发性：多个进程可以同时在内存中运行。

③ 独立性：进程是能独立运行、独立分配资源和独立接受调度的基本单位。

④ 异步性：进程按各自独立的、不可预知的速度向前推进。

3. 进程的组成

进程由程序、数据和进程控制块（PCB）组成。其中程序是进程要执行的代码；数据是进程要处理的对象；PCB是进程的唯一标识，用于记录有关进程的各种信息。PCB主要包括：

① 进程标识符；

② 处理机状态，如指令计数器等；

③ 进程调度信息，如进程状态、优先级等；

④ 进程控制信息，如程序和数据地址等；

⑤ 进程占用资源信息，包括进程地址空间，文件和设备等。

PCB的组织方式包括：

① 链接方式：具有同一状态的PCB按关键字链接成一队列。

② 索引方式：根据进程状态建立索引表，各索引表在内存首址记录在专用单元里，索引表表项记录PCB的地址。

4. 进程的状态

在多道操作系统中，进程之间分时轮流占用CPU资源，进程的互相交错执行使得系统整体的处理行为变得非常复杂，需要利用进程状态来更好地描述进程的复杂行为特征。一个完整的进程包括如下三个基本状态。

① 就绪状态，如果某个进程已经分配到了所需的资源，并正在等待被CPU处理，这时的状态称为就绪状态。在就绪状态时，进程已得到运行所需资源，只等CPU的调度即可运行。

② 执行状态，进程已经获得CPU的处理，正在运行的状态。

③ 等待状态，是不具备运行条件，等待时机的状态。

三种状态之间的转换关系如图 3-17 所示。

在图 3-17 中,当处于等待状态的进程被分配了所需资源,就会由等待状态进入就绪状态;如果进程被调度程序选择执行,就会由就绪状态进入执行状态;如果正在运行的进程的可执行时间用完了,就会由执行状态返回就绪状态;当正在运行的进程因为某些原因(在运行之中申请的资源未被分配),就会由执行状态返回等待状态。

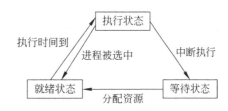

图 3-17　操作系统进程三种状态之间的转换

有些操作系统中还引入了挂起状态,因为终端用户有时希望自己程序静止下来以便解决某些问题,或是因为父进程有时希望挂起自己的某个子进程,以便考察、修改各子进程。

5. 线程的概念

为了既能提高程序的并发程度,又能减少操作系统的开销,操作系统设计者引入了线程,把进程的两个基本属性(进程是一个拥有资源的独立单元;进程是一个被处理机独立调度和分配的单元)分离开来。引入线程还有一个好处,就是能较好地支持对称多处理器系统(Symmetric Multiprocessor,SMP)。线程是进程的一个实体。通过创建线程,可以减少程序并发执行时的时空开销,图 3-18 表明了进程与线程的关系。

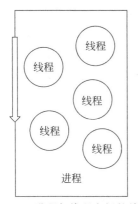

图 3-18　进程与线程之间的关系

从图 3-18 中可以看出,线程可被理解为轻量级的进程,它是进程中的最小执行单元。一个进程可以包含多个线程,每个线程为 CPU 执行的基本单位。线程具有如下属性。

① 轻型实体:线程基本不拥有资源,除了能保证独立运行的资源。

② 独立调度和分派的基本单位。

③ 可并发执行。

④ 共享进程资源。

进程和线程的区别与联系可以总结如下。

① 调度:线程是调度和指派的基本单位,而进程是资源拥有的基本单位。

② 拥有资源:进程拥有资源,而线程不拥有系统资源,但可以访问其隶属进程的系统资源。

③ 并发性:进程与线程都可以并发执行。

④ 系统开销:进程切换开销大,线程切换开销小;多线程间的同步与通信易实现(共享进程相同的地址空间)。

6. 与进程相关的概念

在操作系统中,经常遇到一些和进程有关的概念。

① 进程互斥：进程互斥指当若干个进程要同时使用某一共享的资源时，任何时刻内最多允许其中一个进程使用该资源，其他使用资源的进程必须处于等待状态，直到占用该资源的进程释放该资源为止。只要保证并发执行的诸进程互斥地进入各自的临界区，就能实现对临界资源的互斥访问。

② 临界资源：在操作系统中将一次只允许一个进程访问的资源称为临界资源（如打印机、磁带机等设备）。

③ 临界区：进程中访问临界资源的那段程序代码称为临界区，为实现对临界资源的互斥访问，应保证诸进程互斥地进入各自的临界区。

④ 进程同步：一组并发进程按照一定顺序执行的过程称为进程间的同步。具有同步关系的一组并发进程称为合作进程，合作进程间互相发送的信号称为消息或事件；

⑤ 进程调度：按照一定规则和调度算法，从一组等待运行的进程中选出一个进程占有 CPU 资源。

3.2.2 进程的控制

进程控制是对进程进行的管理，它包括进程的创建、撤销以及状态切换。操作系统内核负责控制和管理进程的产生、执行和消亡的整个过程。操作系统的进程控制操作主要有创建进程、撤销进程、挂起进程、恢复进程、改变进程优先级、封锁进程、唤醒进程、调度进程等。例如，Linux 操作系统的内核提供了运行进程必需的所有功能，还提供判断和保护访问硬件资源的系统服务。Windows 操作系统的内核驻留内存，它的执行不会被抢占。它有 4 项主要工作：线程调度、中断和异常处理、低级处理器同步（异步或延迟过程调用）、掉电后恢复（掉电中断）。

1. 执行模式

大多数处理器都至少支持两种执行模式，一种是与操作系统有关的模式，另一种则是与用户程序有关的模式。较低特权模式称为用户模式。较高特权模式指系统模式、控制模式或内核模式。内核是操作系统中最核心功能的集合。

x86 系统的 CPU 支持 4 种不同的模式，Linux 系统只支持两个：核心态和用户态。CPU 在核心态可以不受任何限制地执行所有命令，访问全部内存空间，而在用户态时只能执行一般命令，访问受限的地址空间。

2. 进程图

操作系统使用进程图来描述系统中进程之间的家族关系，进程图是一个有向图。其中的一个结点代表着一个进程，一条线代表着进程之间从属关系，根结点为该家族首进程，如图 3-19 所示。

图 3-19 中的结点表示进程，若进程 A 创建了进程 B，则从结点 A 有一条边指向结点 B，说明进程 A 是进程

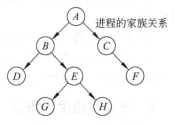

图 3-19 一个进程图

B 的父进程,进程 B 是进程 A 的子进程。

3. 进程原语

进程控制一般是由操作系统的内核通过执行各种原语操作来实现的。原语是指由若干条指令构成的"原子操作(atomic operation)"过程,完成某种特定的功能,作为一个整体而不可分割,要么全都完成,要么全都不做。进程控制的原语包括创建进程原语、终止进程原语、挂起进程原语、激活进程原语、阻塞进程原语以及唤醒进程原语。常见原语的功能如下。

① 进程创建原语 Create()。进程创建方式:由系统程序模块统一创建,进程之间的关系是平等地由父进程创建,存在隶属关系,构成家族关系,继承其父进程所拥有的资源。创建过程:申请空白 PCB,为新进程分配资源,例如,内存初始化进程控制块将新进程插入就绪队列。

② 进程撤销原语 Tenminat()。进程撤销方式:进程已完成所要求的功能而正常终止,或由于某种错误导致非正常终止,父进程要求撤销某个子进程。撤销过程:根据被终止进程的标识符,从 PCB 集合中检索出该进程的 PCB,将进程所拥有的全部资源交给父进程或者系统进程,释放 PCB。

③ 进程阻塞原语 Block()。阻塞方式:运行状态的进程,在其运行过程中期待某一事件发生,如等待键盘输入、等待磁盘数据传输完成等,当被等待的事件未发生时,由进程自己执行阻塞原语,使自己由运行态变为阻塞态。阻塞过程:中断处理机并保存该进程的 CPU 现场,为该进程置阻塞状态后插入等待队列,转进程调度,将处理机分配给另一个就绪进程。

④ 进程唤醒原语 Wakeup()。唤醒过程:当等待队列中的进程等待的事件发生时,等待该事件的所有进程都将被唤醒。两种方法:系统进程唤醒、事件发生进程唤醒。唤醒过程:从等待队列中摘下被唤醒进程,将被唤醒进程置为就绪状态后送入就绪队列,转进程调度或返回。

3.2.3 进程间的相互作用

通过前面的学习我们了解到,进程可以并发或者并行地执行。通过进程调度,CPU在进程间快速切换,提供了并发执行。在一个进程的工作没有完成之前,另一个进程就可以开始工作,这些进程就称为可同时执行的,或者称它们具有并发性,并且把可同时执行的进程称为并发进程。

如果一个进程的执行不影响另一个进程的执行结果,也不依赖一个进程的进展情况,即它们是各自独立的,则称这些进程相互之间是无关的。

如果一个进程的执行要依赖其他进程的进展状况,或者可能会影响其他进程的执行结果,则称这些进程是有交互的。

由此可见,进程之间不会是孤立的,进程之间的作用可以分为直接作用和间接作用。直接作用是指进程间的相互联系是有意识地安排的,直接作用只发生在相交的进程间。

间接作用是指进程间要通过某种中介发生联系,是无意识安排的,可发生在相交进程之间,也可发生在无关进程之间。

1. 进程的同步与互斥

进程的同步属于进程间的直接作用,即相关进程为协作完成同一任务而引起的直接制约关系。进程的同步是指系统中多个进程中发生的事件存在某种时序关系,需要相互合作,共同完成一项任务。具体说,一个进程运行到某一点时要求另一伙伴进程为它提供消息,在未获得消息之前,该进程处于等待状态,获得消息后被唤醒进入就绪态。

进程的互斥属于进程间的间接作用,由于各进程要求共享资源,而有些资源需要互斥使用,因此各进程间竞争使用这些资源,进程的这种关系为进程的互斥。

同步可以被看作是一种复杂的互斥,互斥也可被看做是一种特殊的同步,二者在广义上都属于同步机制。

2. 信号量同步机制

1965 年,Dijkstra 提出的信号量机制成为一种卓有成效的进程同步工具。信号量(semaphore)是一个整形变量,记为 s。信号量 s 的数据结构为一个值和一个指针,指针指向等待该信号量的下一个进程。信号量的值与相应资源的使用情况有关。当它的值大于 0 时,表示当前可用资源的数量;当它的值小于 0 时,其绝对值表示等待使用该资源的进程个数。

作为一种特殊的变量,信号量的值仅能由两个标准操作来访问和修改:PV 操作,其中 P 操作(wait)是指申请一个单位资源,进程进入;V 操作(signal)是指释放一个单位资源,进程出来。它们的具体定义如下。

P(s):① 将信号量 s 的值减 1,即 $s=s-1$。

② 如果 $s \leqslant 0$,则该进程继续执行;否则该进程置为等待状态,排入等待队列。

V(s):① 将信号量 s 的值加 1,即 $s=s+1$。

② 如果 $s>0$,则该进程继续执行;否则释放队列中第一个等待信号量的进程。

PV 操作的意义是用信号量及 PV 操作来实现进程的同步和互斥。PV 操作属于进程的低级通信。使用 PV 操作实现进程互斥时应该注意的是:

① 每个程序中用户实现互斥的 P、V 操作必须成对出现,先做 P 操作,进临界区,后做 V 操作,出临界区。若有多个分支,要认真检查其成对性。

② P、V 操作应分别紧靠临界区的头尾部,临界区的代码应尽可能短,不能有死循环。

③ 互斥信号量的初值一般为 1。

3. 死锁问题

在两个或多个任务中,如果每个任务锁定了其他任务试图锁定的资源,此时会造成这些任务永久阻塞,从而出现死锁。死锁也叫死亡拥抱。造成死锁现象的原因是由于进程之间在相互不知情的情况下无限制地等待对方所占有的资源。例如,一个进程 p1 占用了显示器,同时又必须使用打印机,而打印机被进程 p2 占用,p2 又必须使用显示器,这样就构成了死锁,如图 3-20 所示。

产生死锁的原因主要是:

① 因为系统资源不足;

② 进程运行推进的顺序不合适;

③ 资源分配不当。

产生死锁的 4 个必要条件为:

① 互斥条件:一个资源每次只能被一个进程使用。

② 请求与保持条件:一个进程因请求资源而阻塞时,对已获得的资源保持不放。

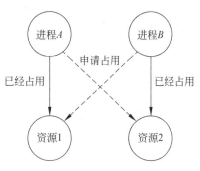

图 3-20　造成死锁现象的原因

③ 不剥夺条件:进程已获得的资源,在未使用完之前,不能强行剥夺。

④ 循环等待条件:若干进程之间形成一种头尾相接的循环等待资源关系。

预防死锁的方法有三种:

① 资源一次性分配:破坏请求和保持条件。

② 可剥夺资源:即当某进程新的资源未满足时,释放已占有的资源(破坏不可剥夺条件)。

③ 资源有序分配法:系统给每类资源赋予一个编号,每一个进程按编号递增的顺序请求资源,释放则相反(破坏环路等待条件)。

另外,如果系统在进行资源分配之前预先计算资源分配的安全性,也可避免死锁。若此次分配不会导致系统进入不安全状态,则将资源分配给进程;否则,进程等待。其中最具有代表性的避免死锁算法是银行家算法。

当死锁已经发生,最简单的办法是重启系统。更好的办法是终止一个进程的运行。同样也可以把一个或多个进程回滚到先前的某个状态。如果一个进程被多次回滚,迟迟不能占用必需的系统资源,可能会导致进程饥饿。

3.2.4　进程间的通信

操作系统必须让拥有依赖关系的进程相互协调,才能达到进程的共同目标。可以使用两种技术来协调进程。第一种技术是同步,当进程间相互具有合作依赖关系时使用;第二种技术就是在具有通信依赖关系的两个进程间传递信息。这种技术称为进程间通信(Inter-Process Communication,IPC)。

一般而言,进程有单独的地址空间。如果有两个进程(进程 A 和进程 B),那么,在进程 A 中声明的数据对于进程 B 是不可用的。而且,进程 B 看不到进程 A 中发生的事件,反之亦然。如果进程 A 和 B 一起工作来完成某个任务,必须有一个在两个进程间通信信息和时间的方法。数据对于其他进程来说是受保护的。为了让一个进程访问另外一个进程的数据,必须最终使用操作系统调用。与之类似,为了让一个进程知道另一个进程中发生的事件,必须在进程间建立一种通信方式。这也需要来自操作系统的帮助。进程将数据发送到另一进程,称为进程间通信(IPC)。下面列举几种不同类型的进程间通信方式。

1. 环境变量、文件描述符

当创建一个子进程时,它接收了父进程许多资源的副本。子进程接收了父进程的文本、堆栈以及数据片断的副本。子进程也接收了父进程的环境数据以及所有文件描述符的副本。子进程从父进程继承资源的过程创造了进程间通信的一个机会。父进程可以在它的数据片断或环境中设置一定的变量,子进程于是接收这些值。同样,父进程也可以打开一个文件,推进到文件内的期望位置,子进程接着就可以在父进程离开读/写指针的准确位置访问该文件。

这类通信的缺陷在于它是单向的、一次性。也就是说,除了文件描述外,如果子进程继承了任何其他数据,也仅仅是父进程复制的所有数据。一旦创建了子进程,由子进程对这些变量的任何改变都不会反映到父进程的数据中。同样,创建子进程后,对父进程数据的任何改变也不会反映到子进程中。所以,这种类型的进程间通信更像指挥棒传递。一旦父进程传递了某些资源的副本,子进程对它的使用就是独立的,必须使用原始传递资源。

2. 命令行参数

通过命令行参数(command-line argument)可以完成另一种单向、一次性的进程间通信。命令行参数在调用一个 exec 或派生调用操作系统时传递给子进程。命令行参数通常在其中一个参数中作为 NULL 终止字符串传递给 exec 或派生函数调用。这些函数可以按单向、一次性方式给子进程传递值。

3. 管道通信

继承资源以及命令行参数是最简单形式的进程间通信。它们有两个主要限制。除了文件描述符外,继承资源是 IPC 的单向、一次性形式。传递命令参数也是单向、一次性的 IPC 方法。这些方法限制于关联进程,如果不关联,命令行参数和继承资源不能使用。还有另一种结构,称做管道(pipe)通信,管道通信可以用于在关联进程之间以及无关联进程之间进行通信。管道是一种数据结构,像一个序列化文件一样访问。它形成了两个进程间的一种通信渠道。管道结构通过使用文本和写方式来访问。如果进程 A 希望通过管道发送数据给进程 B,那么进程 A 向管道写入数据。为了让进程 B 接收此数据,进程 B 必须读取管道,这与命令行参数的 IPC 形式不同。管道可以双向通信,两进程间的数据流是双向通信的。管道可以在程序的整个执行期间使用,在进程间发送数据并接收数据。所以,管道充当可访问管道的进程间的一种可活链接,如图 3-21 所示。

4. 共享内存

共享内存也可以实现进程间的通信。进程需要可以被其他进程浏览的内存块。希望访问这个内存块的其他进程请求对它的访问,或由创建它的进程授予访问这个内存块的权限。可以访问特定内存块的所有进程对它具有即时可见性。共享内存被映射到使用它

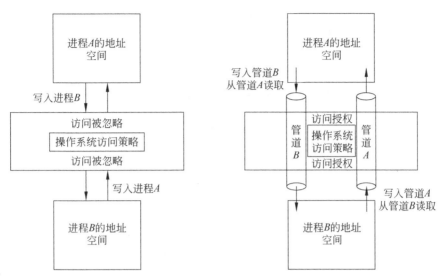

图 3-21 管道通信

的每个进程的地址空间。所以,它看起来像是另一个在进程内声明的变量。当一个进程写共享内存,所有的进程都立即知道写入的内容,而且可以访问。

进程间共享内存的关系与函数间全局变量的关系相似。程序中的所有函数都可以使用全局变量的值。同样,共享内存块可以被正在执行的所有进程访问。内存块可能共享一个逻辑地址,进程也可以共享某些物理地址。

5.动态数据交换

动态数据交换(Dynamic Data Exchange,DDE)是当今可用的进程间通信最强大和完善的形式之一。动态数据交换使用消息传递、共享内存、事务协议、客户/服务器范畴、同步规则以及会话协议来让数据和控制信息在进程间流动。动态数据交换对话的基本模型是客户、服务器。服务器对来自客户的数据作出反应。客户和服务器可以多种关系来通信。

DDE 的基本模型是客户端/服务器模型,服务器对来自客户的数据或者动作作出响应,一个服务器可以与任意数量的客户通信,一个客户可以与任意数量的服务器通信。单个 DDE 代理既可以是客户,也可以是服务器,即进程可从一个正为另一个进程执行服务的 DDE 代理请求的服务。

3.2.5　进程调度

进程调度指挑选进程到处理器上运行的动作过程。设置处理器寄存器中的进程状态称为分派(dispatching),保持进程状态并恢复另一进程状态的过程称为上下文切换(context switching)。进程调度的任务是估算就绪队列中的进程集合,从中选择一个进程,将它分配到空闲处理器。进程调度程序将正在运行的进程的运行状态改变为就绪状态或阻塞状态,保存该进程的现场,选择一个就绪的新进程,恢复这个新进程的现场,然后,将该进程的状态改变为运行状态(即激活这个进程)。

1. 进程调度方式

进程调度的方式可分为抢占式和非抢占式,如图 3-22 所示。

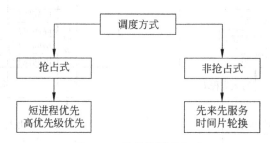

图 3-22　进程的调度方式

抢占式是指当一个进程正在运行时,系统可以基于某种原则,抢占已分配给它的处理机,将之分配给其他进程。抢占原则有优先级原则、短进程优先原则、时间片原则。优先级原则指每个进程均赋予一个调度优先级,当一个新的紧迫进程到达时,或者一个优先级高的进程从阻塞状态变成就绪状态时,如果该进程的优先级比当前进程的优先级高,操作系统就停止当前进程的执行,将处理机分配给该优先级高的进程,使之执行;短进程优先原则是指当新到达的作业对应的进程比正在执行的作业对应进程的运行时间明显短时,系统剥夺当前进程的执行,而将处理机分配给新的短进程,使之优先执行;时间片原则是指各进程按系统分配给的一个时间片运行,当该时间片用完或由于该进程等待某事件发生而被阻塞时,系统就停止该进程的执行而重新进行调度。时间片原则适用于分时系统和大多数实时信息处理系统。

非抢占式是指分派程序一旦把处理机分配给某进程后便让它一直运行下去,直到进程完成或发生某事件而阻塞时,才把处理机分配给另一个进程。

2. 进程调度性能

进程调度的目标就是要达到极小化平均响应时间、极大化系统吞吐率、保持系统各个功能部件均处于繁忙状态和提供某种貌似公平的机制。衡量进程调度性能的指标如下。

① 周转时间:所谓周转时间,是指从进程被提交给系统开始,到进程完成为止的这段时间间隔(称为进程周转时间)。它包括 4 部分时间:进程在后备队列上等待调度的时间,进程在就绪队列上等待进程调度的时间,进程在 CPU 上执行的时间,以及进程等待I/O 操作完成的时间。

② 响应时间:响应时间就是进程从提交请求到系统响应这个请求的时间。

3. 进程调度算法

常用的进程调度算法有如下 5 种。

（1）先来先服务调度算法

先来先服务（First Come First Server，FCFS）算法是一种最常见的算法，它符合人本性中的公平观念。其优点就是简单且实现容易，缺点则是短的工作有可能变得很慢，因为其前面有很长的工作在执行，这样就会造成用户的交互式体验也比较差，如图 3-23 所示。

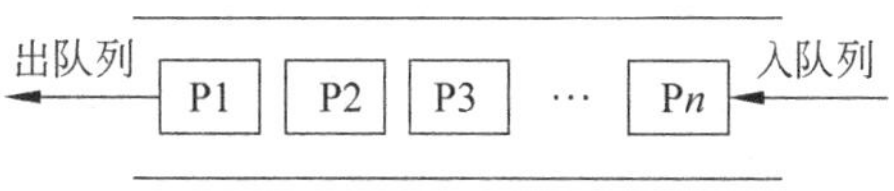

（2）时间片轮转调度算法

时间片轮转（round robin）调度算法是对 FCFS 算法的改进，其主要目的是改善短程序的响应时间，实现方式就是周期性地进行进程切换。时间片轮转的重点在于时间片的选择，需要考虑多方因素：如果运行的进程多时，时间片就需要短一些；进程数量少时，时间片就可以适当长一些。因此，时间片的选择是一个综合的考虑，要权衡各方利益，进行适当折中。

图 3-23　先来先服务算法

但是，时间片轮转的系统响应时间也不一定总是比 FCFS 的响应时间短。例如，如果有 100 个进程，其中 10 个进程每个只需要 1 秒钟的时间执行，而其他 90 个进程需要 100 秒钟来执行。假设时间片为 1 秒，如果只要 1 秒钟执行的那 10 个进程排在另外 90 个任务的后面，则它们需要等待 100 秒钟才能被执行。于是，这 10 个进程的响应时间和交互体验就变得非常差。因此，短任务优先算法被提出。

（3）短任务优先算法

短任务优先算法的核心是所有的任务并不都一样，而是有优先级的区分。具体来说，就是短任务的优先级比长任务的高，而我们总是安排优先级高的任务先运行。

短任务优先算法又分为两种类型：一种是非抢占式，另一种是抢占式。非抢占式是当已经在 CPU 上运行的任务结束或阻塞时，从候选任务中选择执行时间最短的进程来执行。而抢占式则是每增加一个新的进程就需要对所有进程（包括正在 CPU 上运行的进程）进行检查，谁的时间短就运行谁。由于短任务优先总是运行需要执行时间最短的程序，因此其系统平均响应时间在以上几种算法中是最优的，这也是短任务优先算法的优点。但短任务优先算法也有缺点：一是可能造成长任务无法得到 CPU 时间从而导致“饥饿”，二是如何知道每个进程还需要运转多久。为了解决第一个缺点，优先级调度算法被提出。而第二个缺点则可以采取一些启发式的算法来进行估算。

（4）最高优先数

最高优先数（highest priority first）是一种最常用的进程调度算法。它把处理机分配给具有最高优先数的进程。通常有静态优先数和动态优先数两类计算优先数的方法。

（5）混合法

混合法就是将多种方法组合在一起。

3.3　操作系统的内存管理

内存是计算机中仅次于 CPU 的重要资源，所有的程序在被执行前都需要装载进内存中。如同处理器一样，内存也是有限资源，操作系统需要合理地管理它以使程序可以高效地运行。

3.3.1 存储结构与内存管理

现代计算机系统的运行机制是基于冯·诺依曼的存储程序原理,即任何一个程序(包括操作系统本身)都必须被装入内存,占用一定的内存空间,才能执行,才能完成程序的特定功能。计算机中的存储结构如图 3-24 所示。

在计算机的存储结构中,内存区包括系统区和用户区,系统区包括操作系统程序本身和系统扩展区,用户区包括运行的系统程序和用户程序与数据;外存是大容量的磁盘或磁带等,存放准备运行的程序和数据,当进程要运行时,这些相应的程序和数据必须调入内存才能执行。在多道程序环境下,用户区可以同时存放几道程序,为多道程序所共享,如图 3-25 所示。

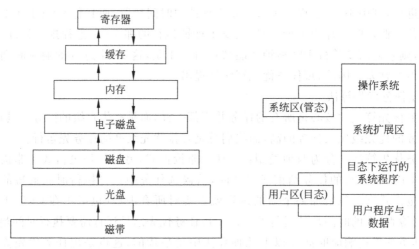

图 3-24 计算机中的存储结构　　　　图 3-25 计算机存储结构

内存管理的主要目的就是方便用户使用和提高内存的利用率。内存管理的任务是:

① 内存的分配与回收,内存分配策略、放置策略、交换策略、调入策略、回收策略;
② 地址映射,即程序逻辑地址到内存物理地址之间的映射;
③ 内存的共享;
④ 存储保护;
⑤ 存储扩充。

3.3.2 内存分配与回收

内存分配是指在多道作业和多进程环境下如何共享内存空间。内存回收是指当作业执行完毕或进程运行结束后将主存空间归还给系统。内存的分配与回收与所用的内存空间分配算法有关,分配方案应包括两个要素:存储空间的描述结构和存储分配的策略。常见的内存空间分配算法有如下两种。

① 固定分区分配与回收：预先将内存空间划分成若干个空闲分区，分配过程根据用户需求将某一个满足条件的分区直接分配（不进行分割），作业完成后回收对应内存。整个分配过程分区大小和个数不发生变化。

② 动态分区分配与回收：内存空间不预先划分，分配过程根据用户需求将某一个满足条件的分区按需分配，进行分割，一部分分配给作业，另一部分仍留在空闲分区链中。作业完成后回收对应内存，并要进行相邻空闲分区的合并。

3.3.3 地址映射

由于用户无法事先获知程序在内存中的真实地址，所以编程时采用的都是逻辑地址。当程序进入内存，必须把逻辑地址转为物理地址，这一过程称为地址映射。

1. 内存地址

在内存管理中主要涉及两类地址：

① 逻辑地址，也称为虚地址。在高级语言或汇编语言编程中，源程序中使用的地址都是符号地址，如 goto Label，用户不必关心符号地址 Label 在内存中的物理位置。源程序经过编译或汇编，再经过连接后，形成了一个以 0 地址为起始地址的虚拟空间，每条指令或每个数据单元都在虚拟空间中拥有确定的地址，该地址就称为逻辑地址，或虚拟地址。

② 物理地址，也叫实地址。所有程序必须装入内存才能执行。程序在执行时所占用的存储空间称为它的内存空间，也叫物理空间。一个物理空间是若干物理地址的集合。

2. 地址映射

当内存分配区确定后，就要将虚拟地址变换为内存的物理地址，即地址映射，如图 3-26 所示。

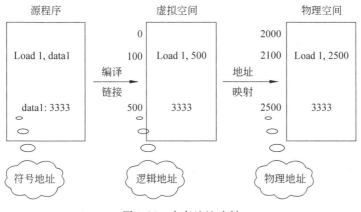

图 3-26　内存地址映射

地址映射有两种方式：静态映射和动态映射。

① 静态映射,是指在程序装入指定内存区时,由重定位装入程序一次性完成。假设目标程序分配的内存区起始地址为 B,那么程序中所有逻辑地址(假设为 a),对应的内存空间的物理地址为 $B+a$。

② 动态映射,是指在程序执行过程中进行的,由硬件地址映射机构完成。其方法是:设置一个公用的基地址寄存器 BR,存放现行程序分配的内存空间的起始地址。CPU 以逻辑地址访问内存时,映射机构自动把逻辑地址加上 BR 寄存器中的内容而形成实际的物理地址。

3.3.4 分区管理

为了满足多道程序设计技术,需要把内存空间划分成若干个大小可等可不等的连续区域。每个用户作业分配一个区域,用户作业一次整体装入到这个区域中,并限制只能在这个区域中运行。分区方式分为:单一连续分配、固定分区、可变分区、可重定位式分区和多重分区。

1. 固定分区管理

固定分区管理的基本原理是把内存分为若干大小相等或不等的分区,分区的大小和分区的总数由操作系统在系统初启时建立,一旦建好,在系统运行过程中,每个分区的大小和分区总数都是固定不变的。用到的数据结构主要有分区说明表(PDT),在 PDT 中,每一行为一个表目,分别记载着一个分区的特性,每个表目由若干栏目组成,包括分区号、分区大小、起始地址以及分区的使用状态(已分配用 1 表示,空闲用 0 表示)。

由于内存是预先划分好的,一般情况下分配给映像的分区可能会大于映像的实际尺寸,因此固定分区管理方式会产生分布于各分区内部的零散空闲空间,称之为内部碎片,如图 3-27 所示。

固定分区管理的特点是多道作业、作业独立分配分区、一次性装入。分配分区后,用静态重定位。其缺点是作业的大小与分区的大小一般会不吻合,大作业可能分配不到足够大分区。

图 3-27　固定分区管理产生的内部存储碎片

2. 可变分区管理

对于可变分区管理,系统初启时,内存除操作系统区外,其余空间为一个完整的大空闲区。当有作业申请时,则从空闲区划出一个与作业需求量相适应的区域进行分配;作业结束时,收回释放的分区;若与该分区邻接的是空闲区,则合并为一个大的空闲区。随着一系列的分配与回收,内存会形成若干占用区和空闲区交错的布局。可见,可变分区管理也存在“碎片”问题,如图 3-28 所示,进程 1(150KB)、进程 2(240KB)和进程 3(320KB)在最初被分配到了各自的内存空间,接下来进程 1 退出,进程 4 进入,由于进程 4 只有 90KB,便产生了 60KB 的碎片空间。紧接着进程 2 退出,进程 5 进入;进程 3 退出,进程 6 进入,内存空间演变成图 3-28 右侧子图的状态。

解决上述问题的办法是对碎片进行拼接或密集(compacting),如图 3-29 所示。但是要注意掌握拼接的时机:回收某个占用区时以及需要为新作业分配内存空间,但找不到大小合适的空闲区,而所有空闲区总容量却能满足作业需求量时。

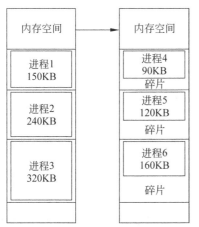

图 3-28　可变分区管理产生的外部存储碎片

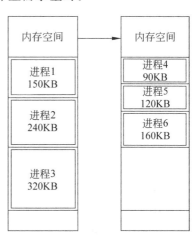

图 3-29　对碎片进行拼接或密集

3.3.5　分页管理

如 3.3.4 节所述,分区存储管理的主要缺点是产生碎片的问题。在采用分区存储管理的系统中,会形成一些非常小的分区,最终这些非常小的分区不能被系统中的任何用户程序利用而产生浪费。产生碎片问题的根源在于进程映像要求连续的存储空间。如果能突破这一限制,使进程映像可以分散存储,便能解决碎片问题,这也是分页存储管理技术的主要思路。

分页指的是将进程的逻辑地址空间分成若干个大小相等的片,称为页面或页,页面的大小应选择适中,且页面大小应是 2 的幂,通常为 512B~8KB。页面带有编号,从 0 开始。相应地,也把内存空间分成与页面相同大小的若干个存储块,称为(物理)块或帧(frame)。块也有编号,如 0♯块、1♯块等。在为进程分配内存时,以块为单位将进程中的若干个页分别装入到多个可以不相邻接的物理块中。由于进程的最后一页经常装不满一块而形成了不可利用的碎片,称之为"页内碎片",如图 3-30 所示。

在页式存储管理方式中地址结构由两部构成,前一部分是页号 P,后一部分为页内地址 W(位移量),如图 3-31 所示。

页式管理方式的优点是:

① 没有外碎片,每个内碎片不超过页大小。

② 一个程序不必连续存放。

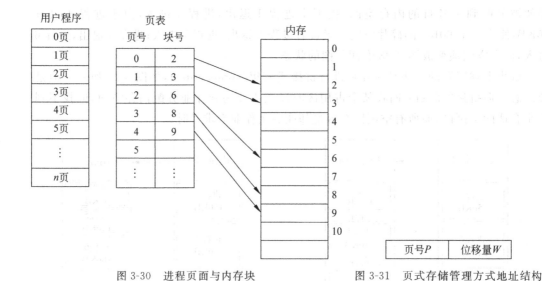

图 3-30　进程页面与内存块　　　　图 3-31　页式存储管理方式地址结构

③ 便于改变程序占用空间的大小(主要指随着程序运行,动态生成的数据增多,所要求的地址空间相应增长)。

页式管理方式的缺点是:要求程序全部装入内存,没有足够的内存,程序就不能执行。程序全部装入内存,要求有相应的硬件支持。这增加了机器成本,增加了系统开销。

3.4　操作系统的文件管理

复杂的计算机系统存储着海量的数据,这些数据具有各种各样的形式和特性,如果要求用户在使用它们时先去了解数据的细节(包括数据属性、数据在外存上的位置等)显然是不可能的。为了帮用户屏蔽掉复杂的底层信息,使用户可以方便直观地使用数据,操作系统中增加了文件的概念。文件是指具有名字的一组数据的集合,文件的名字即文件名,文件包含的信息可以是一段可执行程序、一张图片或是一段文本。操作系统为了方便用户使用文件,又增加了文件管理功能,即构成一个文件系统,负责管理在外存上的文件,并把对文件的存取、共享和保护等手段提供给用户。这不仅方便了用户,保证了文件的安全性,还可有效地提高系统资源的利用率。

3.4.1　文件

1. 与文件相关的概念

① 文件：具有符号名(文件名)的一组相关元素的有序序列,是一段程序或数据的集合。

② 文件系统：是操作系统中统一管理信息资源的一种软件,管理文件的存储、检索

和更新,提供安全可靠的共享和保护手段,并且方便用户使用。文件系统包含文件管理程序(文件与目录的集合)和所管理的全部文件,是用户与外存的接口,系统软件为用户提供统一方法(以数据记录的逻辑单位),访问存储在物理介质上的信息。

2. 文件的分类

文件按性质和用途分为系统文件、库文件、用户文件。系统文件是由系统软件构成的文件,只允许用户通过系统调用或系统提供的专用命令来执行它们,不允许对其进行读写和修改。主要由操作系统核心和各种系统应用程序或实用工具程序和数据组成;库文件是指文件允许用户对其进行读取和执行,但不允许对其进行修改,主要由各种标准子程序库组成;用户文件是用户通过操作系统保存的用户文件,由文件的所有者或所有者授权的用户才能使用,主要由用户的源程序源代码、可执行目标程序的文件和用户数据库数据等组成。

按操作保护分为只读文件、可读可写文件、可执行文件。只读文件是只允许文件主及被核准的用户去读的文件,而不允许写的文件;可读可写文件是允许文件主及被核准的用户去读和写的文件;可执行文件是允许文件主及被核准的用户去调用执行该文件而不允许读和写的文件。

按用户观点分为普通文件、目录文件和特殊文件。普通文件(常规文件)是指系统中最一般组织格式的文件,一般是字符流组成的无结构文件;目录文件是由文件的目录信息构成的特殊文件,操作系统将目录也做成文件,便于统一管理;特殊文件是诸如设备驱动程序的用于特殊用途的文件。

按文件的逻辑结构分为流式文件(无结构操作系统文件)、记录式文件(有结构的数据库文件)。流式文件是直接由字符序列(字符流)所构成的文件,故又称为流式文件,大量的源程序、可执行文件、库函数等,所采用的就是无结构的文件形式,即流式文件。其长度以字节为单位。对流式文件的访问则是采用读/写指针来指出下一个要访问的字符。可以把流式文件看做是记录式文件的一个特例。记录式文件是由若干个记录所构成的文件,故又称为记录式文件,也叫数据库文件。

按文件的存取方式分为顺序存取文件、随机存取文件。

3. 文件系统

文件系统是操作系统与管理文件有关的软件和数据集合。从用户的角度看,文件系统实现"按名存取"。从系统的角度看,文件系统是对文件存储器的存储空间进行组织、分配负责文件的存储并对存入的文件实施保护、检索的一组软件集合。DOS、Windows、OS/2、Macintosh 和 UNIX 类操作系统都有文件系统,在这些操作系统中文件被放置在分等级的(树状)结构中的某一处。文件被放置进目录(Windows 中的文件夹)或子目录中。

文件系统模型可以分为三个层次:底层是对象及其属性(文件、目录和磁盘存储空间);中间层是对象进行操作和管理的软件集合(核心部分);最高层是文件系统提供给用户的接口。为使用户能灵活方便地使用和控制文件,文件系统提供了一组进行文件操作的系统调用：建立文件、删除文件、打开文件、关闭文件、读文件和写文件等。

4. 文件的目录

文件目录是一种数据结构，用于标识系统中的文件及其物理地址，供检索时使用。文件包含文件体和文件说明（描述和控制文件的数据结构，称为文件控制块 FCB）。文件管理程序借助 FCB，对文件施以各种操作。人们把文件控制块的有序集合称为文件目录，即一个文件控制块就是一个目录项。

文件控制块包括文件名、文件的物理位置、文件的物理结构和逻辑结构、存储控制信息（权限）和使用信息（建立日期等）。

文件目录较多时，如果查找某个文件，需要将文件目录调入内存，查找指定文件名的文件目录，这样比较慢。因为文件目录是由 FCB 组成的，但是在检索文件的时候，只用到了文件名。这样，需要再建立一张表，包括文件名到索引结点的映射。文件目录可以按照单级目录、二级目录和多级目录结构组织。

当用户提供文件名时，对目录进行查询，找出该文件的文件控制块或对应索引结点。然后根据 FCB 或者索引结点中所记录的物理地址（盘块号），换算出文件在磁盘上的物理地址；最后通过磁盘驱动程序，将所需文件读入内存。目前对目录的查询方式有线性检索和 hash 方法。

5. 文件的操作

对文件的操作主要有建立、删除、打开、关闭、读、写以及修改等。

3.4.2 文件结构

文件结构是指文件的组织形式，文件的组织分为文件的逻辑结构（即逻辑结构）和文件的物理组织（即物理结构）。文件的逻辑结构是从用户的角度看到的文件组织形式，文件的物理结构是从系统的角度看到物理存储的形式。

1. 文件的逻辑结构

文件的逻辑结构分为两种，一种是记录式的有结构文件，另一种是字符流式的无结构文件。有结构文件又称为记录式文件，记录式文件又分为定长记录文件和变长记录文件。根据用户需要可以用多种方式来组织这些记录，形成如下几种文件。

① 顺序文件：由一系列记录按某种顺序排列所形成的文件，通常是定长记录。文件中的记录可以是任意顺序的，可以按照不同的顺序进行排列。增加或删除一个记录比较困难。

② 索引文件：记录为可变长度时，通常建立一张索引表，并为每个记录设置一个表项。索引表中的表项包括该记录的索引号、记录长度以及指向该记录的逻辑地址指针。

③ 索引顺序文件：索引顺序文件是上述两种文件的结合。它为文件建立一张索引

表,为每一组记录中的第一个记录设置一个表项。将记录中所有记录分为若干组(例如10个记录为一组),为顺序文件建立一张索引表,在索引表中的第一个记录建立一个索引项,包括该记录的键值和指向该记录的指针。

无结构文件是一种流式文件,其长度以字节为单位。对流式文件的访问是采用读写指针来指出下一个要访问的字节。可以把记录文件看作流式文件的一个特例。

2. 文件的物理结构

文件的物理结构指在外存上的存储组织形式,由逻辑地址到物理地址的映射是和物理结构相关的。文件存储设备通常划分为大小相等的物理块,物理块是分配及传输信息的基本单位。同时,文件信息划分为物理存储块大小相等的逻辑块。有以下几种物理结构。

① 顺序结构:一种简单的物理结构,将一个逻辑文件存储在外存连续的物理块中。这种方式保证了逻辑文件中的记录顺序与存储中文件占用盘块顺序一致。为了能找到文件必须记录第一个记录所在的盘块号以及文件的长度(以盘块号的方式进行统计)。这种方式容易造成外碎片,即有些小的盘块无法再满足文件分配需求,可以通过紧凑的方法使盘上所有的空闲盘块集中在一起,存有文件的盘块集中在一起。这种方式还有一个缺点就是必须事先知道文件的长度。

② 链接结构:将逻辑上连续的文件存放在外存不连续的区域上。通过链表的方式将同一个文件串成一个链表。这种方式消除了外碎片,显著提高了外存空间的利用率。文件可动态增长、删除,十分方便。

③ 索引结构:索引结构将一个逻辑文件的信息存放在外存的若干个物理块中,并为每个文件建立一个索引表,索引表中的每个表目存放文件信息所在的逻辑块号和与之对应的物理块号,以索引结构存放的文件称为索引文件。在存取文件时至少需要两次访问存储器,第一次访问索引表,第二次根据索引表提供的信息访问文件信息。索引分配方式又分为单级索引、多级索引和混合索引。单级索引为每个文件只分配一个索引块,再把分配给文件的所有盘块号记录在该索引块中。当建立文件时,为之分配一个索引块,然后该文件的所有盘块号被记录在其中。当文件较大时,需要分配多个索引块。当索引块太多时,查找的效率太低,于是可以为索引块建立索引块,这样查找速率便会提高很多。混合索引将上两种方式结合起来。

3.4.3 文件夹

在操作系统中,文件夹又被称为目录夹或目录,它的内部保存的不是用户的数据,而是文件和文件系统的相关信息。文件夹对于文件而言,就相当于一种地址映射的机制,即将文件的虚拟地址映射到文件实际的物理地址上。读取文件夹的内容就是在读取一组存放着文件磁盘地址映射关系的数组。文件夹本身可以被视为文件,其内部也可包含另一个文件夹,组成一个树形结构,根结点被称为根目录,如图 3-32 所示。

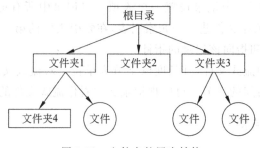

图 3-32　文件夹的层次结构

3.4.4　文件系统的实现

1. 文件的实现

文件的实现是把指定的信息起个名字存在磁盘上形成文件,实现文件存储的关键问题是记录各个文件分别用到哪些磁盘块。文件的实现需要解决如下三个问题:

- 给文件分配空闲的磁盘空间;
- 记录分配到的磁盘空间位置;
- 将文件内容存放至所分配的磁盘空间。

数据存放的方式分为连续空间存放和非连续空间存放,其中非连续空间存放又可分为链表方式和索引方式。

连续空间存放是将一个文件中逻辑上连续的信息存放到文件存储介质上的相邻块中,形成顺序结构,如图 3-33 所示,三个文件的存储是连续的。例如,磁带、卡片机、打印机等上的文件都是顺序文件。连续空间存放的优点是顺序存取信息时速度较快,不需要增加存储空间存放附加控制信息(如所有磁盘块的地址)。连续空间存放的缺点是文件在随机存储器上连续存放,与程序在内存中连续存放一样,会造成空闲块的浪费,即造成磁盘碎片,导致外存空间的利用率不高。另外,文件创建后,再对其增加或删除信息会很困难。

图 3-33　文件夹的层次结构

非连续空间存放又称为链接文件方式,是把一个逻辑上连续的文件存放在不连续的存储空间。非连续空间存放可以分为隐式链接和显式链接。隐式链接(在每个物理块中设有一个指针,指向其后续链接的另一个物理块,最后一块中的链指针是个特殊的链尾标记,从而使得存放同一文件的物理块链接成一个单向链接),如图 3-34 所示。显式链接(用于链接文件各物理块的指针显式地存放在到一个专门数据结构(连接表)中。该表表目序号是物理盘块号,每个表目中存放链接指针,即文件所占该目录序号对应的物理块链接下一个盘块号,文件最后一个盘块对应表目的内容也是个链尾标记,则形成显式文件)。

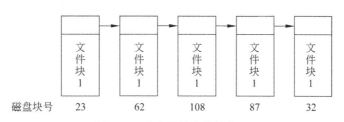

文件块 1	文件块 1	文件块 1	文件块 1	文件块 1

磁盘块号　23　　　62　　　108　　　87　　　32

图 3-34　隐式链接文件的实现

非连续空间存放优点是显式链接文件比隐式链接文件更常用。显式链接文件也适于顺序存取。缺点是非连续空间存放必须把整个链接表存放在内存中,对于大磁盘来说,将占用很多内存。

2. FAT 文件系统

FAT 文件起源于 20 世纪 70 年代末 80 年代初,用于微软的 MS-DOS 操作系统。它开始被设计成一个简单的文件系统,用于小于 500K 的软件盘。后来功能被大大增强,用于支持越来越大的存储媒体。现在的文件系统有 FAT12、FAT16 和 FAT32 三种子类。其中 FAT12 是最早的版本,主要用于软盘,它对簇的编址采用 12 位宽度的数,所以称为 FAT12。12 位的地址可以寻址 4096 个簇,事实上在 FAT12 中只能寻址 4078 个簇(在 Linux 下可寻址 4084 个簇),有一些簇号是不能用的。磁盘的扇区是用 16 位的数进行计算的,所以磁盘的容量就被局限在 32M 空间之内。

在 FAT16 中,采用了 16 位宽的簇地址,32 位宽扇区地址。虽然 32 位的扇区地址可以寻址 $2^{32} * 512$,约 2 个 TB 的容量,但于由规定每簇最大的容量不超过 $1024 * 32$,所以 FAT16 文件系统的容量也就限制为 $2^{16} * 1024 * 32$,大约 2.1GB 的容量,并且实际还达不到这个值。

FAT32 文件系统使用了 32 位宽的簇地址,所以称为 FAT32。但在微软的文件系统中只使用了低 28 位,最大容量为 $2^{28} * 1024 * 32$,约 8.7TB 的容量。有人认为 32 位全用,最大容量为 $2^{32} * 1024 * 32$,这种说法是不正确的。虽然 FAT32 具有容纳近乎 8.7TB 的容量,但实际应用中通常不使用超过 32GB 的 FAT32 分区。Windows 2000 及之上的 OS 已经不直接支持对超过 32GB 的分区格式化成 FAT32,但 Windows 98 依然可以格式化大到 127GB 的 FAT32 分区,但不推荐这样做。

需要注意的是,引导扇区和其他保留扇区一起称为保留扇区,而其他保留扇区是可选的,当没有时候,引导扇区后紧跟的就是 FAT 表。

3.5　操作系统的设备管理

前面介绍了操作系统的三大核心功能:进程管理、内存管理和文件管理,这三个核心功能最终却要依靠底层的硬件设备来实现。作为数据存储和传输的基础,设备是计算机中的重要资源。这里的设备是指外部设备,包括输入设备与输出设备,即除主机(CPU+

内存)之外的所有设备。在操作系统的内核中,将管理和控制设备的单元称为 I/O(输入输出)系统。操作系统设备管理的主要目的是完成用户提出的 I/O 请求,提高 I/O 速率和 I/O 设备的利用率等。

3.5.1 设备管理概述

1. 设备的分类

按设备所属关系可以分为系统设备和用户设备。系统设备是指操作系统生成时就属于系统管理范围的设备,也称为"标准设备"。用户设备是指在完成任务过程中,用户需要的特殊设备,是操作系统生成时未经登记的非标准设备,因此,需要向系统提供使用该设备的设备驱动程序。

从资源分配角度可以分为独占设备、共享设备和虚拟设备。独占设备一旦被分配给用户进程使用,就必须等它使用完,才能重新分配另一个用户进程使用,即独占设备的使用具有排他性。共享设备可由几个用户进程交替地对它进行信息读或写操作,从宏观上看,它们在同时使用,因此这种设备的利用率较高。虚拟设备通过辅存的支持,利用 Spooling 技术,把独占设备"改造"成可以共享的设备,但实际上这种共享设备并不存在。

按外部设备可以分为存储设备(或文件设备)和输入输出设备。存储设备是计算机用来长期保存各种信息、又可以随时访问这些信息的设备。输入设备是计算机"感知"或"接触"外部世界的设备,用户通过它把信息送到计算机系统内部;输出设备是计算机"通知"或"控制"外部世界的设备。

按信息交换方式可以分为块设备和字符设备。字符设备是指在 I/O 传输过程中以字符为单位进行传输的设备,例如键盘、打印机等。请注意,以字符为单位并不一定意味着是以字节为单位,因为有的编码规则规定,1 个字符占 16 比特,即 2 个字节。字符设备的基本特征是其传输速率较低,通常为几个字节至数千字节;不可寻址;I/O 常采用中断驱动方式。块设备是指将信息存储在固定大小的块中,每个块都有自己的地址。数据块的大小通常在 512 字节到 32 768 字节之间。块设备的基本特征是每个块都能独立于其他块而读写。磁盘是最常见的块设备,磁盘设备的基本特征是其传输速率较高,通常每秒钟为几兆位;另一特征是可寻址,即对它可随机地读/写任一块;此外,磁盘设备的 I/O 常采用 DMA 方式。

2. 设备管理的目标

① 提高系统资源利用率。在多道程序环境下,资源数总是少于进程数。需合理分配设备资源,并使外设与外设、外设与 CPU 并行工作,使设备尽可能处于忙碌状态。

② 方便用户使用。对于各种各样的外设,为用户提供便利、统一的使用界面。操作系统把各种外设的物理特性隐藏起来,把各种外设的具体操作方式隐藏起来,由操作系统面对。而让用户面对的是使用方便的设备,这样就可使用户摆脱烦琐的编程负担。

3. 设备管理的功能

① 提供用户接口：提供一组 I/O 命令，即用户使用外设的接口，用户在程序中通过这些命令使用外设。

② 进行设备的分配与回收：操作系统中 I/O 管理程序负责接收用户使用外设的请求、分配设备、回收设备。

③ 实现真正的 I/O 操作：操作系统依据用户的请求，通过具体的设备驱动程序，启动外设，进行实际的 I/O 操作；操作完毕就通知用户进程，由设备中断服务程序完成善后工作。

④ 其他功能：管理缓冲区，CPU 与 I/O 设备通过缓冲区传送数据，以解决高速 CPU 与慢速外设之间的矛盾。操作系统有专门软件管理缓冲区的分配与回收。

3.5.2 数据传送控制方式

I/O 设备一般由机械部分与电子部分构成，系统把这两部分分开处理，通过接插件、电缆相连。机械部分即设备本身，电子部分即设备控制器（适配器、接口卡）。I/O 设备是无法与 CPU 之间进行数据传送的，因为二者的控制方式和传输方式都不相同，I/O 设备一般使用物理信号进行控制，传送数据以位为单位，而 CPU 则是接收或产生数字化的指令，传送数据以字节为单位。另外，二者的速度和时序都不匹配。因此，在 I/O 设备与 CPU 之间必须要有一个解决上述问题的桥梁，这就是设备控制器，各个输入输出设备的控制器如图 3-35 所示。

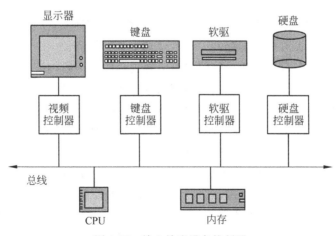

图 3-35　输入输出设备控制器

1. 设备控制器

设备控制器是 CPU 与 I/O 设备间的接口，处于 CPU 与外设之间，每种 I/O 设备都要通过设备控制器与 CPU 相连，设备控制器的结构如图 3-36 所示。

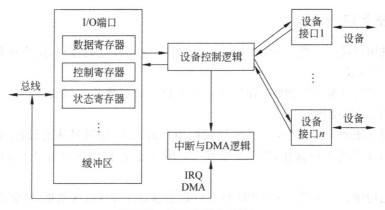

图 3-36 设备控制器的结构

图 3-36 中各模块的功能如下。

① I/O 端口：I/O 端口由一组寄存器组成，它与系统总线相连，可被 CPU 直接访问。

② 寄存器：设备控制器通过自己内部的寄存器与 CPU 通信。

- 数据寄存器：数据传输的缓冲。
- 状态寄存器：存放外设的状态，供 CPU 测试。
- 控制寄存器：存放 CPU 发出的操作命令与参数。

操作系统把命令以及参数写入控制寄存器，设备据此实现 I/O。设备控制器接收命令后，就独立于 CPU 去完成命令指定的任务。

③ 缓冲区：在数据流量大的设备中常设有缓冲区，用来存放批量传输的数据。缓冲区可被 CPU 直接访问。

④ 设备控制逻辑：用来充当 I/O 设备与端口之间的翻译器，主要有如下功能。

- 命令译码：负责对控制寄存器中的 I/O 命令进行译码。
- 状态解释：负责对从设备接收的状态信号进行解释编码，并存进状态寄存器。
- 信号格式转换：负责 I/O 设备与端口之间的串并行以及模数转换。
- 传输控制：负责控制 I/O 端口与设备和 CPU 之间的数据传输。

⑤ 中断与 DMA 逻辑，提供设备控制逻辑单元需要的中断请求功能，以及 DMA 请求功能。大部分设备都工作在中断模式下，所谓中断是指设备向 CPU 发送的一种请求，让 CPU 从繁忙的处理工作中脱离出来处理相应事件，处理完毕后又返回原来的中断位置。DMA(Direct Memory Access，直接存储器访问)是一种控制块设备的设备控制器，可以直接与内存交换数据。使用 DMA 技术可以越过 CPU 直接获得总线控制权，从而不经过 CPU 寄存器直接在设备与内存之间交换数据，这样做的好处是当设备产生大量数据时，可以在传输期间不多次发送中断，仅在传输完成后发送一次中断请求。

2. 设备驱动

设备驱动程序是驱动 I/O 设备进行输入输出操作的程序，设备驱动程序掌握设备的所有实现细节，作用是检测设备输入参数是否合法，如果参数正常则把抽象的 I/O 请求转换为设备能够理解的具体含义,例如硬盘内部的磁道和扇区等。设备驱动程序是一种可以使计算机和设备相互传输信息的特殊程序,相当于设备硬件的接口,操作系统通过这个接口就能控制硬件设备进行正常的工作。一般在操作系统安装完成后,要安装各种硬件设备的驱动程序,例如显卡、声卡、摄像头、调制解调器等设备。

3. I/O 控制方式

I/O 控制指控制在 I/O 设备与 CPU 及内存之间的数据传输,控制方式主要有以下 4 种。

(1) 程序直接控制方式

程序直接控制方式不采用中断机制,CPU 需要不断循环地检测设备的状态。由于 I/O 设备的速度与 CPU 速度相差很多,因此使得 CPU 大部分时间都在轮询设备的状态,造成了 CPU 资源的浪费。

(2) 中断驱动方式

中断驱动方式允许 I/O 设备主动打断 CPU 的运行并请求中断服务。当进程需要传输数据时,CPU 转而处理为其进行 I/O 操作;当操作完毕再转回原进程,使得其向 I/O 控制器发送读命令后可以继续做其他工作。中断驱动方式比程序直接控制方式有效,但由于数据中的每个字在存储器与 I/O 控制器之间的传输都必须经过 CPU,导致了中断驱动方式仍然会消耗比较多的 CPU 时间。

(3) DMA 方式

在中断驱动方式中,I/O 设备与内存之间的数据交换必须要经过 CPU 中的寄存器,所以速度还是受限,而 DMA(直接存储器存取)方式可以在 I/O 设备和内存之间开辟直接的数据交换通路,彻底"解放"CPU。DMA 方式的特点是:基本单位是数据块。所传送的数据,是从设备直接送入内存的,或者相反。仅在传送一个或多个数据块的开始和结束时,才向 CPU 发送中断请求,整块数据的传送是在 DMA 控制器的控制下完成的。

(4) 通道控制方式

I/O 通道方式是 DMA 方式的发展,它可进一步减少 CPU 的干预,把对一个数据块的读(或写)为单位的干预,减少为对一组数据块的读(或写)及有关的控制和管理为单位的干预。可实现 CPU、通道和 I/O 设备三者的并行操作,从而更有效地提高整个系统的资源利用率。

I/O 通道(I/O channel)是指专门负责输入/输出的独立处理器。I/O 通道方式可以进一步减少 CPU 的干预,即把对一个数据块的读(或写)为单位的干预,减少为对一组数据块的读(或写)及有关的控制和管理为单位的干预。同时,又可以实现 CPU、通道和 I/O 设备三者的并行操作,从而更有效地提高整个系统的资源利用率。I/O 通道与 DMA 方式的区别是:DMA 方式需要 CPU 来控制传输的数据块大小、传输的内存位置,而通道方式中这些信息是由通道控制的。另外,每个 DMA 控制器对应一台设备与内存传递数据,而一个通道可以控制多台设备与内存的数据交换。

练 习 题

一、思考题

1. 什么是操作系统？操作系统的本质是什么？

2. 一个完整的操作系统具有哪些功能？

3. 操作系统的发展经历了哪些阶段？

4. 试比较单道与多道批处理系统的特点及优缺点。

5. Linux 操作系统与 Windows 操作系统有什么区别？

6. 实现分时系统的关键问题是什么？应如何解决？

7. 进程与线程的区别是什么？

8. 设备管理有哪些主要功能？其主要任务是什么？

9. 常见的移动操作系统有哪些？

10. 操作系统的进程具有哪些特点？

11. 块设备和字符设备有什么区别？

12. 设备管理中 I/O 控制方式都有哪些？各自的特点是什么？

二、填空题

1. 现代操作系统的三个基本特征是_____、_____和资源共享。

2. 操作系统内核与用户程序、应用程序之间的接口是_____。

3. Windows 系列操作系统是一种单用户_____的操作系统。

4. Linux 操作系统的版本号包括_____、_____、_____。

5. Windows 操作系统的操作系统网络参数设置主要包括_____、_____、_____、_____。

6. Windows 操作系统的操作系统网络参数设置主要包括_____、_____、_____、_____。

7. 一个完整的进程包括如下基本状态：_____、_____、_____。

8. 信号量 s 的数据结构包括_____、_____。

9. 用户在一次计算过程或一次处理中,要求计算机完成工作的集合称为_____。

10. 操作系统设备按所属关系可以分为_____、_____;按资源分配方式可以分为_____、_____、_____;按外部设备可以分为_____、_____;按信息交换方式可以分为_____、_____。

三、单项选择题

1. 在操作系统中,多道程序设计是指(　　)。

   (A) 在实时系统中并发运行多个程序

   (B) 在分布系统中同一时刻运行多个程序

   (C) 在一台处理机上同一时刻运行多个程序

   (D) 在一台处理机上并发运行多个程序

2. 在下列性质中,( )不是分时系统的特征。

(A) 交互性   (B) 多路性   (C) 成批性   (D) 独占性

3. ( )不是操作系统关心的主要问题。

(A) 管理计算机裸机

(B) 提供用户程序与计算机硬件系统界面

(C) 管理计算机系统资源

(D) 高级程序设计语言的编译器

4. 1991 年一位芬兰大学生在 Internet 上公开发布了( )免费操作系统。

(A) Windows NT   (B) Linux   (C) UNIX   (D) OS/2

5. ( )操作系统属于移动操作系统。

(A) Windows 7   (B) Linux   (C) UNIX   (D) Android

6. 运行在 ENIAC 计算机上单一操作员及单一控制终端的操作系统被称为( )。

(A) 批处理操作系统   (B) 多道批处理操作系统

(C) 单一操作系统   (D) 人工操作系统

7. 以下不属于分时系统的优点的是( )。

(A) 响应较快,界面友好   (B) 多用户,便于普及

(C) 便于资源共享   (D) 交互能力较弱,系统专用

8. 产生系统死锁的原因可能是( )。

(A) 进程释放资源

(B) 一个进程进入死循环

(C) 多个进程竞争,资源出现了循环等待

(D) 多个进程竞争共享型设备

9. 一个作业从提交给系统到该作业完成的时间间隔称为( )。

(A) 周转时间   (B) 响应时间   (C) 等待时间   (D) 运行时间

10. 在几种常见的数据传递方式中,CPU 和外围设备只能串行工作的是( )。

(A) DMA 方式   (B) 中断方式

(C) 程序直接控制方式   (D) 通道控制方式

11. 进程和程序的一个本质区别是( )。

(A) 前者为动态的,后者为静态的

(B) 前者存储在内存,后者存储在外存

(C) 前者在一个文件中,后者在多个文件中

(D) 前者分时使用 CPU,后者独占 CPU

12. 我们把在一段时间内,只允许一个进程访问的资源,称为临界资源,因此,我们可以得出下列论述,其中正确的论述为( )。

(A) 对临界资源是不能实现资源共享的

(B) 只要能使程序并发执行,这些并发执行的程序便可对临界资源实现共享

(C) 为临界资源配上相应的设备控制块后,便能被共享

(D) 对临界资源,应采取互斥访问方式,来实现共享

13. 碎片现象的存在使得内存空间利用率( )。

  (A) 降低   (B) 提高   (C) 得以改善   (D) 不影响

14. 文件目录的主要作用是( )。

  (A) 节省空间   (B) 提高文件查找速度

  (C) 按名存取   (D) 提高外存利用率

15. 操作系统采用缓冲技术,能够减少对 CPU 的( )次数,从而提高资源的利用率。

  (A) 依赖   (B) 访问   (C) 控制   (D) 中断

16. I/O 设备是指( )。

  (A) 外部设备,负责与计算机的外部世界通信用的输入输出设备

  (B) I/O 系统,它负责与计算机的外部世界通信用的输入输出设备

  (C) 负责与计算机的外部世界通信用的硬件和软件设备

  (D) 完成计算机与外部世界的联系,即输入输出设备

17. 如果进程需要读取磁盘上的多个连续的数据块,( )数据传送方式的效率最高。

  (A) 程序直接控制方式   (B) 中断控制方式

  (C) DMA 方式   (D) 通道方式

第4章

算法与程序设计

本章学习目标：

通过本章的学习，了解计算机解题的过程，了解算法及程序设计的基本概念，了解程序设计的基本结构及简单的程序设计。

本章要点：

- 计算机的解题过程；
- 从问题到算法设计；
- 从算法到程序设计；
- 程序设计实践。

在信息化高速发展时代，人们日常生活中经常接触计算机，惊叹计算机功能的强大。对于刚进入大学的学生来说，对计算机软件或多或少有一定的认识，而这些软件是如何设计出来的呢？这就需要深入了解计算机软件的设计过程。本章的目的是帮助读者了解计算机的解题过程，建立起对算法、程序设计及程序设计语言的基本认识，培养学生程序设计的逻辑思维方法，提高对程序设计的认识。

本书以大家所熟悉的数学问题为例，详细地讲解对一个给定的问题，如何着手编写出计算机可以执行的程序。即如何明确问题、理解问题、设计解决问题的算法、编写程序、执行程序等过程，并给出解决这些问题的完整的C语言程序。

程序设计课程是计算机相关专业的重要基础课程。限于篇幅，本章并没有完整地介绍程序设计的知识，而是尽可能地帮助初学者对程序设计有一定的了解。书中给出的C语言程序，并不要求一开始就能完全看明白，相信随着今后学习的继续，会逐步理解和掌握程序设计的基本方法并编写出能解决实际问题的C语言程序或其他语言程序。

4.1 计算机的解题过程

通过前面的介绍，已经知道要利用计算机解题，就必须了解计算机的解题过程。能够对问题进行抽象化并创造性地思考解决办法，然后清晰准确地描述出解决问题的步骤（算法），进而编写出能够被计算机识别和执行的程序。

4.1.1 日常生活中问题的解决过程

日常生活中,人们通常会遇到许多需要解决的问题,例如厨师做一顿饭、出行旅游等。如何制定可行的方案呢? 一般遵循以下步骤。

1. 明确问题

明确问题的目的是透过问题的现象确定解决问题的先决条件和希望得到的结果。

许多问题的提出是明确的,例如已知三角形的三条边求面积,明确地知道了已知条件是三角形的三条边,要求的结果是三角形的面积;又如求解一元二次方程,明确地知道了已知条件是一元二次方程的三个系数,求方程的根。

而有的问题的提出并不是很明确,需要经过分析甚至要进行深入细致的调查分析才能确定解题的已知条件和希望得到的结果是什么。如前面提到的出行旅游,要制定合适的出行旅游方案,需要与相关人员进行沟通、磋商,然后得出的已知条件是出发地点、最终目的地、经过的地点、出发时间、选择的交通工具等,希望得到的结果是旅游线路、到达时间等;又如对一组数据按从小到大排序,经过分析确定出已知的条件是给定的一组数据,要求的结果是排好序的数据。

可见明确问题是我们解决问题的关键,有的问题很容易直接看出解决问题的已知条件和需要求解的结果,而有的问题需要我们经过调查和分析才能明确。

2. 理解问题

经过分析问题,明确解决问题的已知条件和要求的结果,接下来要做的事情就是了解求解问题所涉及的知识背景。例如,已知三角形的三条边求面积,需要用到海伦公式;求两个整数的最大公约数,必须要了解有关公约数的概念,最大公约数的求解过程(欧几里得算法);要解决图书馆中图书的借阅问题,就要了解图书的管理方法,借书流程等。

对问题的理解,有的可以利用已有的知识,有的需要我们努力去发现。要求我们学习和掌握解决问题的相关知识,必要时与相关人员进一步沟通更深入地理解问题的实质。

3. 制定可行的方案

在理解问题的基础上,寻求制定解决问题的各种方案,从中选出一个较为合理可行的方案。有的解题方案利用我们已有的知识很容易得到,例如前面提到的一些数学问题。有的解题方案需要我们去寻求,例如从一个城市出发到另一个城市,可选择汽车出行、高铁出行、轮船出行、飞机出行等,到底选择哪种方案要考虑的因素很多,如时间、费用甚至天气状况等。

4. 执行制定的方案

有了可行的方案后,就要按制定方案执行。这时有可能得到期望的结果,也可能得不到期望的结果。如果是后者,则说明之前对问题的理解或指定的方案有误,需要重新理解问题和制定新的方案。

5. 优化解决方案

执行选定的方案后,有必要对该方案进行评价及优化改进,提升下一次执行的效果。

以上是日常生活中解决问题的一般过程。那么计算机又是如何解决问题的呢?计算机解决问题同样需要给出解决问题的方案即算法,然后用一种程序设计语言来编写计算机可执行的程序。重要的是了解和掌握计算机解题的思维方法,计算机的解题过程与人们日常解决问题的方法及数学解题的过程有许多相似之处。但计算机更擅长解决一些对于人类来说非常困难或非常耗时的算法方案,例如要计算$1!+2!+3!+\cdots+30!$,对于人类来说按部就班地逐项计算并累加是一个非常痛苦的过程。而用计算机来计算,人们所要做的是利用某种程序设计语言很容易编写出一个简单的程序,然后交由计算机来执行,计算机会非常高效地完成计算。

4.1.2 计算机解决问题的方式

计算机强大的解决实际问题的能力是人类所赋予它的,实际上是严格执行程序员事先编写好的程序。如何把人们实际解决问题过程转化为计算机可执行的程序,需要我们理解计算机固有的思维方法,学习和掌握解决问题的过程描述,按一套完整的规则进行描述,即算法。在此基础上把算法转化为用某种程序设计语言编写的程序。

目前可供选择的程序设计语言有很多种,总的来说可以分成机器语言、汇编语言和高级语言三大类。

计算机所能识别的语言只有机器语言,即由 0 和 1 构成的代码,非常难于记忆和识别。

汇编语言和机器语言都是直接对硬件操作,只不过汇编语言采用了英文缩写的标识符,比起机器语言更容易识别和记忆。

高级语言是目前绝大多数编程者的选择。和汇编语言相比,编程者也就不需要有太多的专业知识。高级语言常用的有:结构化程序设计语言,如 C 语言、Pascal 语言等;面向对象程序设计语言,如 C++ 语言、Java 语言等。

在下面的学习过程中,将选择 C 程序设计语言。

首先来看计算机可执行的一个程序,感受一下 C 程序设计语言的书写方式。

例 4.1 已知三角形的三条边,求三角形面积。

程序如下:

```
1) #include <stdio.h>    //程序中涉及输入或输出,必须声明
2) #include <math.h>     //程序中用到数学函数,必须声明
3) main ()
4) {  float a,b,c;        //定义三个实型变量 a,b,c 用于表示三角形的三条边,已知条件
5)    float p,s;          //定义实型变量 s 表示要求的面积,p 为解题过程用到的临时变量
6)    scanf("%f,%f,%f",&a,&b,&c);        //通过键盘给变量 a、b、c 赋值
```

```
7)     if(a+b>c && b+c>a && c+a>b)          //判断 a、b、c 是否能构成三角形
8)      { p=(a+b+c)/2;
9)       s=sqrt(p*(p-a)*(p-b)*(p-c)); //利用海伦公式计算三角形面积,sqrt()
                                              为求平方根函数
10)        printf("三角形面积=%6.2f",s);            //输出结果
11)      }
12)   else
13)     printf("输入的%f,%f,%f 不能构成三角形!",a,b,c);
14) }
```

计算机执行该程序:

如果在键盘上输入三角形三条边的值 3,4,5,则在计算机屏幕上显示以下结果:

三角形面积=6.00

如果在键盘上输入 3,6,9,则在计算机屏幕上显示以下结果:

输入的 3,6,9 不能构成三角形

以上是用 C 语言编写的程序(实际的 C 语言程序是没有行号的,加入行号的目的只是为了便于讲解),只要把这个程序交给计算机执行就可以求解任意三角形的面积,看起来有点神奇。

C 语言程序有一套完整的语法规则,初学者很难一下子就看明白该程序。但是具备了一定的数学基础知识背景,就可以大致理解该程序所描述的解题过程。当然,要完全看明白该程序并且能够完整地写出来,除了需要了解数学中三角形面积的解题步骤,还需要掌握 C 语言程序设计方法等知识。

下面再来看一个对于人来说比较困难的问题。

例 4.2 将 1000 个杂乱无章的整数按从小到大排好序。

一种比较直接且简单的解题过程如下:

第 1 步:从 1000 个数中找出最小的数,与第 1 位置的数进行交换。

第 2 步:从剩下的 999 个数中找最小的数,与第 2 位置的数进行交换。

第 3 步:从剩下的 998 个数中找最小的数,与第 3 位置的数进行交换。

⋮

第 999 步:从剩下的 2 个数中找最小的数,与第 999 位置的数进行交换。

从第 2 步到第 999 步实际上是简单的重复过程,这个解题过程如果让我们来做很不现实,而这类问题的解决是计算机所擅长的,只要编写下面的程序交给计算机执行即可。

程序如下:

```
1) #include <stdio.h>
2) main()
3) {
4)     int a[1000];    //定义可以存放 1000 个整数的数组空间 a[0],a[1],…,a[999]
5)     int i,j,temp;
```

```
6)      for(i=0;i<1000;i++)    //第 6 行和第 7 行,从键盘输入 1000 个数,存放到数组 a 中
7)        scanf("%d",&a[i]);
8)      for(i=0;i<999;i++)     //以下代码(8~16行)描述循环查找及调整数据的过程
9)      { k=i;
10)       for(j=i+1; j<1000;j++)   //10~12行,从 a[i]到 a[999]之中找最小数所在位置
11)       if (a[j] <a[k] )
12)         k==j;
13)       temp=a[i];             //13~15行,实现两个整数 a[i]和 a[k]值的交换
14)       t[i]=a[k];
15)       t[k]=temp;
16)     }
17) }
```

以上的 C 程序设计语言描述了计算机解决大量的数据从小到大的排序过程,可见短短的十几行代码即可解决人类难于解决的看似简单但重复量大的问题。

如果把计算机的解题过程看成是执行编写好的程序,那么为了利用某种程序设计语言编写能够被计算机识别和执行的程序,需要了解计算机的解题过程。

计算机解题过程可以用图 4-1 来描述。

① 分析问题。明确并理解所需要解决的问题,找出解决问题的方案。

② 确定算法。编制解决问题的算法。

③ 编制程序。按编制好的算法编写源程序。

④ 调试运行。发现错误,如果是程序的

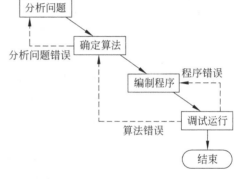

图 4-1　计算机解题过程

错误则返回编制程序,修改源程序;如果是算法错误则返回编制算法,修改算法。

⑤ 如果修改算法还不能解决问题,则返回分析问题,重新分析并制定新的算法。

了解计算机解决问题的过程后,下面将分别介绍:如何从分析问题出发得到解决问题的算法;如何由算法演变为程序;如何进行简单的程序设计;上机实践。

4.2　从问题到算法设计

前面看到的 C 语言程序是如何编写出来的,也就说我们要解决的实际问题是如何演变为可以被计算机识别和执行的程序。

人类发明的计算机并不具备直接解题的能力,而是执行人类为其编写的指令代码来达到解题的目的。这里所讲的指令代码是人与计算机交互的工具,能够把人类解题的方法步骤传递给计算机,并由计算机执行。计算机科学家提供了指令代码的多种编写方式供我们选择,即我们可以选择某种程序设计语言来编写代码(程序)。

为了编写程序,首先要做的是找到解决问题的方法,确定解决问题的数学模型,并用一套完整的规则来描述,即编制解决问题的算法。

4.2.1　算法

1. 算法的概念

所谓算法(algorithm),是一组严谨的定义运算顺序的规则,并且每一个规则都是有效的、确定的,并且能在有限的执行次数下终止。可以认为算法是指对解题方案准确而完整的描述。

2. 算法的特征

为了编写程序,必须先设计解决问题的算法,一个算法具备以下 5 个基本特征。

(1) 输入

计算机解题就是对给出的已知数据进行加工处理直至得到所期望结果的过程,所以首先要解决已知数据如何输入到计算机中。一个算法可以有零个或多个输入。

(2) 输出

计算机对给出的已知数据加工处理后得到的最终结果要以某种方式输出,可以输出到输出设备上,例如显示器。而作为中间结果则以某种方式保存在计算机中供给下一个处理数据的过程使用。一个算法可以有零个或多个输出。

(3) 有穷性

算法有穷性,是指算法必须能在有限的时间内完成,即算法必须能在执行有限个步骤之后终止,即算法的每一步必须在有穷的时间内结束。

(4) 确定性

算法的确定性,是指算法的每一个步骤都必须是有明确定义的,不允许有歧义性和多义性。算法中的每一条指令必须有确切的含义,对于相同的输入只能得到相同的输出。

(5) 可行性

针对实际问题设计的算法,希望得到正确且满意的结果。设计一个算法时,必须考虑它的可行性,否则得到的结果达不到预期。

3. 算法的基本要素

一个算法通常由两种基本要素组成:数据的运算和操作、算法的控制结构。

数据的运算和操作主要包括算术运算、关系运算及逻辑运算。

算法的控制结构给出了算法的基本框架,它不仅决定了算法中各操作的执行顺序,而且也直接反映了算法的设计是否符合结构化原则。一个算法一般都可以用顺序、选择、循环 3 种基本控制结构组合而成。

描述算法的工具通常有自然语言、流程图、N-S 图、伪代码等。

4.2.2 算法的描述

问题的求解过程需要用人们能够理解的方式（算法）来描述，算法主要是为了人的阅读与交流，好的算法有助于人对算法的理解。常见的方式有自然语言、流程图、伪代码等。以下分别举例说明。

例 4.3 欧几里得算法——辗转相除法求两个自然数 m 和 n 的最大公约数。

可确定算法的编写过程大致为：

① 输入正整数 m,n；

② 处理数据 m,n（辗转相除法），算出最大公约数；

③ 输出 m,n 的最大公约数。

1. 自然语言

用自然语言描述算法就是用日常生活中使用的语言来进行描述。自然语言通俗易懂，但是在描述上容易出现歧义。此外，用自然语言描述计算机程序中的分支和多重循环等算法，容易出现错误，描述不清。因此，只有在相对简单的算法中应用自然语言描述。

欧几里德算法的自然语言描述如下：

① 输入 m 和 n；

② 求 m 除以 n 的余数 r；

③ 若 r 等于 0，则 n 为最大公约数，算法结束，否则执行第④步；

④ 将 n 的值放在 m 中，将 r 的值放在 n 中；

⑤ 转第②步继续。

我们不难看懂该算法，并利用该算法来实现求两个整数的最大公约数。

2. 流程图

简单的算法可以用自然语言来描述，对于较为复杂的算法如分支结构、循环结构，如果用自然语言描述很容易产生歧义。而计算机解题过程要求每一步都是确切的，因此，流程图成了描述算法最为常见的方法。

欧几里德算法的流程图描述如图 4-2 所示。

流程图是由一些简单的框图和带箭头的线条描述解题步骤及执行顺序的方法，流程图中的图形符号说明如表 4-1 所示。

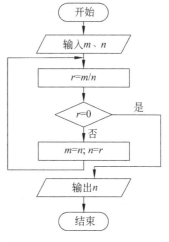

图 4-2 欧几里德算法流程图

表 4-1 流程图符号说明

图形符号	名 称	说 明
⬭	圆角矩形	表示算法的开始或结束

图形符号	名　　称	说　　明
（平行四边形）	平行四边形	描述数据的输入或输出
（矩形）	矩形	数据处理
（菱形）	菱形	条件判断,确定算法执行流向
（带箭头线条）	带箭头线条	描述算法执行流向

3. 伪代码

伪代码是一种介于自然语言和程序设计语言之间的算法描述方法,它采用某一程序设计语言(如 C 程序设计语言)的基本语法,操作指令可以结合自然语言来设计。

欧几里得算法的伪代码描述如下:

① 输入 m,n;
② r＝m ％ n;　　　　　　　　//求 m 除以 n 的余数
③ 循环直到 r 等于 0
　　(a) m＝n;
　　(b) n＝r;
　　(c) r＝m％n;
④ 输出 n;　　　　　　　　//n 为求得的结果

以上是描述算法的三种常用方法,各有优缺点,除此之外,还有 N-S 结构化流程图等算法描述方式,实际应用中可根据具体情况进行选择。

4.2.3　算法设计的基本方法

了解算法的基本概念、特征及基本要素后,可以把算法设计的过程归结如下:
① 分析理解问题;
② 确定解决问题需输入的数据、输出的结果;
③ 确定数据处理的方案;
④ 编写数据处理的步骤;
⑤ 输出结果;
⑥ 算法分析。

例 4.4　求一元二次方程的实根的算法。

分析:

① 分析理解问题。

可以确定一元二次方程可描述为:$ax^2+bx+c=0$,能够明确一元二次方程的已知条件是方程的三个系数 a、b 和 c,要求的是方程的两个实根,当然也有可能出现无实根的情况。

② 确定输入和输出。

经过第①步的分析,可以确定输入数据为 a、b 和 c;输出的结果是两个实根(用 $x1$ 和 $x2$ 表示);或输出"方程无实根"。

③ 确定数据处理方案。

我们非常熟悉求一元二次方程的根的方法,可以利用求根公式,即:

计算判别式 $d = b^2 - 4ac$

求实根 $x1 = \dfrac{-b + \sqrt{b \times b - 4 \times a \times c}}{2 \times a}$

求实根 $x2 = \dfrac{-b - \sqrt{b \times b - 4 \times a \times c}}{2 \times a}$

④ 编写数据处理步骤

$d = b^2 - 4ac$

如果 $d >= 0$ 则

  $x1 = (-b + sqrt(b * b - 4 * a * c))/(2 * a)$; //sqrt() 为开平方根函数

  $x2 = (-b - sqrt(b * b - 4 * a * c))/(2 * a)$;

  输出 $x1, x2$;

否则

  输出"该方程无实根";

经过上述分析,我们不难运用伪代码(也可用其他方法)描述算法。

算法如下:

① 输入 a,b,c;

② d = b * b - 4 * a * c;

③ if d >= 0 则

  x1 = (-b + sqrt(b * b - 4 * a * c))/(2 * a); //sqrt() 为开平方根函数

  x2 = (-b - sqrt(b * b - 4 * a * c))/(2 * a);

  输出 x1,x2;

 else

  输出"该方程无实根";

④ 结束

以上给出了求解一元二次方程实根的简单算法,还不够严谨。一个完整的求一元二次方程的根的算法,还要考虑输入数据异常的情况(a 的值为零),还要考虑一元二次方程存在虚根的情况,把这些因素都考虑进去,编写的算法会变得更加完善,当然也更加复杂。

在实际应用中,我们会面临解决各种复杂的问题,往往需要利用许多已有的知识或算法,需要我们平时学习和积累一些常用的解决问题的算法。下面对一些常用算法做简单的介绍,供大家进一步学习和参考。

1. 穷举法

穷举法也叫枚举法,基本思想是根据提出的问题穷举所有可能的情况,并用问题中给定的条件检验哪些是需要的,哪些是不需要的。例如忘记了密码箱由三位数组成的密码,那么一种可能的做法就是从000~999逐个去测试,直到找出正确的密码。

穷举法在计算机解题过程中广泛应用于如查找、搜索等问题,因其需要对数据逐个进行验证是否符合给定的条件,对于计算机来说可以轻而易举地完成。

例 4.5 判断一个正整数 a 是不是素数。

分析:从素数的概念知道,素数是指除了 1 和其本身外不能被其他整数整除的数,那么可以利用穷举法逐个检验从 2 到 $n-1$ 的所有正整数,如果其中有一个数能整除 a,则可以确定 a 不是素数,反之可以确定 a 是素数。

伪代码算法如下:

1) 输入 a

2) n=2

3) 循环 直到 n=a 或 a%n=0   //a%n 表示求 a 除以 n 的余数

    a) n=n+1

4) if n=a   //如果 n 等于 a,则说明从 2 到 a−1,没有一个整数能整除 a

5)   输出"a 是素数"

6) else   //否则,说明从 2 到 a−1,至少有一个数能整除 a

7)   输出"a 不是素数"

8) 结束

2. 迭代法

迭代是指从已知的初始数据开始,不断由旧值递推出新值直到满足条件为止。迭代算法经常用于数值计算。

例 4.6 求两个数的最大公约数。

分析:可以利用辗转相除法,其求解过程是一个迭代的过程。

我们来看求 64、24 两个数的最大公约数的迭代过程:

$$(64,24) \rightarrow (24,16) \rightarrow (16,8) \rightarrow (8,0)$$

1) a=64,b=24

2) 循环 直到 b=0   //a,b 的值在循环过程中不断改变(迭代)

    a) r=a%b   //a 除以 b 的余数赋给 r

    b) a=b

    c) b=r

3) 输出 a   //当 b=0 时,a 的值为最大公约数

例 4.7 数列 1 1 2 3 5 8 13 21…,从第 3 项开始每一项都是前两项的和,输出数列前 20 项。

分析:这题的解决方法显然可以利用迭代法实现,其迭代过程如下:

$$(1,1) \rightarrow (2,3) \rightarrow (5,8) \rightarrow (13,21) \rightarrow \cdots$$

设初始值 a=1,b=1,迭代公式为:a = a+b,b=a+b,即不断地修改 a 和 b 的值。

算法如下:

1）a＝1;b＝1;

2）i＝1;

3）循环直到i＝10

    a）输出 a,b;

    b）a＝a＋b;

    c）b＝b＋a;

    d）i＝i＋1;

4）结束

3. 递归法

递归算法是把复杂的问题转化为规模缩小了的同类问题的子问题,采用递归编写程序,能使程序变得简洁和清晰。

例如:求 $n!$,用函数 $f(n)$ 表示 $n!$,其求解过程可以描述为:

$$f(n)＝n * f(n-1)$$
$$f(n-1)＝(n-1) * f(n-2)$$
$$f(n-2)＝(n-2) * f(n-3)$$
$$\vdots$$
$$f(2)＝2 * f(1)$$

经过逐层分解,最后因为已知 $f(1)$ 的值为 1,可往回推算出 $f(2)$、$f(3)$、$\cdots$、$f(n)$ 的值。

利用递归算法解题,首先要推导出递归公式,如 $n!$ 的递归公式为:

$$f(n) = \begin{cases} 1 & n=1 \text{ 或 } n=0 \\ n * f(n-1) & n>1 \end{cases}$$

例 4.8 用递归算法求 $n!$

递归算法描述要用到函数,$n!$ 可描述为 $f(n)$,根据以上分析得出算法如下:

1）f(n)

2）if n＝1 或 n＝0

3） y＝1;

4）else

5） y＝n * f(n-1);

6）返回 y 值

7）结束

以上介绍了几种常用的解题算法,在设计算法时要根据实际情况来运用。

4.3　从算法到程序设计

对于给定问题的求解,我们经过分析并设计出合适的算法后,接下来要做的就是用某种程序设计语言把算法编写成程序。

4.3.1 编程语言概述

编程语言(programming language)是用来定义计算机程序的形式语言。它是一种标准化的人机交互语言,用来向计算机发出指令。程序员能够利用编程语言准确地定义计算机所需要处理的数据,并精确地定义数据处理过程中不同情况下所应当采取的行动。

目前面世的程序设计语言种类繁多,总的来说可以分成机器语言、汇编语言、高级语言三大类。

机器语言,唯一能被计算机识别的语言,是面向机器的,由0和1构成的指令代码,非常难于识别和记忆,不适合推广和普及。

汇编语言,相比机器语言,其指令采用了英文缩写的标识符,更容易识别和记忆。汇编语言也是面向机器的,虽说比机器语言更容易编写和理解,但仍然需要掌握更多的计算机硬件知识。只有极少数的计算机专业人员使用它来编写直接面向计算机硬件的程序,同样不适合推广和普及。

高级语言,程序中的指令更容易编写和理解,编程者不需要有太多的计算机专业知识即可编写,目前被广泛采用。高级语言所编制的程序不能直接被计算机识别,必须经过转换(编译、连接)为目标代码才能被执行。

高级语言从执行方式可分为编译型语言和解释型语言。编译型语言如C语言、C++语言、Pascal语言等,经过编译所生成的字节码可以连接成为直接执行的可执行文件;解释型语言如Basic语言、Java语言等,其程序不能直接在操作系统中运行,而是需要有一个专门的解释器进行解释执行。

本书中,我们选择较为常用的结构化程序设计语言——C程序设计语言来讲述简单的程序设计过程,考虑到受篇幅所限,只介绍最基本的编程入门知识,让初学者对程序设计有初步认识。

4.3.2 结构化程序设计的原则

结构化程序设计思想可以概括为自顶向下、逐步求精及模块化。

① 自顶向下:先考虑程序的总体结构,后考虑局部及细节,即把程序按功能划分为若干个小模块。

② 逐步求精:将问题求解由抽象逐步具体化,用这种方法分解复杂问题,直到把复杂问题分解为简单且易于实现为止。

③ 模块化:把程序按功能划分为若干个小模块后,每个模块可以独立编写和调试,简化编程及分工合作。

在接下来的学习中,务必用心体会程序设计的三个基本原则,并用于自己的编程实践。

4.3.3 结构化程序的基本结构

1966年,Boehm和Jacopini证明了程序设计语言仅仅使用顺序、选择和循环三种基本控制结构就足以表达出各种形式结构的程序设计方法。采用结构化程序设计方法编写程序,可使程序结构良好、易读、易理解、易维护,从而可以提高编程工作的效率。

1. 顺序结构

所有程序的编写及执行都遵循顺序结构,即严格按照程序中语句的先后顺序逐条执行。顺序结构如图4-3所示。

例4.9 输入三个实数,求总和及平均值。

程序如下:

```
1) #include <stdio.h>
2) main()
3) { float a,b,c,sum,ave;
4)   printf("data:\n");
5)   scanf("%f%f%f",&a,&b,&c);
6)   sum=a+b+c;
7)   ave=sum/3;
8)   printf("sum=%f,ave=%f\n",sum,ave);
9) }
```

说明:该程序的第4至第8行语句为程序的核心部分,即包含输入数据、处理数据、输出结果,按顺序执行。

2. 选择结构

选择结构又称为分支结构,表示程序的处理步骤出现了分支,它需要根据某一特定的条件选择其中的一个分支执行,如图4-4所示。

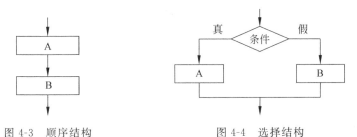

图 4-3 顺序结构   图 4-4 选择结构

例4.10 输入三个实数,求最大值。
程序如下:

```
1) #include <stdio.h>
2) #include <math.h>
```

```
3) main()
4) { float a,b,c,max ;
5)     scanf("%f%f%f",&a,&b,&c);
6)     if(a>b)
7)       max=a;
8)     else
9)       max=b;
10)    if(max<c)
11)      max=c;
12)        printf("max=%f",max);
13) }
```

说明：

该程序的第 6 行判断 a 是否大于 b，是则把 a 赋给 max，否则把 b 赋给 max；第 10、11 行判断 max 是否小于 c，是则把 c 赋给 max，最终 max 的值是 a、b 和 c 中的最大值。

选择结构语句 if 的一般形式如下：

```
if (表达式)
  {
      if 子句
  }
else
  {
      else 子句
  }
```

说明：

① if 语句的执行过程是：先计算表达式的值，如果表达式的值非零，则执行 if 子句，否则执行 else 子句。

② 书写 if 语句时，如果 if 子句或 else 子句只有单个语句构成，则可省略相应的花括号。

③ 如果 else 部分不需要执行任何操作，则可省略，变成不带 else 子句的 if 语句，即：

```
if (表达式)
{
    if 子句
}
```

3. 循环结构

循环结构表示程序反复执行某个或某些操作，直到某条件为假（或为真）时才终止循环，如图 4-5 所示。

例 4.11 输入任意 100 个正整数，分别求奇数和偶数的个数。

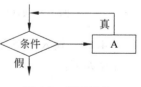

图 4-5 循环结构

程序如下：

```
1) #include <stdio.h>
2) main()
3) { int a,i,s1,s2;
4)    s1=0; s2=0;
5)    for(i=1; i<=100; i++)    //for 语句,构成循环
6)    { scanf("%d",&a);
7)      if( a%2==1 )                //if 语句,判断 a 是奇数还是偶数,并分别处理
8)        s1=s1+1;
9)      else
10)       s2=s2+1;
11)   }
12)   printf("奇数个数=%d\n 偶数个数=%d \n",s1,s2);
13) }
```

说明：

该程序的第 5 至 11 行构成循环语句,循环 100 次,解决 100 个整数的输入,用 if 选择结构语句判断输入的整数是奇数还是偶数,并分别处理。

C 语言中常用的循环语句有 for 语句、while 语句、do-while 语句,在这里只介绍 for 语句。

for 语句的一般形式如下：

for(表达式 1; 表达式 2; 表达式 3)
{
    for 子句
}

说明：

① for 语句的执行过程如图 4-6 所示。

② 表达式 2 为循环条件判断,非零则执行 for 子句,否则结束循环。

③ 从 for 语句的执行过程图中可以看出：

表达式 1 只执行 1 次；

表达式 2、for 子句、表达式 3 构成循环的主体,反复执行。

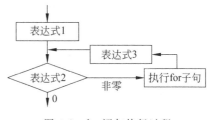

图 4-6   for 语句执行过程

4.3.4   程序设计中数据的描述

计算机解决问题的实质归根结底是对给定的数据进行一系列的处理过程,数据必须按照一定的结构存储到计算机中,才能被进一步地存取和处理。C 语言中常用的数据类型有整型、实型、字符型、数组、结构体类型、指针等。通常用常量和变量来表示数据,必须指出其对应的数据类型。

例 4.12 编写程序求圆的面积和周长。

程序如下：

```
1) #include <stdio.h>
2) #define PI 3.14159          //定义常量 PI,其值为圆周率 3.14159
3) main()
4) { float r,s,c;             //定义圆的半径 r,要计算的圆面积为 s,圆周长为 c
5)   scanf("%f",&r);          //输入圆半径给变量 r
6)   s=PI*r*r;
7)   c=2*PI*r;
8)   printf("圆面积=%f\n,圆周长=%f",s,c);
9) }
```

说明：

该程序涉及了常量及变量的定义和使用。第 2 行声明符号常量 PI,其值为 3.14159；第 4 行定义三个实数变量 r、s 和 c,分别表示圆的半径、面积和周长。

1. 常量

常量是某个固定的字符或数值,在程序的执行过程其值不会发生改变,常量可以是任何类型的数据。为了便于理解和处理,常量可以用标识符来表示,称为符号常量。

C 程序设计语言中,符号常量通常在程序的开头定义,一般形式如下：

```
#define  常量名 常量值
```

例 4.12 中的第 2 行,用 PI 来表示圆周率 3.14159。

2. 变量

变量主要用来表示处理的数据,在程序的执行过程其值常常会发生变化,变量可分为整型变量和实型变量等,其定义的一般形式如下：

```
数据类型 变量 1,变量 2,…,变量 n;
```

例如：

```
int m,n;          //定义整型变量 m,n
float a,b,c;      //定义实型变量 a,b,c
int s[100];       //定义可以存放 100 个整数的数组,包含 s[0],s[1],s[2],…,s[99]共 100
                    个数组元素
```

在实际编程中,要明确所处理的数据是整型、实型还是其他数据类型,这与实际要解决的问题相关。如求两个数的最大公约数,则可以判断这两个数的数据类型一定是整数；已知三角形的三条边求面积,则这三条边的数据类型一定是实数。

3. 常量及变量的命名规则

常量与变量的命名采用标识符,C 语言中标识符是指由字母、下画线及数字组成的字符串,且要求第一个字符必须是字母或下画线。常量命名通常要求字母采用大写。

例如,PI、a1、A1、_a1 等是合法的标识符。

4.3.5　程序设计中数据的处理

C 语言提供了非常丰富的运算符,由运算符可以组成 C 语言表达式对数据进行处理,本节将分别介绍算术运算符、关系运算符、逻辑运算符等。

1. 算术运算符

加	＋	
减	一	
乘	*	
除	/	例:3/2,3.0/2
求余	％	例:9％6
负号	一	

2. 关系运算符

等于	＝＝
小于	＜
小于等于	＜＝
大于	＞
大于等于	＞＝
不等于	！＝

3. 逻辑运算符

与	＆＆	例:x＞a ＆＆ x＜b
或	‖	例:x＜0‖x＞100
非	！	例:!(x＜0)

4. 赋值运算符和表达式

C 语言中最基本的赋值运算符为＝。

程序设计中对数据的处理主要由表达式实现,一般形式如下:

变量=表达式

注意 C 语言表达式的书写规则,如:

数学表达式

$$x1 = \frac{-b + \sqrt{b \times b - 4 \times a \times c}}{2 \times a}$$

对应的 C 语言表达式为

```
x1=(-b+sqrt(b*b-4*a*c))/(2*a);        //开平方根需借助 sqrt()函数实现
```

4.3.6　输入与输出

计算机解题过程必须提供数据的输入及对数据处理结果的输出。以下介绍 C 语言中两种常用的输入与输出函数。

1. 格式化输入函数

格式化输入函数的一般形式如下：

```
scanf("格式说明",输入项);
```

例如：

```
scanf("%f%f%f",&a,&b,&c);             //输入三个实数给变量 a,b,c
scanf("%d%d",&m,&n);                  //输入两个整数给变量 m,n
```

其中，%f 描述实数，%d 描述整数。

2. 格式化输出函数

格式化输出函数的一般形式如下：

```
printf("格式说明",输出项);
```

例如：

```
printf("%f%f%f",a,b,c);              //输出三个实型变量 a,b,c 的值
printf("%d,%d",m,n);                 //输出两个整型变量 m,n 的值
```

4.3.7　C 语言程序的基本结构

前面介绍了程序设计的一些要素，例如，程序的三种基本结构、数据的描述、输入与输出等，下面完整地介绍 C 语言的基本结构。

例 4.13　编程计算 C_m^n

分析：$C_m^n = \dfrac{m!}{n!(m-n)!}$

其中 $m!$、$n!$、$(m-n)!$ 都是求某个数的阶乘，可以通过自定义函数实现。

程序如下：

```
1) #include <stdio.h>                //包含文件
2) int fn(int n);                    //自定义函数原型说明
3) int fc(int m,int n);              //自定义函数原型说明
4) main()                            //主函数首部
```

```
 5) { int m,n,c;                          //声明部分
 6)    scanf("%d%d",&m,&n);               //6~8行为语句部分
 7)    c=fn(m,n);
 8)    printf("fc(%d,%d)=%d",m,n,);
 9) }
10)
11) int fn(int n)                         //自定义函数,求 n!
12) { int f,i;
13)    f=1;
14)    for(i=1; i<=n;i++)
15)      f=f*i;
16)    return f;
17) }
18)
19) int fc(int m,int n)                    //自定义函数,求 $C_m^n$
20) {
21)    return fn(m)/(fn(n) * fn(m-n));      //利用求阶乘函数来求组合
22) }
```

1. C 语言程序结构的一般形式

C 语言程序结构的一般形式为:

包含文件部分
函数原型说明部分
主函数
自定义函数

说明:

① 包含文件部分。

C 语言内核部分很小,许多常用的功能由系统提供的函数实现。这些函数按功能分类,有输入输出类函数、数学函数、字符串处理函数等,用到时必须在包含文件部分声明。例如:

```
#include <stdio.h>                        //用于输入输出类函数 scanf()、printf()
#include <math.h>                         //用于数学类函数 sqrt()、sin()、cos()
```

② 函数原型说明部分。

C 语言可以看成是函数型语言,可以由多个函数组成,每个函数实现特定功能,除主函数 main( )外,其他的自定义函数一般需要在函数原型说明部分进行说明。

③ 主函数。

每个 C 语言函数都必须有唯一的主函数 main( ),C 语言程序的执行从 main( )函数开始,最终也是在 main( )函数结束。

④ 自定义函数。

自定义函数的引入,为我们提供了结构化、模块化程序设计的必要保证,可以把一些

功能单一、重复使用的部分单独编写成自定义函数，以优化程序结构。

2. C 语言函数的构成

函数类型 函数名 (参数列表)
{
　　声明部分
　　语句部分
}

其中：

① 声明部分，主要用于声明程序设计需要处理的数据（用变量表示）。

② 语句部分，函数的核心部分，对数据进行加工处理，一般由程序的三种基本结构组成。

③ 函数类型，声明函数执行后返回什么数据类型的结果。

④ 参数列表，说明实现该函数的功能需要知道的条件，例如，编写求三角形面积的函数，需要提供三角形的三条边的值；编写求两个数的最大公约数的函数，需要提供两个整数。可以认为参数是函数对外的接口，函数需要的数据可以由外部通过参数传递，函数计算的结果也可以由参数传递给外部。

参数列表的形式如下：

数据类型 参数 1,数据类型 参数 2,…

如：

int sum (int a,int b)　　//该函数用于求两个整数的和

① 函数名，每个函数都有一个名称，用标识符命名。函数的命名要达意，方便理解。

② return 语句，函数执行完后有可能返回一个结果，需要用到 return。例如例 4.13 中的 fn( )函数和 fc( )函数。

3. C 语言编程风格

① C 语言是大小写敏感语言，区分大小写，关键字如 main、include、define、int、float 等必须小写。

② C 语言的书写格式比较自由。一个语句可以一行写完，也可分多行书写；一行内可以包含多个语句。

③ C 语言的书写强烈建议采用缩进格式，便于阅读和理解。

4.4　程序设计实践

1. C 语言程序设计过程

要得到 C 语言程序（以编辑 exam.c 为例）的运行结果，需要经历如图 4-7 所示的

过程。

图 4-7 C 程序设计过程

2. C 语言上机实践

本节将介绍 C 语言在 Visual C++ 集成环境下的上机步骤(假设 Viusal C++ 已安装)。

第 1 步:在 Windows 中启动 Visual C++ 6.0,弹出 Visual C++ 6.0 主窗口。

第 2 步:在主窗口中选择【文件】|【新建】,出现图 4-8 所示的"新建"对话框,选择【文件】选项卡下的 C++ Source File,单击【位置】右侧的按钮,选择存放 C 程序的文件夹,在【文件名】栏中输入 C 程序名称,再单击"确定"按钮,弹出如图 4-9 所示的源程序编辑界面,这时可以在窗口空白处编辑源程序。

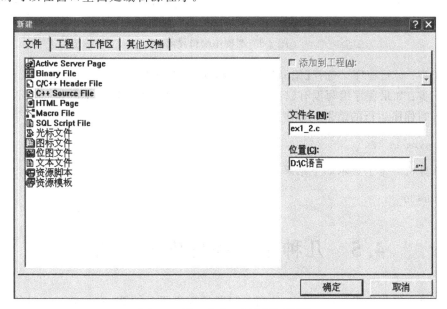

图 4-8 Visual C++ "新建"对话框

第 3 步:编辑源程序,输入以下简单的 C 程序。

```c
#include <stdio.h>
main()
{  int a,b,c;
   printf("输入 a,b:");
   scanf( "%d%d",&a,&b);
   c=a +b;
   printf("%d +%d=%d",a,b,c);
}
```

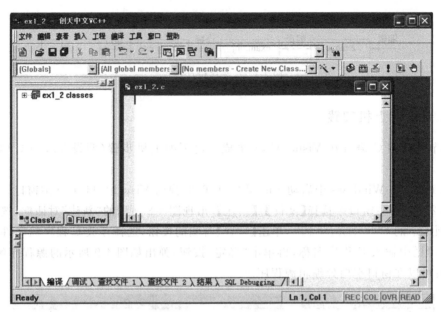

图 4-9 源程序编辑界面

第 4 步：运行程序。选择【编译】|【执行】菜单项或单击"运行"按钮，出现运行窗口。

第 5 步：如果程序编写没有错误，则在运行窗口中按程序执行中的提示输入 a、b 的值即可看到程序运行的结果。程序运行情况如下：

输入 a,b: 10   20

在计算机屏幕上显示如下结果：

10+20=30

4.5 几种常用的程序设计语言

计算机高级程序设计语言是一种面向问题的程序设计语言，它们独立于计算机的硬件，具有通用性和可移植性好的特点。程序中一般包含有 4 种成分：数据成分用来描述程序所涉及的数据；运算成分用来描述运算；控制成分用来表达程序的控制构造；传输成分用来表达数据的传输。计算机高级语言种类很多，它们既有相通之处又各具特色。

常用的高级程序设计语言除了前面介绍的 C 语言之外，还有 Visual Basic、Pascal、Java、Visual Foxpro、C++、Delphi 等。下面将简单介绍 Visual Basic、Java 和 Visual FoxPro 这几种常用的并具代表性的程序设计语言。

4.5.1 Visual Basic 6.0 简介

Visual Basic(简称 VB)是面向对象的、结构化的计算机语言。Visual Basic 的界面由对象(窗体和控件)组成,每个对象有若干个属性,程序人员的任务是设计这些对象和对象的事件过程。Visual Basic 的语法不复杂,易学易懂。Visual Basic 与传统的语言相比,它在许多方面有重要的改革和突破。用传统的高级语言编程序,主要的工作是设计算法和编写程序。程序的各种功能和显示的结果都要由程序语句来实现。用 Visual Basic 开发应用程序,包括两部分工作:一是设计用户界面;二是编写程序代码。

1. Visual Basic 的特点

Visual Basic 具有如下特点。

(1) 面向对象

VB 采用了面向对象设计思想,它的基本思路是把复杂的设计问题分解为多个能够完成独立功能且相对简单的对象集合。所谓"对象"就是一个可操作实体,如窗体、窗体中命令按钮、标签、文本框等,面向对象编程就是指程序员可根据界面设计要求直接在界面上设计出窗口、菜单、按钮等类型对象,并为每个对象设置属性。

在传统的程序设计中,为了在屏幕上显示出一个图形,就必须编写一大段程序语句。而 VB 使屏幕设计变得十分简单。VB 提供一个"工具箱",内放若干个"控件"。编程人员可以自由地从工具箱中取出所需控件,放到窗体中的指定位置,而不必为此编写程序。即是说,屏幕上的用户界面是用 VB 提供的可视化设计工具直接设计出来的,而不是通过编写复杂的程序代码实现的。这些编程工作不需要用户来做,而由 VB 系统自动完成。

(2) 事件驱动

Visual Basic 改变了程序的机制,没有传统意义上的主程序,使程序执行的基本方法是由"事件"来驱动子程序的运行。在 Windows 环境下是以事件驱动方式运行每个对象所要响应的事件,每个事件都能驱动一段代码事件过程,该代码决定了对象功能。通常称这种机制为事件驱动的编程机制。它可以由用户操作触发也可以由系统或应用触发。例如,单击某个命令按钮就触发了按钮的 Click 事件,该事件中代码就会被执行;若未触发该事件,则该段代码就处于等待状态而不被执行。

(3) 软件集成式开发

Visual Basic 为编程提供了集成开发环境,在这个环境中编程人员可以设计界面、编写代码、调试程序,直至把应用程序编译成可在 Windows 中运行的可执行文件,为编程者提供了很大方便。

(4) 结构化设计语言

Visual Basic 具有丰富的数据类型,是一种符合结构化设计思想的语言。

(5) 强大数据库访问功能

Visual Basic 利用数据 Control 控件可以访问多种数据库。VB 6.0 提供的 ADOControl 控件不但可以用最少代码实现数据库操作和控制,还可以取代 DataControl 控件和 RDOControl 控件。

(6) 支持对象链接和嵌入技术

Visual Basic 核心是对象链接和嵌入(OLE)技术。利用 OLE 技术能够开发集声音、图像、动画、字处理、Web 等对象于一体的功能强大的软件。

（7）网络功能

利用 Visual Basic 6.0 的设计工具可以动态创建和编辑 Web 页面,使用户在 VB 中开发多功能网络应用软件。

（8）多个应用向导

Visual Basic 提供了多种向导,如应用向导、安装向导、数据对象向导和数据窗体向导等,通过它们可以快速地完成各种操作。

（9）支持动态交换、动态链接技术

通过动态数据交换（DDE）编程技术,VB 开发的应用程序能和其他 Windows 应用程序之间建立数据通信;通过动态链接库技术在 VB 中可方便地使用联机帮助功能。在 VB 中利用帮助菜单或按 F1 功能键,用户可随时方便地得到所需要的帮助信息。

总之,Visual Basic 是 Windows 平台上一个强大的开发工具,无论是初学者,还是专业人员都可以方便地使用它进行程序设计。Visual Basic 提供的是真正的面向对象的可视化编程方法,开发人员只需少量的代码就可以编制出具有标准 Windows 风格的程序,代码维护非常方便。

2. Visual Basic 6.0 运行环境

任何软件都需要软硬件运行环境,Visual Basic 也要求一定的软硬件运行环境。VB 6.0 虽然功能强大,但所需要的软件和硬件环境并不高。

（1）软件环境

Windows 95 及更高版本,或 Windows NT Workstation 4.0 或更高版本。

（2）硬件环境

① 486DX/66 MHz 或更高的处理器。

② 16MB 或更多的内存。Windows NT Workstation 则要 32 MB 内存。

③ 一个光盘（CD-ROM）驱动器（不是必需,现已由 USB 接口取代）。

④ 硬盘（安装 VB 最少需要 30MB 以上的空间,完全安装需要 115MB）。

⑤ VGA 或更高分辨率的彩色显示器。

⑥ 一个鼠标。

⑦ 若要处理声音、图像等多媒体信息,则还应有声卡、音箱及麦克风之类的配件。

由以上运行环境可看出,目前几乎所有机器设备均能满足 Visual Basic 6.0 所要求的软件和硬件条件。

3. 简单的 Visual Basic 应用程序

设计一个程序,要求在运行时若用鼠标单击窗体,则在窗体上显示"海南欢迎您!"文字。

开发步骤如下。

① 启动 Visual Basic 6.0 程序,如图 4-10 所示,单击"打开"按钮,进入 Visual Basic 6.0 窗口,如图 4-11 所示。

② 双击窗体,在 Form 的 Click 事件中编写程序代码,如图 4-12 所示。

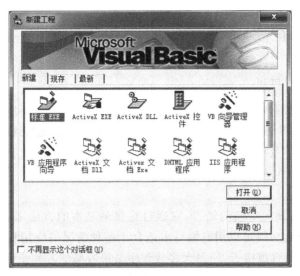

图 4-10 Visual Basic 6.0"新建工程"界面

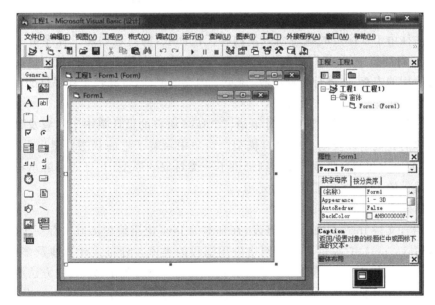

图 4-11 Visual Basic 6.0 编辑界面

③ 运行程序,则在窗口中显示程序运行结果,如图 4-13 所示。

图 4-12 程序代码编写窗口

图 4-13 程序运行结果

4.5.2 Java 简介

1. Java 语言的特征

Java 是广泛使用的网络编程语言,是一个支持网络计算的面向对象程序设计语言。Java 语言吸收了 Smalltalk 语言和 C++ 语言的优点,增加了其他特性,它支持并发程序设计、网络通信和多媒体数据控制等。

Java 语言主要特性如下。

(1) 简单性

Java 语言是一种面向对象的语言,它通过提供最基本的方法来完成指定的任务,只需理解一些基本的概念,就可以用它编写出适合于各种情况的应用程序。Java 语言的语法与 C 语言和 C++ 语言很接近,使得大多数程序员很容易学习和使用 Java。Java 略去了运算符重载、多重继承等模糊的概念,Java 语言不使用指针,它通过实现自动垃圾收集大大简化了程序设计者的内存管理工作。在 C++ 语言中是由程序员进行内存回收的,程序员需要在编写程序的时候把不再使用的对象内存释放掉。但是这种人为的管理内存释放的方法却往往由于程序员的疏忽而致使内存无法回收,同时也增加了程序员的工作量。而在 Java 运行环境中,始终存在着一个系统级的线程,专门跟踪内存的使用情况,定期检测出不再使用的内存,并进行自动回收,避免了内存的泄漏,也减轻了程序员的工作量。

(2) 面向对象

Java 是纯粹的面向对象程序设计语言。Java 语言的设计集中于对象及其接口,它提供了简单的类机制以及动态的接口模型。对象中封装了它的状态变量以及相应的方法,实现了模块化和信息隐藏。而类则提供了一类对象的原型,并且通过继承机制,子类使用父类提供的方法,实现了代码的复用。

(3) 分布性

Java 语言支持 Internet 应用的开发,在基本的 Java 应用编程接口中有一个网络应用编程接口(Java.net),它提供了用于网络应用编程的类库。分布式计算涉及多台计算机通过网络协同工作,Java 语言使分布式计算易于实施。Java 的 RMI(远程方法激活)机制是开发分布式应用的重要手段。Java 是面向网络的语言,通过它提供的类库可以处理 TCP/IP 协议,用户可以通过 URL 地址在网络上很方便地访问其他对象。

(4) 健壮性

Java 语言是健壮的。Java 的强类型机制、异常处理、垃圾的自动收集等是 Java 程序健壮性的重要保证。对指针的丢弃是 Java 的明智选择。Java 的安全检查机制使得 Java 更具健壮性。

(5) 鲁棒性

Java 的鲁棒性可以体现为:

① Java 在编译和运行程序时,都要对可能出现的问题进行检查,以消除错误的产生;

② 在 Java 程序中不能采用地址计算的方法通过指针访问内存单元,大大减少了错误发

生的可能性,而且 Java 的数组并非用指针实现,这样就可以在检查中避免数组越界的发生;

③ Java 提供自动垃圾收集来进行内存管理,防止程序员在管理内存时产生的错误;

④ Java 通过集成的面向对象的异常处理机制,在编译时会提示可能出现但未被处理的异常,帮助程序员正确地进行选择以防止系统的崩溃。

(6) 安全性

Java 语言是安全的。Java 通常被用在网络环境中,为此,Java 提供了一个安全机制以防恶意代码的攻击。Java 不支持指针,一切对内存的访问都必须通过对象的实例变量来实现,这样就防止黑客使用"特洛伊木马"等欺骗手段访问对象的私有成员,同时也避免了指针操作中容易产生的错误。Java 在运行应用程序时,严格检查其访问数据的权限,进一步提高了 Java 的安全性。Java 极高的鲁棒性也增强了 Java 的安全性。

(7) 体系结构中立

Java 语言是体系结构中立的。Java 解释器生成与体系结构无关的字节码指令。为使 Java 程序能在网络的任何地方运行,Java 编译器编译生成了与体系结构无关的字节码结构文件格式。任何种类的计算机,只有在其处理器和操作系统上有 Java 运行时环境,字节码文件才可以在该计算机上运行。即使是在单一系统的计算机上,结构中立也有非常大的作用。

(8) 可移植性

Java 语言是可移植的。这种可移植性来源于体系结构中立性,另外,Java 还严格规定了各个基本数据类型的长度。Java 的类库中实现了与不同平台的接口,使这些类库可以移植。

Java 系统本身也具有很强的可移植性,Java 的编译器是由 Java 语言实现的,解释器是由 Java 语言和标准 C 语言实现的,因此可以较为方便地进行移植工作。

(9) 解释执行

Java 语言是解释型的。编译型语言是一次性编译成机器码,脱离开发环境独立运行,所以运行效率较高,但是由于编译成的是特定平台上的机器码,所以可移植性差。解释型语言是专门的解释器对源程序逐行解释成特定平台上的机器码并执行的语言。解释型语言通常不会进行整体性的编译和链接处理,解释型语言相当于把编译型语言的编译和解释过程混合到了一起同时完成。于是,每次执行解释型语言的程序都要进行一次编译,因此解释型语言的程序运行效率通常较低,而且不能脱离解释器独立运行。但解释型语言跨平台容易,只需要提供特定的平台解释器即可。解释型语言可以方便地进行程序的移植,但是以牺牲程序的执行效率为代价的。

Java 程序在 Java 平台上被编译为字节码格式,然后可以在实现这个 Java 平台的任何系统中运行。在运行时,Java 平台中的 Java 解释器对这些字节码进行解释执行,执行过程中需要的类在连接阶段被载入到运行环境中。

(10) 高性能

Java 是高性能的。与那些解释型的高级脚本语言相比,Java 的确是高性能的。虽然 Java 是解释执行的,但它仍然具有非常高的性能,在一些特定的 CPU 上,Java 字节码可以快速地转换成机器码进行执行。而且 Java 字节码格式的设计就是针对机器码的转换,实际转换时相当简便,自动的寄存器分配与编译器对字节码的一些优化可使之生成高质量的代码。

另外,与其他解释执行的语言,如 BASIC 不同,Java 字节码的设计使之能很容易地直接转换成对应于特定 CPU 的机器码,从而得到较高的性能。

（11）多线程

Java 语言是多线程的。当运行一个应用程序时，就启动了一个进程，当然有些会启动多个进程。启动进程的时候，操作系统会为进程分配资源，其中最主要的资源是内存空间，因为程序是在内存中运行的。在进程中，有些程序流程块是可以乱序执行的，并且这个代码块可以同时被多次执行。实际上，这样的代码块就是线程体。线程是进程中乱序执行的代码流程。当多个线程同时运行的时候，这样的执行模式称为并发执行。多线程的目的是最大限度地利用 CPU 资源。Java 语言是多线程的。Java 语言支持多个线程的同时执行，并提供多线程之间的同步机制。

（12）动态性

Java 语言是动态的。Java 语言的设计目标之一是适应于动态变化的环境。在类库中可以自由地加入新的方法和实例变量而不会影响用户程序的执行。Java 通过接口来支持多重继承，使之比严格的类继承具有更灵活的方式和扩展性。Java 在执行过程中，可以动态地加载各种类库，这一特点使之非常适合于网络运行，同时也非常有利于软件的开发，即使是更新类库也不必重新编译使用这一类库的应用程序。

2. Java 运行机制

Java 不仅是编程语言，还是一个开发平台，Java 技术给程序员提供了许多工具：编译器、解释器、文档生成器和文件打包工具等。同时 Java 还是一个程序发布平台。

Java 应用程序的开发周期包括编辑、编译、装载、解释和执行几个部分。程序编译时将 Java 源程序翻译为 JVM 可执行代码——字节码。这一编译过程同 C/C++ 的编译有些不同。当 C 编译器编译生成一个对象的代码时，该代码是为在某一特定硬件平台运行而产生的。因此，在编译过程中，编译程序通过查表将所有对符号的引用转换为特定的内存偏移量，以保证程序运行。Java 编译器却不将对变量和方法的引用编译为数值引用，也不确定程序执行过程中的内存布局，而是将这些符号引用信息保留在字节码中，由解释器在运行过程中创建内存布局，然后再通过查表来确定一个方法所在的地址。这样就有效地保证了 Java 的可移植性和安全性。

运行 JVM 字节码的工作是由解释器（Java 命令）来完成的。解释执行过程分为三步：代码的装入、代码的校验和代码的执行。

Java 字节码的执行有以下两种方式。

① 即时编译方式：解释器先将字节码编译成机器码，然后再执行该机器码。

② 解释执行方式：解释器通过每次解释并执行一小段代码来完成 Java 字节码程序的所有操作。

通常采用第二种方式。由于 Java 虚拟机规格描述具有足够的灵活性，这使得将字节码翻译为机器代码的工作具有较高的效率。对于那些对运行速度要求较高的应用程序，解释器可将 Java 字节码即时编译为机器码，从而很好地保证了 Java 代码的可移植性和高性能。

4.5.3　Visual FoxPro 6.0 简介

Microsoft Visual FoxPro 6.0（简称 VFP 6.0）关系数据库系统是小型数据库管理系

统的杰出代表,它以强大的功能、完整而又丰富的工具、极高的处理速度、友好的界面以及完备的兼容性等特点,深受广大用户欢迎。

运行在 Windows 操作系统下的、功能强大的数据库语言系统 Visual FoxPro 6.0 有丰富的函数和各种设计器及向导,为使用它的用户提供极大的方便。Visual FoxPro 6.0 及其中文版,不仅可以简化数据库管理,而且能使应用程序的开发流程更为合理。Visual FoxPro 6.0 使组织数据、定义数据库规则和建立应用程序等工作变得简单易行。利用可视化的设计工具和向导,用户可以快速创建表单、查询和打印报表。Visual FoxPro 6.0 还提供了一个集成化的系统开发环境,它不仅支持过程式编程技术,而且在语言方面作了强大的扩充,支持面向对象可视化编程技术,并拥有功能强大的可视化程序设计工具。Visual FoxPro 6.0 是用户收集信息,查询数据,创建集成数据库系统,进行实用系统开发较为理想的工具软件。但由于现在的数据库系统多为大型数据库应用系统,所以 VFP 6.0 已变得不再受到关注。但就其操作性而言,很适合学习关系数据库的初学者。

1. Visual FoxPro 6.0 特点

(1) 可视化编程工具

提供可视化设计工具:各种设计器、向导、工具栏、菜单和生成器等,降低了设计人员的劳动强度。

(2) 面向对象编程

面向对象事件驱动的应用程序设计方法可以实现多任务操作,界面美观,操作灵活。

(3) 表与数据环境

在表的设计方面,增添了表的字段和控件直接结合的设置。控件与数据的绑定更方便、快捷。

(4) 对项目及数据库控制的增强

在 Visual FoxPro 6.0 中可以借助项目管理器创建和集中管理应用程序中的任何元素,可以访问所有向导、生成器、工具栏和其他易于使用的工具。

增强了项目及数据库管理的功能(使文件的组织更加条理化)。全面管理项目中的数据库、应用程序及文档,便于应用与操作。提高了数据库的安全性,如设置字段与记录的有效性规则。

(5) 提高了应用程序开发的效率

Visual FoxPro 6.0 增加了面向对象的语言和方式。借助 Visual FoxPro 6.0 的对象模型,可以充分使用面向对象程序设计的所有功能。

(6) 互操作性和支持 Internet

Visual FoxPro 6.0 支持对象链接与嵌入(OLE),可以在 Visual FoxPro 6.0 和其他应用程序之间,或在 Visual FoxPro 6.0 应用程序内部移动数据,增强了网络功能。

(7) 能充分利用已有数据

Visual FoxPro 6.0 为升级数据库提供了一个方便实用的转换器工具,可以将早期版本中的数据移植过来使用;对于电子表格或文本文件中的数据,Visual FoxPro 6.0 也可以方便地实现数据共享。

2. 简单的 Visual FoxPro 6.0 应用程序

Visual FoxPro 6.0 既能编写对数据表操作的程序,又能编写科学计算方面的程序。下面的程序要求是,计算 1 到 50 之间所有整数的和,并显示计算结果。这个程序的开发步骤如下。

① 启动 Visual FoxPro 6.0 程序,进入欢迎界面,如图 4-14 所示。关闭欢迎界面,进入 Visual FoxPro 6.0 编辑窗口,如图 4-15 所示。

图 4-14   Visual FoxPro 6.0 欢迎界面

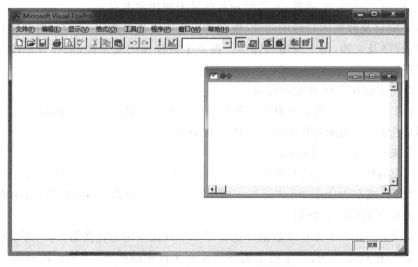

图 4-15   Visual FoxPro 6.0 编辑窗口

② 单击【文件】菜单中的【新建】,在"新建"窗口中选择"程序",然后单击"新建文件"按钮,如图 4-16 所示。

③ 在"程序"窗口中输入程序代码,如图 4-17 所示。

图 4-16 "新建"对话框

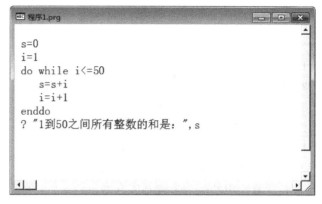

图 4-17 程序编写窗口

④ 运行程序,得到程序运行结果,如图 4-18 所示。

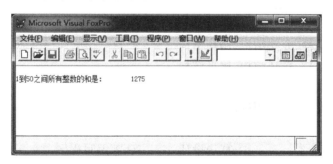

图 4-18 程序运行结果显示

以上只简单介绍了几种语言,在现实工作中,还有很多种高级程序设计语言可使用,不同的程序语言其内涵思想基本相同,但又都有各自的使用语法和不同体系结构,同时又有各自的优缺点。使用者可以根据自身的实际情况,并参考不同语言的应用领域和特点选取使用。

4.6 小 结

程序设计对许多初学者来说有一定的困难,初学者必须明白学习程序设计不只是简单地学习某种程序设计语言的语法知识,重要的是要理解计算机的解题过程。而算法是计算机解题的灵魂,学会编制算法需要具备一定的数学知识,并培养良好的逻辑思维能力。

作为信息技术导论课程的一部分,算法与程序设计主要帮助学生了解计算机的解题过程和程序设计的初步知识,后续会进一步系统地学习程序设计课程。

练 习 题

一、思考题

1. 简述人与计算机解题的异同。

2. 说明算法与程序的关系。

3. 计算机擅长解决什么样的问题?

二、单项选择题

1. 下面关于算法的描述,错误的是(　　)。

　　(A) 一个算法必须保证它的执行步骤是有限的

　　(B) 算法中的每个步骤必须有确切的含义

　　(C) 有 0 个或多个输入

　　(D) 有 0 个或多个输出

2. 程序的三种基本结构是(　　)。

　　(A) 分支结构、循环结构、树形结构

　　(B) 顺序结构、分支结构、循环结构

　　(C) 顺序结构、循环结构、树形结构

　　(D) 树形结构、顺序结构、分支结构

3. 计算机解题过程中,明确已知和未知数据,制定由已知数据导出未知数据的过程,属于以下(　　)选项。

　　(A) 分析问题　　　(B) 算法设计　　　(C) 编写程序　　　(D) 运行程序

4. 开发一个运动会项目编排软件,比较可行的步骤是(　　)。

　　(A) 设计算法,编写程序,提出问题,调试程序

　　(B) 分析问题,编写程序,设计算法,调试程序

　　(C) 分析问题,设计算法,编写程序,调试程序

　　(D) 设计算法,提出问题,编写程序,调试程序

5. 下列选项中不属于结构化程序设计方法的是(　　)。

　　(A) 自顶向下　　　(B) 逐步求精　　　(C) 模块化　　　(D) 可复用

6. 下列叙述中,不符合良好程序设计风格要求的是(　　)。

　　(A) 程序的效率第一,清晰第二　　　(B) 程序的可读性好

　　(C) 程序中要有必要的注释　　　(D) 输入数据前要有提示信息

7. 结构化程序设计主要强调的是(　　)。

　　(A) 程序的规模　　　　　　　　(B) 程序的易读性

（C）程序的执行效率　　　　　　　　（D）程序的可移植性

8. 结构化程序设计只允许有三种基本结构来构成任何程序。下列选项中,(　　)不属于结构化程序设计的基本结构。

（A）选择结构　　　（B）可选结构　　　（C）循环结构　　　（D）顺序结构

三、算法设计

1. 设计算法,求 2～100 的所有素数。

2. 设计算法,对 4 个整数从小到大进行排序。

四、程序设计

1. 编写求长方体体积和表面积的程序。

2. 输入任意 10 个整数,求最大值和最小值。

第 5 章

数据库技术

本章学习目标：

通过本章的学习，了解数据库系统基本概念以及数据库的发展过程，理解数据模型和数据库系统的组成，掌握关系数据库设计方法和基本应用，学会 Access 2010 的基本使用方法。

本章要点：

- 数据库系统基本概念；
- 数据模型及其种类；
- 数据库系统组成；
- 数据库的设计及管理技术；
- 数据安全性；
- Microsoft Access 2010 使用方法；
- VBA 编程语言。

数据库技术是计算机科学的重要分支。当今社会已经离不开数据和数据处理，大数据已成为一个新的领域。数据库信息量与日俱增，而数据库系统为有效存储、处理和管理数据提供了重要的支撑。

5.1　数据库技术概述

在信息技术和互联网应用迅猛发展的今天，人们越来越离不开数据库了，数据库技术发挥着日益重要的作用。数据库课程不仅是计算机专业的重要课程，也是许多非计算机专业要修读的课程。

5.1.1　数据库系统基本概念

要全面、正确地理解数据库系统的原理和应用，首先就必须了解数据库的基本概念，了解什么是信息，什么是数据，数据库系统中涉及哪些基本概念。

1. 信息

信息(information)是人们对现实事物的抽象反映。在数据处理领域,通常把信息理解为关于现实世界事物的存在方式或运行状态的反映的组合。信息常被称为"有用的数据"。例如:2016年全球智能手机总销量为14.7亿部,中国品牌销量总量为4.65亿部,贡献了接近全球三分之一的量,这就是一个2016年中国手机销量的信息。

2. 数据

数据(data)是指存储在某一种媒体上能够识别的物理符号,是表达和传递信息的工具。数据包括两方面内容:一是描述事物特性的数据内容,二是存储在某一种媒体上的数据形式。数据的形式可以是数字、文字、图形、图像、声音等,它经过解释并赋予一定的意义后,便成为信息。

计算机中的数据一般分为两部分,其中一部分与程序仅有短时间的交互关系,随着程序的结束而消亡,它们称为临时性(transient)数据,这类数据一般存放于计算机内存中;而另一部分数据则对系统起着长期持久的作用,它们称为持久性(persistent)数据。数据库系统中处理的就是这种持久性数据。

软件中的数据是有一定结构的。首先,数据有型(type)与值(value)之分,数据的型给出了数据表示的类型,如整型、实型、字符型等,而数据的值给出了符合给定型的值,如整型值88、字符型值"姓名"等。随着应用需求的扩大,数据类型有了进一步的扩充,它包括了将多种相关数据以一定结构方式组合构成特定的数据框架,这样的数据框架称为数据结构(data structure)。

3. 数据处理

数据处理(data processing)是指将数据转换成信息的过程。具体来讲是对数据进行采集、存储、检索、加工、变换和传输的过程。其基本目的是从大量的现有数据中,抽取并提炼出对人们来说有价值、有意义的数据。信息和数据的关系是:

信息=数据+处理

通过对数据的处理操作,可以从中获得有价值的、对用户的决策发挥作用的信息。

4. 数据库

数据库(DataBase,DB)是数据的集合,它具有统一的结构形式并存放于统一的存储介质内,是多种应用数据的集成,并可被各个应用程序所共享。

数据库中的数据具有"集成""共享"的特点,也就是说数据库集中了各种应用数据,进行统一的构造与存储,使得它们可被不同应用程序所使用。

5. 数据库管理员

由于数据库的共享性,对数据库的规划、设计、维护、监控等需要专人管理,这些人被称为数据库管理员(database administrator,DBA)。他们的主要工作有:

① 数据库设计。进行数据模式的设计。

② 数据库维护。对数据库中的数据安全性、完整性、并发控制及系统恢复、数据定期转存等进行维护。

③ 改善系统性能,提高系统效率。确保系统保持最佳状态与最高效率,必要时可进行数据库的重组、重构等。

6. 数据库管理系统

数据库管理系统(DataBase Management System,DBMS),是一种系统软件,负责数据库中的数据组织、数据操纵、数据维护、控制及保护数据服务等。数据库中的数据具有海量级别的数量,并且其结构复杂,因此需要提供管理工具。数据库管理系统是数据库系统的核心,它主要有如下几方面的具体功能。

① 数据模式定义。数据库管理系统负责为数据库构建模式,即为数据库构建数据框架。

② 数据存取的物理构建。数据库管理系统负责为数据模式的物理存取及构建提供有效的存取方法与手段。

③ 数据操纵。数据库管理系统为用户使用数据库中的数据提供方便,它一般提供查询、插入、修改以及删除数据的功能。此外,它自身还具有进行简单算术运算及统计的能力,而且还可以与某些过程性语言结合,使其具有强大的过程性操作能力。

④ 数据的完整性与安全性。数据库中的数据具有内在语义上的关联性与一致性,它们构成了数据的完整性,数据的完整性是保证数据库中数据正确的必要条件。因此必须经常检查以维护数据的正确性。数据完整性与安全性的维护是数据库管理系统的基本功能。

⑤ 数据库的并发控制与故障恢复。数据库是一个集成、共享的数据集合体,它能为多个应用程序服务,所以就存在着多个应用程序对数据库的并发操作。在并发操作中如果不加控制和管理,多个应用程序间就会相互干扰,从而对数据库中的数据造成破坏。因此,数据库管理系统必须对多个应用程序的并发操作做必要的控制以保证数据不受破坏,这就是数据库的并发控制。

数据库中的数据一旦遭受破坏,数据库管理系统必须有能力及时进行恢复,这就是数据库的故障恢复。

⑥ 数据的服务。数据库管理系统提供对数据库中数据的多种服务功能,如数据复制、转存、重组、性能监测、分析等。

为完成以上 6 个功能,数据库管理系统一般提供相应的数据语言,它们是:

- 数据定义语言(Data Definition Language,DDL)。该语言负责数据的模式定义与数据的物理存取构建。
- 数据操纵语言(Data Manipulation Language,DML)。该语言负责数据的操纵,包括查询及增、删、改等操作。
- 数据控制语言(Data Control Language,DCL)。该语言负责数据完整性、安全性的定义与检查以及并发控制、故障恢复等功能,包括系统初启程序、文件读写与维护程序、存取路径管理程序、缓冲区管理程序、安全性控制程序、完整性检查程序、并发控制程序、事务管理程序、运行日志管理程序、数据库恢复程序等。

7. 数据库系统

组成数据库系统(DataBase System,DBS)的五大部分是数据库(数据)、数据库管理系统(软件)、数据库管理员(人员)、数据库系统硬件平台(硬件)、数据库系统软件平台(软件)。这5个部分构成了一个以数据库为核心的完整的运行实体,称为数据库系统。在数据库系统中,数据库管理系统是核心。

在数据库系统中,硬件平台包括:

- 计算机:它是系统中硬件的基础平台,目前常用的有微型机、小型机、中型机、大型机及巨型机。
- 网络:过去数据库系统一般建立在单机上,但是近年来它较多地建立在网络上,从目前形势看,数据库系统以建立在网络上为主流乃是大势所趋。

数据库系统中的软件平台主要包括操作系统、数据库系统开发工具和接口软件。

- 数据库系统开发工具:为开发数据库应用程序所提供的工具。
- 接口软件:在网络环境下数据库系统中数据库与应用程序,数据库与网络间存在着多种接口,它们需要用接口软件进行连接,否则数据库系统整体就无法运作。

8. 数据库应用系统

数据库应用系统(DataBase Application System)简称DBAS。利用数据库系统进行应用开发可构成一个数据库应用系统,数据库应用系统由数据库系统、应用软件及应用界面三者组成,具体包括数据库、数据库管理系统、数据库管理员、硬件平台、软件平台、应用软件、应用界面。其中应用软件由数据库系统所提供的数据库管理系统(软件)及数据库系统开发工具开发而成,而应用界面大多由相关的可视化工具开发而成。

5.1.2 数据库技术的发展历史

数据库技术是计算机科学技术中发展最快的领域之一,它是计算机信息系统与应用系统的核心技术和重要基础。数据库技术从20世纪60年代中期产生到今天仅仅有50多年的历史,却已经历了三代演变,发展成了一门新学科,带动了一批软件产业。

数据库技术的发展离不开应用领域的促进,应用需求是数据库技术发展的动力,数据库技术是应数据管理任务的需要而产生的。数据库技术从第一代的网状、层次数据库系统,第二代的关系数据库系统,发展到第三代以面向对象模型为主要特征的数据库系统,历经变化,日益强大。

1. 第一代数据库系统:层次和网状数据库系统

层次和网状数据库系统的代表产品是1969年研制的层次模型数据库管理系统。此外,数据库任务组在20世纪60年代末至70年代初提出了若干报告,确定并建立了数据库系统的许多概念、方法和技术，为数据库系统的发展奠定了基础。

2. 第二代数据库系统：关系数据库系统

1970年，提出了数据库的关系模型，开创了数据库关系方法和关系数据理论的研究。20世纪70年代是关系数据库理论研究和原型开发的时代，奠定了关系模型的理论基础，并研究了关系数据语言，研制了大量的关系型数据库管理系统（RDBMS）原型。

20世纪80年代，商用数据库系统的流行，使数据库技术日益广泛地应用到企业管理、情报检索、辅助决策等各个方面。

20世纪90年代，"事务处理技术"对于解决在数据库的规模越来越大、结构越来越复杂以及共享用户越来越多的情况下，如何保障数据的完整性、安全性、并发性以及故障恢复的能力等重大技术问题方面发挥了关键作用。

3. 新一代数据库技术的研究和发展

20世纪80年代以来，不同领域的应用提出了许多新的数据管理需求，传统数据库技术遇到了巨大的挑战。新一代数据库技术研究的特点体现在三方面：将面向对象的方法和技术引入数据库；数据库技术与多学科技术有机结合；数据库研究面向实际应用。同时，数据库系统结构也由主机/终端的集中式结构发展到网络环境的分布式结构，随后又发展成两层、三层或多层客户/服务器结构、Internet环境下的浏览器/服务器和移动环境下的动态结构。多种数据库结构满足不同应用需求，以适应不同的应用环境。

随着计算机向深度计算和普适化计算发展，网络技术、大数据和云计算也将推进数据库朝着大型的并行数据库系统和小型的嵌入式数据库系统发展。数据仓库以数据库技术作为存储数据和管理资源的基本手段，以统计分析技术作为分析数据和提取信息的有效方法，以人工智能技术作为挖掘知识和发现规律的科学途径。数据仓库的研究和创建，能充分利用已有的数据资源，从中挖掘知识，最终创造效益。此外，数据库应用环境正在发生巨大的变化，Internet/Web应用向数据库领域提出了前所未有的挑战，因此，对半结构化和无结构数据模型的描述、管理、查询和安全控制等问题的研究已成为新的研究课题。

5.1.3 数据库系统的发展

今天的数据管理技术是通过计算机管理数据，满足用户的各种信息需求，确保数据的安全性、完整性、一致性、可用性等的技术。

数据库系统的发展是随着计算机硬件、软件技术和计算机应用范围的发展而发展起来的，大致经历了如下几个阶段。

1. 人工管理阶段

20世纪50年代中期以前，计算机的应用主要在科学计算方面，没有专门管理数据的软件，数据由计算机或处理它的程序自行携带，数据处理方式基本上是批处理。当时的计算机数据管理的特点如下。

（1）数据与程序不具有独立性

程序依赖于数据，如果数据的类型、格式、存取方法、输入输出方式等改变了，程序必须做相应修改。

（2）数据不能长期保存

数据是在一个程序中定义的，程序运行一旦结束，数据会一起释放，数据不能被其他程序调用，存在数据冗余问题。

（3）系统中没有对数据进行管理的软件

数据管理任务完全由程序设计人员负责，这给程序设计人员增加了很大的负担。

2. 文件系统阶段

20世纪50年代后期，程序与数据有了一定的独立性，程序和数据分开存储，有了程序文件和数据文件的区别。数据可以长期保存和被多次存取。该阶段对数据的管理虽有很大进步，但仍存在一些问题，主要表现在三个方面：数据冗余度大、缺乏数据独立性、数据没有集中管理。

3. 数据库系统阶段

自20世纪60年代开始，计算机对数据管理的规模变得庞大，要求解决数据独立性问题，实现数据统一管理，达到数据共享的目的，从而发展了数据库技术。这一阶段的主要特点如下。

（1）实现数据共享，减少数据冗余

在数据库系统中，对数据的定义和描述已经从应用程序中分离出来，通过数据库管理系统来统一管理。数据的最小访问单位是字段，可以直接访问一个字段或一组字段、一个记录或一组记录。

（2）采用特定的数据模型

数据库中的数据结构由数据库管理系统所支持的数据模型表现出来。

（3）具有较高的数据独立性

实现了应用程序对数据的逻辑结构和物理结构之间的独立性，用户只须考虑逻辑结构，而无须考虑数据的物理存储结构。

（4）有统一的数据控制功能

数据库可以被多个用户共享，数据的存取往往是并发的，包括数据的并发控制功能、安全性控制功能和完整性控制功能。

4. 分布式数据库系统阶段

20世纪70年代后期，网络技术的发展为数据库提供了越来越好的运行环境，使数据库系统从集中式发展到分布式，从主机-终端系统结构发展到客户机/服务器系统结构。分布式数据库是数据库技术和计算机网络技术紧密结合的产物。它是一个逻辑上统一、地域上分布的数据集合。

5．面向对象数据库系统

面向对象数据库是数据库技术与面向对象程序设计相结合的产物。它是面向对象方法在数据库领域中的实现和应用，它既是一个面向对象的系统，又是一个数据库系统。

5.1.4 数据库系统的特点

数据库技术是在文件系统基础上发展产生的，两者都以数据文件的形式组织数据，但由于数据库系统在文件系统之上加入了 DBMS 对数据进行管理，从而使得数据库系统具有以下特点。

1．数据结构化且统一管理

数据库系统中的数据是有结构的，并且由数据库管理系统统一管理。数据库系统不仅可以表示事物内部数据之间的联系，而且还可以表示事物之间的联系。

2．数据具有共享性，冗余度小

数据库中的数据由系统统一管理，集中存储。系统中的各种用户可以根据各自应用的需求访问不同的数据子集，以达到数据共享的目的。同时也可大大减少数据的冗余，节约存储空间。

3．具有较高的数据独立性

数据独立性是指数据库中数据的逻辑组织和物理存储方式与用户的应用程序无关。一方的改变一般不会影响另一方。

4．数据控制能力强

数据库中的数据被多个用户或应用程序所共享。数据库管理系统提供较强的保护控制功能，以防止多个用户同时存取或修改数据库中的数据时可能产生错误数据或破坏数据库，提高了数据的安全性和完整性。

5.1.5 数据库系统内部结构体系

数据库系统在其内部具有三级模式及二级映射。三级模式分别是概念级模式、内部级模式与外部级模式，二级映射则分别是概念级到内部级的映射以及外部级到概念级的映射。这种三级模式与二级映射构成了数据库系统内部的抽象结构体系。

1．数据库系统的三级模式

数据模式是数据库系统中数据结构的一种表示形式，它具有不同的层次与结构方式。

（1）概念模式

概念模式是数据库系统中全局数据逻辑结构的描述,是全体用户(应用)公共数据视图。此种描述是一种抽象的描述,它不涉及具体的硬件环境与平台,也与具体的软件环境无关。概念模式主要描述数据的概念记录类型以及它们间的关系,它还包括一些数据间的语义约束,对它的描述可用 DBMS 中的 DDL 语言定义。

（2）外模式

外模式也称子模式或用户模式。它是用户的数据视图,也就是用户所见到的数据模式,它由概念模式推导而出。概念模式给出了系统全局的数据描述而外模式则给出每个用户的局部数据描述。一个概念模式可以有若干个外模式,每个用户只关心与他有关的模式,这样不仅可以屏蔽大量无关信息而且有利于数据保护。在一般的 DBMS 中都提供相关的外模式描述语言(外模式 DDL)。

（3）内模式

内模式又称物理模式,它给出了数据库物理存储结构与物理存取方法,如数据存储的文件结构、索引、集簇及 hash 等存取方式与存取路径,内模式的物理性主要体现在操作系统及文件级上,它还未深入到设备级上(如磁盘及磁盘操作)。内模式对一般用户是透明的,但它的设计直接影响数据库的性能。DBMS 一般提供相关的内模式描述语言(内模式 DDL)。

数据模式给出了数据库的数据框架结构,数据是数据库中的真正的实体,但这些数据必须按框架所描述的结构组织,以概念模式为框架所组成的数据库叫概念数据库,以外模式为框架所组成的数据库叫用户数据库,以内模式为框架所组成的数据库叫物理数据库。这三种数据库中只有物理数据库是真实存在于计算机外存中,其他两种数据库并不真正存在于计算机中,而是通过两种映射由物理数据库映射而成。

模式的三个级别层次反映了模式的三个不同环境以及它们的不同要求,其中内模式处于最底层,它反映了数据在计算机物理结构中的实际存储形式,概念模式处于中层,它反映了设计者的数据全局逻辑要求,而外模式处于最外层,它反映了用户对数据的要求。

2. 数据库系统的二级映射

数据库系统的三级模式是对数据的三个级别抽象,它把数据的具体物理实现留给物理模式,使用户与全局设计者不必关心数据库的具体实现与物理背景;同时,它通过二级映射建立了模式间的联系与转换,使得概念模式与外模式虽然并不具备物理存在,但是也能通过映射而获得其实体。此外,二级映射保证了数据库系统中数据的独立性,亦即数据的物理组织改变与逻辑概念级改变相互独立,使得只要调整映射方式而不必改变用户模式。

① 概念模式到内模式的映射。该映射给出了概念模式中数据的全局逻辑结构到数据的物理存储结构间的对应关系,此种映射一般由 DBMS 实现。

② 外模式到概念模式的映射。概念模式是一个全局模式而外模式是用户的局部模式。一个概念模式中可以定义多个外模式,而每个外模式是概念模式的一个基本视图。外模式到概念模式的映射给出了外模式与概念模式的对应关系,这种映射也是由 DBMS 实现的。

5.2 数据模型

在数据库技术中,常使用数据模型来描述数据库的结构和组织形式。数据模型主要有4种:层次模型、网状模型、关系模型和面向对象模型。

5.2.1 层次模型

层次模型是用层次结构描述数据间的从属关系。在层次模型中,数据间的关系像一棵倒置的树。它的表现形式如图 5-1 所示。

层次模型的特点是:有且仅有一个根结点;除根结点外,其他的子结点有且仅有一个父结点,可以有零个或多个子结点。这种模型的缺点是不能直接表现含有多对多关系的复杂结构。

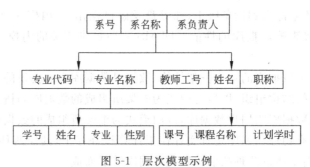

图 5-1 层次模型示例

5.2.2 网状模型

用网状结构表示实体及实体之间的关系。网状模型中,各实体之间可以有多于一种的联系。即一个结点可以有多个父结点,也可以是多个结点无父结点。网状结构比较复杂,数据处理比较困难。图 5-2 所示为一个网状模型示例。

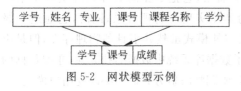

图 5-2 网状模型示例

网状模型的特点是:可以有一个或一个以上的结点无父结点;一个子结点可以有两个或两个以上的父结点。

5.2.3 关系模型

关系模型用二维结构来表示实体及实体之间的关系。关系模型中,操作的对象和结果都是二维表,每一个二维表就是一个关系。表 5-1 所示的一个二维结构学生情况表,就是一个关系模型示例。

表 5-1 关系模型示例

学号	姓名	专业	性别	籍贯	入学成绩	民族	照片	备注
20171501	张平男	计算机	男	海南	555.0	汉族	Gen	Memo
20172648	陈花	物理学	女	广西	516.5	苗族	Gen	Memo
20172518	周红	计算机	女	吉林	485.0	汉族	Gen	Memo
20176600	何海	化学	男	海南	520.0	黎族	Gen	Memo
20173552	文江	生物技术	男	湖北	496.0	汉族	Gen	Memo
20175256	赵之花	物理学	女	北京	565.0	汉族	Gen	Memo
20176670	金女	化学	女	延边	599.0	朝鲜族	Gen	Memo
20172656	胡刚	生物技术	男	天津	490.0	汉族	Gen	Memo
20173538	莫壮	计算机	男	江西	578.0	汉族	Gen	Memo

1. 关系术语

（1）关系

一个关系就是一张二维表，有一个关系名。在计算机中，一个关系可以存储为一个文件，如表文件。

（2）属性

二维表中的列称为属性，每一列有一个属性名，各个列的属性名构成了表头部分。属性名和该属性的数据类型、宽度等在定义表结构时给出。属性也称为表中的字段。属性值对应表中的记录值。表 5-1 中，"学号""姓名"为属性名，而"20172518""周红"是其对应的属性值。

（3）元组

二维表中，除表头以外的行称为元组，每一行是一个元组，表中所有的元组构成了表体。元组对应存储文件中的一个具体记录。在表 5-1 中显示了 9 条记录。

（4）域

域指属性的取值范围，即不同元组对同一个属性的取值所限定的范围。如表 5-1 中"性别"的取值范围是汉字"男"或"女"。

（5）关系模式

对关系的描述称为关系模式。

其格式为：

关系名(属性名 1,属性名 2,…,属性名 n)

一个关系模式对应一个关系的结构。

（6）关键字

能够唯一确定一个元组的属性或属性组合称为关键字。如表 5-1 中的"学号"可作为关键字。

(7) 外部关键字

外部关键字是用来与另一个关系进行连接的字段,而且是另一个关系中的主关键字。

2. 关系模型的特点

① 关系中的每一个数据项是不可再分的最小项,即不能表中有表。

② 每一列表示数据的一个属性,称为一个字段,不能有名称相同的字段。

③ 每一列的属性类型必须相同。

④ 每一行表示数据的一个信息,称为一个记录,不应该有完全相同的记录。

⑤ 关系中记录的次序可以任意交换,字段的次序也可以任意交换,均不影响实际存储的数据。

3. 关系运算

关系数据库管理系统主要对关系进行三种运算:选择、投影、连接。

(1) 选择

选择运算是指从关系中找出满足给定条件的元组。选择的条件以逻辑表达式给出,表达式的值为真的元组将被选取。如列出"学生情况表"文件中所有女同学的记录,则可以使用相关的命令或程序语句将表中满足条件的记录选择或筛选出来。

(2) 投影

投影运算是指从关系中选出指定的若干属性组成新的关系。经过投影运算后可得到一个新的关系,其包含的属性个数往往比原关系少,新关系中属性的排列顺序可以不同。如列出"学生情况表"文件中所有人的学号、姓名、性别、入学成绩等信息。

(3) 连接

连接运算是指将两个关系横向结合为一个新的关系,生成的新关系包含满足连接条件的所有元组。

4. 表间关系

在关系模型中,同一个数据库中的数据表之间,主要存在三种关系:一对一的关系、一对多的关系和多对多的关系。

(1) 一对一的关系

表 A 和表 B 是两个数据表,表 A 和表 B 之间通过一个两个表中都有的相同字段联系起来,其中表 B 中该字段的取值是来自于表 A 中的该字段,并且这个相同的字段在两个表中的取值都是唯一的。称表 A 和表 B 之间具有一对一的关系。

(2) 一对多的关系

表 A 和表 B 是两个数据表,表 A 和表 B 之间通过一个两个表中都有的相同的字段联系起来,其中表 B 中该字段的取值是来自于表 A 中的该字段,并且在表 A 中该字段的取值是唯一的,而在表 B 中该字段可取多个相同的值。称表 A 和表 B 之间具有一对多的关系。

（3）多对多的关系

表 A 和表 B 是两个数据表，表 A 和表 B 之间通过一个两个表中都有的相同的字段联系起来，其中表 B 中该字段的取值是来自于表 A 中的该字段，并且表 A 中该字段的取值是可以重复的，表 B 中该字段的取值也是可以重复的。称表 A 和表 B 之间具有多对多的关系。

5.2.4　面向对象模型

面向对象模型主要用于面向对象的数据库中。面向对象模型的基本概念是对象和类。每个对象有唯一的名称，在对象内部封装了对象所具有的属性和对象能执行的方法。类是对具有相同属性和方法的所有对象的一个抽象，类有 4 个主要的性质：封装性、继承性、多态性和抽象性。

5.3　数据库设计

数据库设计是数据库应用的核心。数据库设计不是设计一个完整的数据库管理系统（DBMS），而是根据一个给定的应用环境，构造最优的数据模型，利用 DBMS，建立数据库应用系统，使之能够有效地存储数据，满足用户对信息的使用要求。在对信息资源合理开发、管理的过程中，数据库技术是最为有效的手段。如何建立一个高效适用的数据库应用系统，始终是数据库应用领域中的一个重要课题。数据库设计是一项软件工程，具有自身的特点，已逐步形成了数据库设计方法学。

一般来讲，数据库设计包括结构设计和行为设计。

结构设计是指按照应用要求，确定一个合理的数据模型。数据模型是用来反映和显示事物及其关系的。数据库应用系统管理的数据量大，数据间联系复杂，因此数据模型设计得是否合理，将直接影响应用系统的性能和使用效率。结构设计的结果简单地说就是得到数据库中表的结构。结构设计要求满足：能正确反映客观事物；减少和避免数据冗余；维护数据完整性。数据完整性是保证数据库存储数据的正确性。

行为设计是指应用程序的设计，即利用 DBMS 及相关软件，将结构设计的结果物理化，实施数据库，如完成查询、修改、添加、删除、统计数据，制作报表等。行为设计要求满足数据的完整性、安全性、并发控制和数据库的恢复。

数据库设计是一项复杂的工作，它要求设计人员不但具有数据库基本知识，熟悉DBMS，而且要有应用领域方面的知识，了解应用环境和具体业务内容，才能设计出满足应用要求的数据库应用系统。

数据库设计过程一般分为以下 6 个阶段：

- 需求分析；
- 概念结构设计；
- 逻辑结构设计；

- 物理结构设计；
- 数据库实施；
- 数据库运行与维护。

1. 需求分析

需求分析阶段的工作是详细准确地了解数据库应用系统的运行环境和用户要求。开发数据库应用系统的目的是什么；用户需要从数据库中得到何种数据信息；输出这些信息采用何种方式或格式等。这些问题都要在需求分析中解决。需求分析是数据库设计的起点，也是整个设计过程的基础，这个基石将直接关系到整个系统的速度与质量。需求分析做得不好，开发出的系统的功能可能就会与用户要求之间存在差距，甚至有可能导致整个设计工作从头再来。因此一定要保证需求分析准确、全面。

进行需求分析时首先是通过各种调查方式，明确用户的使用要求。调查的重点是"数据"和"处理"。调查数据就是了解用户需要从数据库应用系统中得到什么样的数据信息，从数据的内容和性质中推导出数据要求，从而决定在数据库中存储哪些数据。而数据处理是了解用户希望以怎样的方式和怎样的格式得到这些数据。

了解了用户的需求后，还需要进一步分析和表达用户的需求，并把结果以标准化的文档表示出来，如使用数据流程图、数据字典和需求说明等。

2. 概念结构设计

需求分析工作，只是了解了未来系统中涉及的具体事物及对各种事物的使用要求，而要将现实世界的事物转换为机器世界（计算机）能处理的数字信息，需要经过抽象和数字化，即：首先从现实世界的事物抽象到信息世界的概念模型，再将信息世界的概念模型经过数字化，转化为机器世界的数学模型。

概念结构设计主要实现由现实世界到信息世界的抽象，建立起概念模型。

3. 逻辑结构设计

概念结构设计主要实现由现实世界到信息世界的转化，建立数据模型。逻辑结构设计就是将概念结构设计的结果转换为一种 DBMS 支持的数据模型。

逻辑设计的步骤一般分为三步：

① 将概念结构转换为数据模型；

② 将转换来的模型向特定 DBMS 支持的数据模型转换；

③ 对数据模型进行优化。

4. 物理结构设计

进行物理结构设计是根据使用的计算机软硬件环境和数据库管理系统，确定数据库表的结构，并进行优化，为数据模型选择合理的存储结构和存取方法，决定存取路径和分配存取空间等。

数据库系统一般都提供多种存取方法，只有选择相应的存取方法，才能满足多用户的多种应用要求,实现数据共享。最常用的存取方法是索引方法。在数据库中使用索引可以快速地找到所需信息。

建立索引的基本原则是:

① 如果一个属性(或一组属性)经常在查询条件或在连接操作的连接条件中出现,则考虑在这个属性(或这组属性)上建立索引(或组合索引);

② 如果一个属性经常作为最大值或最小值等聚合函数的参数,则考虑在这个属性上建立索引。

对数据格式的设计应考虑节省存取空间和存取方法,还应确定数据的存放位置,这需要综合考虑存取时间、存储空间利用率和维护代价三方面的因素。这三个方面经常是相互矛盾的,因此需要进行权衡,选择一个折中的方案。

设计出物理结构后要进行评价,如果满足设计要求,就可以进入数据库实施阶段,否则就要修改甚至重新设计物理结构。

5. 数据库实施

数据库实施是运用 DBMS 建立数据库,创建各种对象(如表、查询等),编制与调试应用程序,录入数据,进行试运行。

建立表时,一个关系模式就是一个数据表,而关系模式括号内的每一项将成为表中的一个字段。可以使用关系模式的名称作为表的名称,也可以采用其他符号。每个表中的每一个字段应对应关系模式中的每一个属性。字段名也可以使用关系模式中的描述,也可以重新命名。确定了表中包括哪些字段后,还应确定每一个字段的类型及数据长度。

6. 数据库运行与维护

数据库系统正式投入使用后,还应不断进行评价、修改与调整。这一时期的工作就是数据库的运行与维护。

数据库设计过程的基本思想是过程迭代和逐步求精。每完成一个设计阶段就进行评价,根据评价结果,决定是进行下一阶段或是重新进行这一阶段的工作,甚至更前一阶段的工作。因此整个设计过程往往是上述 6 个阶段的不断反复,数据库设计流程如图 5-3 所示。

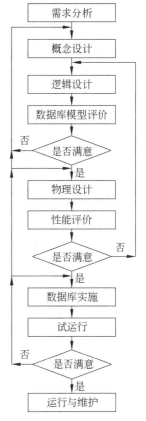

图 5-3 数据库设计流程

5.4 数据库的安全性和安全机制

由于在数据库系统中大量数据集中存放,而且由多用户共享,所以安全性问题就变得极其重要。因此,数据库必须具有坚固的安全系统,才能控制可以执行的活动以及可以查看和修改的信息。无论用户如何获得对数据库的访问权限,坚固的安全系统都可确保对数据进行保护。

5.4.1 数据库的安全性

1. 数据库的安全性

数据库安全性主要是指允许具有相应的数据访问权限的用户能够登录数据库系统并访问数据库以及对数据库对象实施各种权限范围内的操作,拒绝所有的非授权用户的非法操作。因此,安全保护措施是否有效是数据库系统的主要性能指标之一。

数据库安全性控制的方式,分为物理处理方式和系统处理方式。

（1）物理处理方式

物理处理方式是指对于口令泄露,在通信线路上窃听以及盗窃物理存储设备等行为,采取将数据加密,加强警卫等措施以达到保护数据的目的。

（2）系统处理方式

系统处理方式是指数据库系统处理方式。在计算机系统中,一般安全措施是分级设置的,在用户进入系统时,系统根据输入的用户标志进行用户身份验证,只有合法的用户才准许进入计算机系统;对于进入计算机系统的用户,数据库系统还要进行身份验证和权限控制;数据还可以通过加密存储到数据库中。另外,为了确保数据的安全,还要对数据进行实时或定时备份,以免在数据遭受灾难性毁坏后能够恢复。

2. 用户身份认证

用户身份认证是数据库系统提供的最外层的安全保护措施。方法是由数据库系统提供一定的方式标识用户的身份,每次用户要进入系统时,系统对用户身份进行核实,经过认证后才提供服务。常用的方法有:

① 用一个用户名等标识来标明用户身份,系统鉴别此用户是否为合法用户。若是,则可进入下一步的核实;若不是,则不能使用系统。

② 口令,为了进一步核实用户,系统常常要求用户输入口令。为保密起见,用户在终端上输入的口令不显示在屏幕上,只有口令正确才可进入系统。以上的方法简单易行,但用户名、口令容易被人窃取,因此还可以用更可靠的方法。

③ 系统提供了一个随机数,用户根据预先约定好的某一过程或者函数进行计算,系统根据用户计算结果是否正确进一步鉴定用户身份。用户标识和鉴定可以重复多次。

3. 权限控制

在数据库系统中,为了保证用户只能访问有权存取的数据,数据库系统要对每个用户进行权限控制。存取权限包括两个方面的内容:一方面是要存取的数据对象;另一方面是对此数据对象进行哪些类型的操作。在数据库系统中对存取权限的定义称为"授权",这些授权定义经过编译后存放在数据库中。对于获得使用权又进一步从事存取数据操作的用户,系统就根据事先定义好的存取权限进行合法权限检查,若用户的操作超过了定义的权限,系统拒绝执行此操作,这就是存取控制。授权编译程序和合法权限检查机制一起组成了安全性子系统。

4. 视图保护

数据库系统可以利用视图将要保密的数据对无权存取这些数据的用户隐藏起来,这样系统自动地提供了对数据的安全保护。

5. 数据加密

数据加密是指把数据用密码形式存储在磁盘上,防止通过不正常途径获取数据。用户要检索数据时,首先要提供用于数据解密的密钥,由系统进行译码解密后,才可看到所需的数据。对于非法获取数据者来说,就只能看到一些无法辨认的二进制数。不少数据库产品具有这种数据加密的功能,系统可以根据用户的要求对数据实行加密或不加密存储。

6. 日志审计

任何系统的安全性措施不可能是完美无缺的,企图盗窃、破坏数据者总是想方设法逃避控制,所以对敏感的数据、重要的处理,可以通过日志审计来跟踪检查相关情况。不少数据库系统具有这种审计功能,系统利用专门的日志性文件,自动将用户对数据库的所有操作记录在上面。这样,一旦出现问题,利用审计追踪的信息,就能发现导致数据库现有状况的时间、用户等线索,从而找出非法入侵者。

7. 数据备份

任何的安全性措施都不可能万无一失,因此,对重要的数据进行实时或定时备份是非常必要的,这样可以保证在数据遭受灾难性破坏后能够恢复。

以上分别介绍了与数据库有关的用户身份认证、权限控制、视图保护、加密存储、日志审计和数据备份等系统处理方式,这些概念对于数据库的安全性来说是很重要的。

5.4.2 数据库的安全机制

大多数数据库系统都包含用户登录认证管理、权限管理和角色管理等安全机制。

认证是指当用户访问数据库系统时,系统对该用户登录的账户和口令的确认过程。认证的内容包括用户的账户和口令是否有效、能否访问系统,即验证其是否具有连接数据库系统的权限。

但是,通过了认证并不代表用户能够访问数据库,用户只有在获取访问数据库的权限之后,才能够对数据库进行权限许可下的各种操作(主要是针对数据库对象,如表、存储过程等)。这种用户访问数据库权限的设置是通过数据库用户账户来实现的。在数据库中,角色作为用户组的替代者大大地简化了安全性管理。

5.5　数据库系统 Microsoft Access 2010

关系型数据库管理系统 Access 2010 是美国 Microsoft 公司开发的数据库管理系统软件,是 Microsoft Office 办公套件中主要的软件之一。它应用广泛,容易掌握,是当今市场上开发中小型数据库首选的数据库软件之一。

5.5.1　Access 2010 主要特点

1. 界面友好、操作简易

Access 2010 具有与 Microsoft Windows 完全一致的操作风格,是一款桌面型的数据库管理系统,用户界面友好,既有方便的操作向导,也有详细的帮助信息和使用方法介绍等。Access 2010 还提供了主题工具,使用主题工具可以快速设置、修改数据库外观模式。利用具有吸引力的 Office 主题,可以更好地自定义主题形式,制作出更为美观的窗体界面、表格及报表。

2. 功能强大

Access 2010 虽然是中小型的数据库管理系统,但它提供了很多功能强大的设计工具,如表设计器、查询设计器、窗体设计器和报表设计器,以及表向导、查询向导、窗体向导、报表向导、表达式生成器和 Visual Basic 编辑器等。

3. 支持 Web 功能的信息集成

Access 2010 具有 Web 功能的应用,它可以使 Access 用户通过企业内部网 Intranet 简便地实现信息共享,极大地增强了通过 Web 网络共享数据库的功能。另外,它还提供了一种将 Access Web 应用程序部署到 SharePoint 服务器的新方法。Web 功能的应用可以更方便地共享跨平台及不同用户级别的数据,也可以作为企业级后台数据库的前台客户端。

4. 提供程序开发功能

Access 2010 提供了程序开发语言 VBA(Visual Basic for Application),使用它可以方便地开发用户应用程序。

5. 数据交互

Access 2010 提供了与其他数据库系统的接口,支持 ODBC,利用 Access 2010 强大的 DDE(动态数据交换)和 OLE(对象链接和嵌入)特性,可以在一个数据表中嵌入声音、Excel 表格、Word 文档,还可以建立动态的数据库报表和窗体等。

6．文件功能丰富

Access 2010 的数据库文件中包含表、查询、窗体、报表、宏和模块六种对象。

7．新增计算数据类型

在 Access 2010 中新增加的计算数据类型，可以实现原来需要在查询、控件、宏或 VBA 代码中进行的计算。Access 2010 计算数据类型功能把 Excel 的公式计算功能移植到 Access 中，给数据库用户带来了极大的方便。

5.5.2　Access 2010 的工作窗口

Microsoft Access 2010 是一个数据库应用程序，主要用于跟踪和管理数据信息。与以前的版本相比，Access 2010 的用户界面发生了重大变化。Access 2010 除了具有简约的图形化窗口界面外，还对功能区进行了多处更改，新引入了第三个用户界面组件 Microsoft Office Backstage 视图。打开 Access 2010 工作界面后，出现图 5-4 所示的工作窗口界面。Access 2010 工作窗口主要包含标题栏、快速访问工具栏、功能区、导航窗格、工作区、状态栏等。

图 5-4　Microsoft Access 2010 工作窗口

1．标题栏

标题栏主要用于显示、控制 Access 窗口的变化和对应图标。其中，在标题栏的最右端的三个按钮 ▬ ▢ ✖ 分别为"最小化"、"最大化(还原)"和"关闭"按钮。

2. 功能区

功能区是提供 Access 2010 中主要命令的界面。它是一个包含多组命令且横跨程序窗口顶部的带状选卡区域。它替代了 Access 2003 的菜单和工具栏。功能区主要由选项卡、组和命令按钮等组成，它主要包括"文件""开始""创建""外部数据"和"数据库工具"等基本常用选项卡。每个选项都包含多组相关命令，这些命令组提供了相关的操作。用户可以切换到选项卡中，然后单击相应组中的命令按钮完成所需的操作。

3. 导航窗格

在 Access 2010 窗口中新增加了导航窗格，用户使用它可以方便地访问所有的对象。导航窗格可帮助用户组织归类数据库对象，并且是打开或更改数据库对象设计的主要方式。利用导航窗格，Access 能自动按照用户当前的操作，动态地出现上下文选项卡。

4. 工作区

工作区是 Access 2010 的主要编辑区域，主要用来输入数据。

5. 状态栏

状态栏位于工作界面的最下方，主要用于显示当前数据库的状态信息。

5.5.3　Access 2010 的系统组成

Access 2010 是一个中小型数据库管理系统，它通过各种数据库对象来管理和处理信息。Access 2010 数据库由数据库对象和组两部分组成。

Access 2010 的数据库对象包括表、查询、窗体、报表、宏和模块共 6 种，对数据的管理和处理也都是通过这 6 种对象完成的。没有了数据访问页对象，从 Office Access 2007 开始，不再支持创建、修改或导入数据访问页的功能，更改为分别创建桌面数据库和 Web 数据库。在 Access 2010 系统中，数据库文件的扩展名更改为.accdb。

组是一系列数据库对象，并且将一个组中不同类型的相关联对象保存于此。组中实际包含的是数据库对象的快捷方式。Access 2010 数据库导航窗格直观地列举所有 Access 对象和按组筛选，如图 5-5 所示。下面分别简单介绍这 6 种数据库对象。

1. 表

Access 2010 是一个关系数据库管理系统。它通过二维表存储数据，表是数据库的基础，也是数据库中其他对象的数据来源，表是数据库中的重要组成部分。每一个数据库中可以包含一张或多张表，不同类型的数据可以保存到不同的表中。表中的列称为字段，行称为记录，一行为一条记录，一条记录包含一条完整的基本信息，由一个或多个不同字段的值组成。

图 5-5　Microsoft Access 2010 数据库的对象和组

2. 查询

查询是对数据库中所需数据按条件进行的查找。使用查询可以按照不同的方式查看、更改和分析数据,也可以将查询作为窗体和报表的数据源。

查询可以建立在表的基础上,也可以建立在其他查询的基础上。查询到的数据记录集合称为查询的结果集,结果是以二维表的形式显示出来,但它们不是基本表。Access 2010 提供查询命令和 SQL 查询语句,利用这些命令和语句可以快速地实现数据的查询。例如,利用查询向导创建查询、利用设计视图创建查询和使用 SQL 查询语言等进行查询。

Access 2010 使用的是一种称为 QBE(Query By Example,通过例子查询)的查询技术。这种技术的意思是指定一个返回的数据例子,就能告诉用户要查询的数据。用户可以使用查询设计器(query designer)构造查询。

3. 窗体

窗体是 Access 2010 数据库和用户进行交互操作的图形界面,窗体的数据源可以是表或者查询。在窗体中可以接收、显示和编辑数据库中的数据,用户通过窗体便可对数据进行增、删、改、查等操作。

窗体对象包括文本框、标签、按钮、列表框等各种对象,在应用程序开发时称为控件,Access 2010 提供了丰富的控件属性,同时还提供一些与数据库操作相关的控件,可以将某数据源字段和控件相绑定,方便操作数据库中的内容。图 5-6 所示就是一个关于学生信息的窗体示例图。

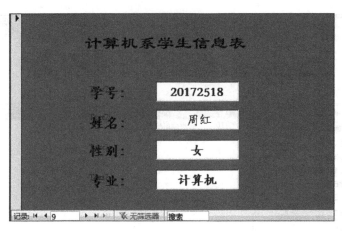

图 5-6　学生信息窗体示例

4. 报表

Access 2010 中使用报表对象来显示和打印格式化的数据,它将数据库中的表、查询的数据进行格式化的组织,形成报表。用户还可以在报表中增加多级汇总、统计比较以及添加图片和图形。利用报表不仅可以创建计算字段,而且可以对记录进行分组,计算各组的汇总及计算平均值或者其他统计,甚至还可以用图表来显示数据。

创建报表可以通过自动创建报表、利用向导创建报表和在设计视图中创建报表三种方式。创建了报表后,用户就可以设计和打印报表了。

5. 宏

宏是 Access 2010 数据库对象中的一个基本对象。它通常是指一个或多个操作的集合,其中每一个操作实现特定的功能。宏可以使某些需要多个指令连续执行的任务通过一条指令自动地完成。就如同编好了程序,最后只要发出运行程序命令一样。

宏可以由一系列操作组成,也可以是一个宏组。宏组是存储在同一个宏名下的相关宏的集合。该集合通常只作为一个宏引用。

宏具有强大的功能,Microsoft Office 提供的所有办公软件都提供宏对象功能。利用宏对象可以简化大量重复性操作,从而使管理和维护 Access 数据库更加简单。

6. 模块

模块就是所谓的"程序"。Access 虽然在不需要撰写任何程序的情况下就可以满足大部分用户的需求,但对于比较复杂的应用系统而言,只靠 Access 的向导和宏就显得无能为力了,而使用 Access 提供的 VBA(Visual Basic Application)程序命令,可以轻松地解决较复杂的问题。

Access 2010 提供有两种程序模块对象:

① 标准模块:也常称为模块。它是 Access 2010 数据库对象,由用户在"模块(代码)"窗口里编写,用作多个窗体或报表的公用程序模块,包含一些公用变量声明和通用

过程。

② 类模块：它是 Access 2010 数据库对象，由用户在"类（代码）"窗口里编写，用于扩充功能，包含用户自定义的类模块。

此外，Access 2010 内置的"窗体"类模块和"报表"类模块，不属于 Access 2010 导航窗格里的"对象"，由用户在"窗体（代码）"窗口里编写，包含事件处理过程和一般过程。

5.5.4　创建数据库

Access 是一个功能强大的关系数据库管理系统，就像一个容器，用于存储数据库应用系统中其他数据库对象。在 Access 中建立数据库之后，就可以建立从属于该数据库的表并建立相关表之间的关系。

创建 Access 数据库，首先应根据用户需求对数据库应用系统进行分析和研究，全面规划，然后再根据数据库系统的设计、规范来创建数据库。

用 Access 2010 新建某个数据库时，会建立一个扩展名为 accdb 的数据库文件。然后，在该数据库文件中创建的数据库对象都存放在其中。一个数据库可以包含多个表对象，及其表间关系。在建立了表对象之后，其他对象如查询、窗体、报表、宏或模块，可在表对象的基础上建立，最终形成完备的数据库应用系统。

当用户真正了解设计数据库的目的、规划好所需数据表的信息、确定好数据表字段及确定表之间的关系后，就可以开始创建数据库。

创建数据库常用的方法有两种：一是先建立一个空数据库，然后向其中添加数据表、查询、窗体等对象；另一种方法是使用模板创建 Web 数据库，通过模板创建数据库是最快捷方式，这种方式简单，还可以利用 Internet 上的资源。如果在 Office.com 的网站搜索到所需要模板后，只需把模板下载到本地计算机中，就可以按照自己意愿创造所需数据库形式。两种方法创建的数据库都可以在任何时候进行编辑和扩展。下面分别对这两种方法进行介绍。

1. 创建空数据库

启动 Access 2010 后，创建空数据库的操作步骤如下。

① 在左侧导航窗格中单击"新建"命令，接着在中间窗格中选择"空数据库"选项，如图 5-7 所示。

② 在右侧窗格中的"文件名"文本框中输入新建的数据库文件的名称，如输入"学生信息库.accdb"，如图 5-8 所示。

③ 单击"文件名"文本框右侧"文件夹选项"图标📂，在弹出的"文件新建数据库"窗口（如图 5-9 所示）中选择数据库文件的保存位置，如 D:\database，再单击"确定"按钮，回到如图 5-10 所示窗口。

④ 设置完毕，单击"创建"按钮，则会出现如图 5-11 所示的"数据库"窗口，至此，在磁盘指定位置创建了一个空数据库"学生信息库.accdb"。

图 5-7　新建空数据库窗口

图 5-8　"新建文件"窗口

图 5-9 "文件新建数据库"窗口

图 5-10 数据库文件保存位置窗口

图 5-11 空数据库窗口

2. 利用模板创建数据库

打开 Access 2010 窗口,Access 2010 本身自带了一些基本的数据库模板。利用这些模板可以方便、快捷地创建数据库文件,Access 2010 自带模板中包括数据表、查询、窗体和报表,但数据库表中不包含任何数据。

利用 Access 2010 提供的模板创建数据库,操作步骤如下:

① 启动 Access 2010 后,在启动窗口中看见"可用模板"窗格,如图 5-12 所示。

图 5-12 "可用模板"窗格

② 单击"样本模板"图标(如图 5-13 所示),将出现 Access 2010 提供的 12 个示例模板。如图 5-14 所示。

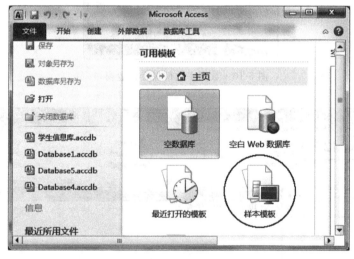

图 5-13 "样本模板"图标

12 个示例模板分为两组类型,一组是 Web 数据库模板,另一组是传统数据库模板。

③ 选择"样本模板"中的"学生"模板,并在右侧窗格中给出文件名和文件要保存的位置,如图 5-15 所示。然后单击"创建"按钮,出现"正在准备模板"窗口,如图 5-16 所示。

④ 稍等片刻,会出现"学生"数据库界面,即可输入相应的信息,如图 5-17 所示。

图 5-14 "样本模板"窗口

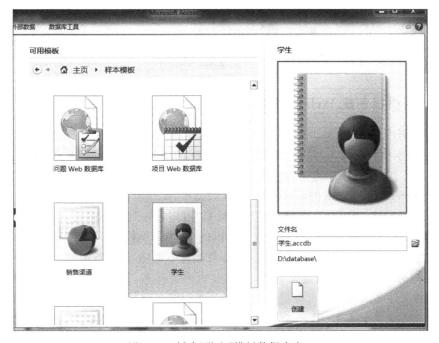

图 5-15 创建"学生"模板数据库窗口

图 5-16　"正在准备模板"窗口

图 5-17　"学生"数据库窗口

3. 利用模板创建 Web 数据库

Web 数据库是 Access 2010 新增功能。一般情况下,在使用模板创建 Web 数据库之前,应先从样本模板中找出与用户所建数据库匹配的模板形式。如果所选的数据库模板与用户要求不匹配,可以在建立后再进行调整。

利用 Access 2010 提供的模板创建 Web 数据库,操作步骤如下:

① 启动 Access 2010 后,在启动窗口中看见"可用模板"窗格,如前所述。

② 单击"样本模板"图标,出现系统所提供的 12 个示例模板。

③ 在"样本模板"窗口选择"联系人 Web 数据库",如图 5-18 所示。

④ 用户可以根据需要指定文件名,如果要更改文件名,直接在"文件名"文本框中输入自定义的文件名即可。也可以更改数据库文件的保存路径,如果要更改数据库保存位置,只需单击"浏览文件夹"图标,在弹出的"文件新建数据库"对话框中,选择数据库文件的保存位置。

⑤ 单击"创建"按钮,开始自动创建数据库。稍后进入"联系人 Web 数据库"欢迎界面,如图 5-19 所示。数据库创建完成后,自动打开"联系人 Web 数据库",并在标题栏中显示"联系人"。

图 5-18　选择"联系人 Web 数据库"

图 5-19　"联系人 Web 数据库"欢迎界面

⑥ 选择"通讯簿"选项卡(如图 5-20 所示),选择"新增"或"编辑详细信息"选项,则可输入或编辑联系人信息。

图 5-20 "通讯簿"选项卡

数据库建立好后,就可以对数据库进行操作了。

如果用户要使用 Office.com 模板,启动 Access 2010 后,在主页中选择"Office.com 模板",然后在下方的列表框中选择一种模板,如"资产"模板,在右侧窗格中进行相应的设置,然后单击"下载"按钮,稍后即可进行需要的操作。

5.5.5 数据库的基本操作

通常对数据库管的基本操作有数据库的打开、数据库的关闭、数据库的保存和数据库版本的转换等。

1. 打开数据库操作

用户对数据进行录入、编辑、查询及报表打印输出前,都要打开数据库文件。在 Access 2010 中,打开已经创建的数据库,操作步骤如下:

① 在"文件"选项卡下单击"打开"命令,出现"打开"对话框,如图 5-21 和图 5-22 所示。

② 选择要打开数据库文件所在的磁盘或文件夹。

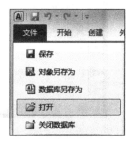

图 5-21 "文件"的"打开"选项

图 5-22 "打开"对话框

③ 选中要打开的数据库文件,单击"打开"按钮,即可打开数据库。

④ 单击"打开"按钮右侧下拉列表符,从中可以选择打开数据库的方式。共有 4 种打开方式,分别为打开、以只读方式打开、以独占方式打开、以独占只读方式打开,如图 5-23 所示。

2. 关闭数据库操作

数据库操作结束后,要及时关闭数据库,以防止数据丢失。关闭数据库有下列 6 种方式。

① 单击数据库文档窗口右上角的"关闭"按钮 ![x] 。

② 双击数据库文档窗口左上角的"控制菜单"图标 ![A] 。

③ 单击数据库文档窗口左上角的"控制菜单"图标 ![A] ,在弹出的菜单中选择"关闭"命令。

④ 单击"文件"选项卡中的"退出"命令。

⑤ 在要关闭的数据库的标题栏上右击,然后从弹出的快捷菜单中选择"关闭"菜单项,如图 5-24 所示。

⑥ 按下 Alt+F4 组合键。

图 5-23　4 种"打开"方式选项

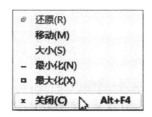

图 5-24　"关闭"选项

3. 数据库的保存

对数据库中的数据要及时保存，以免数据丢失。在 Access 2010 中用户既可以将已有的数据库保存在原来的位置，也可以将其另存到其他位置。

（1）将已有的数据库保存在原来的位置

将已有的数据库保存在原来位置的方法很简单，直接单击操作界面左上角的"文件"选项卡标签，在弹出的下拉菜单中选择"保存"菜单项即可，如图 5-25 所示；或者单击快速访问工具栏中的"保存"按钮█，还可以直接按下 Ctrl＋S 组合键。

（2）另存数据库

如果用户想将数据库保存在不同的位置，这时可以选择"文件"选项卡下面的"数据库另存为"菜单项，如图 5-26 所示。此时会弹出 Microsoft Access 对话框，提示用户"保存数据库前必须关闭所有打开的对象"，如图 5-27 所示。

图 5-25　"保存"菜单项

图 5-26　"数据库另存为"菜单项

图 5-27　Microsoft Access 信息提示对话框

单击"是"按钮，则弹出"另存为"对话框，如图 5-28 所示。从中设置要另存的数据库文件的名称和保存位置，设置完毕，单击"保存"按钮即可。

图 5-28 "另存为"对话框

5.5.6 创建数据表

在 Microsoft Access 2010 中,表(table)又称为数据表,是存储数据的基本单位,是操作整个数据库工作的基础,也是所有查询、窗体、报表的数据来源。创建数据表首先涉及的是对数据表的设计问题。数据表设计是否合理,尤其是多表之间的相互关联建立得如何,会影响数据库的整体性能,它在很大程度上影响着实现数据库功能的各对象的复杂程度。所以对数据表的操作这一环节极为重要。

要对数据表进行操作,首先要清楚数据表中用到的基本术语、表的构成及表的基本结构。在此基础上再对表进行创建、打开、保存等多种操作和对表记录的一系列操作。

1. 表的构成及表结构的定义

在 Access 数据库中,数据表由表结构和表内容(即表记录)两部分构成。在对数据表进行操作时,设计表结构和表内容是分别进行的,一般要先设计并建立表结构,然后再加入表内容。

表结构是指数据表的框架,包括表名、字段名称、数据类型和字段属性等元素。

(1) 表名

表名即是表的名称,是该表存储在磁盘上的唯一标识,也是用户访问数据的唯一标识,其命名规则与字段的命名规则类似。

(2) 字段名称

字段相当于表头中各列的属性,每个字段都有自己的名称,一个或多个字段构成了表头。字段也常被称为字段变量,表中的记录分别对应着各字段的取值。

字段的命名规则如下：

① 字段名称可以长达 64 个字符，一个汉字计为一个字符。

② 字段名称可以包含汉字、字母、数字、空格和特殊字符，但不能以空格开头，也不能包含句点(.)、感叹号(!)、撇号(')、方括号([])和控制字符(ASCII 码值为 0～31 的字符)。

③ 同一表中的字段名称不能相同，也不要与 Access 内置函数或者属性名称(如 Name 属性等)相冲突。

（3）字段的数据类型

数据类型决定了数据的存储方式和使用方式。Access 字段常用的数据类型有 11 种，其中包括自动编号、文本、备注、数字、日期/时间、货币、是/否、OLE 对象、超链接、附件和查阅向导等类型，如表 5-2 所示。

表 5-2　Access 2010 常用字段的数据类型

数据类型	说　明
自动编号	Access 2010 为添加到表中的每条新记录自动填充的一个编号
文本	文本字段在表中使用最多，Access 2010 将其设为默认数据类型，其最多可包含 255 个字符。文本类型字段中输入的数据为字符形式
备注	用于输入长文本或数字，如注释或说明性内容等，最多可存储 65 535 个字符。该类型字段不能作为键字段
数字	用于输入的数据为数值形式，这些数据可以用来进行算术运算
日期/时间	用于日期和时间数据的存储，如生日、参加工作时间等。存储 8 个字节
货币	用来表示货币值或用于数学计算，是数值型数据，它精确到小数点左侧 15 位及右侧 4 位，在计算时禁止四舍五入
是/否	是逻辑型(布尔型)数据。它不允许 Null 值，存储 1 个字节，在 Access 2010 中，"-1"表示"是(真)"，"0"表示"否(假)"。该类型字段不能作为键字段，但可以作为索引字段
OLE 对象	用于在其他程序中创建的，可链接或嵌入到 Access 数据库中的对象(如 Word 文档、Excel 电子表格、图片、声音等)。该类型字段不能作为键字段或索引字段
超链接	用于存储超链接数据，如使用该字段存储网页文档地址等
附件	任何可支持的文件类型，Access 2010 创建的 ACCDB 格式的文件是一种新的类型，它可以将图像、文档、图表等各种文件附加到数据库记录中。附件类型的字段不能作为键字段或索引字段
查阅向导	"查阅向导"本身不是一个合法的数据类型，而是一个行为过程。启动"查阅向导"后，将显示从表中检索到的一组值，或显示创建字段时指定的一组值。查阅向导启动后，可以创建查阅字段。字段的数据类型是"文本"或"数字"，具体取决于在该向导中所做出的选择

（4）字段的属性

字段的属性是指字段的特征，用于指定主键、字段大小、格式(即输出格式)、输入掩码(即输入格式)、默认值、有效性规则和索引等。

字段的大小决定一个字段所占用的存储空间。在 Access 2010 数据表中，文本、数字和自动编号类型的字段,可由用户根据实际需要设置大小,其他类型的字段由系统确定大小。

2. 使用模板创建表

使用模板创建表是一种快速创建数据表的方式。使用 Access 2010 内置的常用数据模板建立的表,不仅包含了相关主题的字段名称,而且包含了输出窗体和多种报表,实际操作时只需将数据表模板稍加修改就可以创建一个新表。Access 2010 提供了多种示例模板,能帮助初学者快速完成表结构的定义。

使用模板创建表的步骤如下:

① 启动 Access 2010 后,在启动窗口中看见"可用模板"窗格,如图 5-29 所示。单击"样本模板"图标,从列出的模板中选择一个所需的模板,如"教职员"(如图 5-30 所示)。在右侧窗格中选择存储路

图 5-29 "可用模板"窗格

径,输入数据库文件名,单击"创建"按钮即可进入教职员列表界面,如图 5-31 所示。对列表进行编辑修改即可。

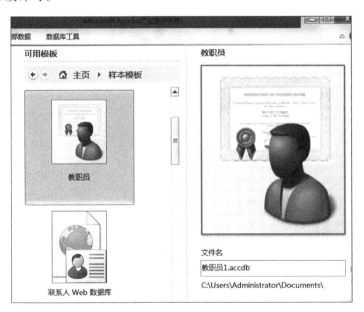

图 5-30 "教职员"模板图标

② 此时,若要添加数据,则可在下面的空白单元格中开始输入数据,单击"下一行"按钮时,会产生自动编号(ID 值)。如果单击"ID"下面的"新建",则弹出记录输入对话框,如图 5-32 所示。

③ 若要删除列,则可右击列标题,然后在弹出的快捷菜单中单击"删除"命令。若要

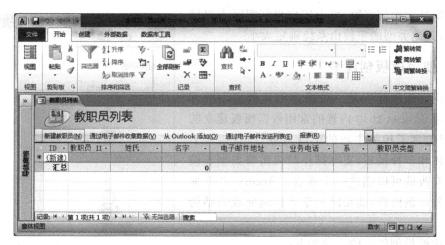

图 5-31 "教职员列表"界面

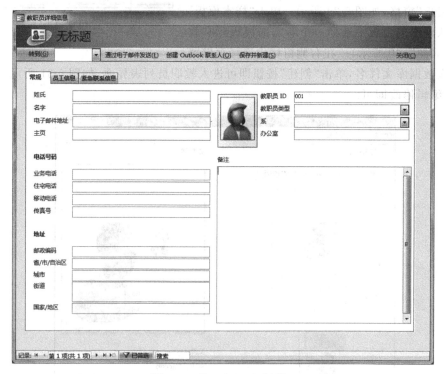

图 5-32 输入新记录对话框

修改"字段名称"或"数据类型"等字段属性,在导航窗格中右击该数据表,在弹出的快捷菜单中选择"设计视图"命令,在打开的设计视图中进行修改。

④ 保存表。添加完数据表中所有数据后,单击"文件"选项卡标签,然后单击"保存"命令或按 Ctrl+S 快捷键,保存该数据表。

以上利用模板创建表的方法,还可以在启动 Access 2010 后,打开一个数据库,然后打开"创建"选项卡,在"模板"功能区中单击"应用程序部件"下拉按钮,如图 5-33 所示。
从中选择所需模板,如"联系人",然后按向导所示,一步步完成数据表的创建。

3. 使用表设计器创建表

表设计器也称为表设计视图,是 Access 2010 中设计数据表的主要工具,使用它既能创建新表,还能对现有的表进行修改。在表设计器下,用户按照自己的需要设计或修改表的结构,包括修改字段的数据类型、设置字段的属性和定义主键等。

使用表设计器创建表的步骤如下:

① 启动 Access 2010,打开一个已有的数据库或新建一个数据库,单击"创建"选项卡标签,再单击"表格"功能区中的"表设计"图标,如图 5-34 所示。然后进入表的设计视图,如图 5-35 所示。

② 定义字段。在设计视图中定义表的各个字段,包括字段名称、数据类型、说明。"字段名称"是字段的标识,必须输入;"数据类型"默认为"文本"型,用

图 5-33 "应用程序部件"下拉按钮

户可以从数据类型列表框中选择其他数据类型;"说明"是对字段含义的简单注释,用户可以不输入任何文字。

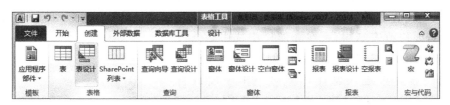

图 5-34 "表设计"图标

③ 设置字段属性。设计视图的下方是"字段属性"栏,包含两个选项卡"常规"和"查阅"。其中的"常规"选项卡,用来设置字段属性,如字段大小、标题、默认值等;"查阅"选项卡显示相关窗体中该字段所用的控件。

④ 定义主键。主键的定义不是必需的,但应尽量定义主键,特别是在多表数据库中通常要定义主键,表只有定义了主键,才能定义该表与数据库中其他表之间的关系。

⑤ 修改表结构。在创建表时,经常需要进行表结构的修改,如删除字段、增加字段、删除主键等,直到满意为止。

⑥ 输入表记录。表结构建立好后,向表中输入数据记录,对输入的记录还可以进行编辑修改。

⑦ 保存表文件。单击"文件"选项卡标签,然后单击"保存"命令或单击快速访问工具栏上的"保存"按钮。

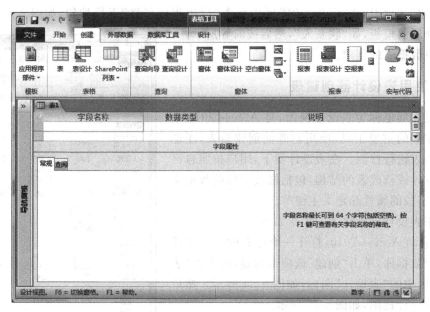

图 5-35　表的设计视图

4. 修改表结构

表定义好后,也可能会再次修改,修改表结构可以在创建表结构的同时执行,也可以在表结构创建结束之后进行。无论是哪一种情况,修改表结构都在表的设计视图中完成。对于已经建立好的表,若要修改表结构,可在导航栏中选中要修改的表,右击,如图 5-36 所示,在弹出的快捷菜单中选择"设计视图",即可进入设计视图对表中字段进行修改。

图 5-36　"导航"栏中表的快捷菜单

（1）修改字段

修改字段包括修改字段名称、数据类型和字段属性等。如果要修改字段名称,直接单击该字段名称,会出现金色文本框,在文本框中输入新的字段名称即可;如果要修改数据类型,直接在该字段的"数据类型"栏的下拉列表框中选择新的数据类型;如果要修改字段大小等其他属性,在表设计视图下方的"字段属性"窗格中直接修改。

如果字段中已经存储了数据,则修改数据类型或将字段大小的值由大变小,有可能会造成数据的丢失。

（2）增加字段

增加字段可以在所有字段后添加字段,也可以在某字段前插入新字段。如果是在末尾添加字段,则在末字段下面的空白行输入字段名称,选择数据类型等即可;如果是插入新字段,则可将光标置于要插入新字段的位置上,执行"设计"选项卡"工具"功能区中的"插入行"命令,或者在右键快捷菜单选中"插入行"选项,即可在当前位置产生一个新的空白行(原有的字段会向下移动),再输入新字段信息。

（3）删除字段

将光标置于要删除字段所在行的任意单元格上,执行"设计"选项卡"工具"功能区中的"删除行"命令,或者在右键快捷菜单选中"删除行"选项即可将该字段删除。也可以将鼠标移到字段左边的行选定器上,选择一行或者按住 Shift 或 Ctrl 键选择多行(多个相邻行或不相邻行),执行上述的删除操作,也可以按 Delete 键删除。

（4）移动字段

选定要移动的字段上的行选定器,释放鼠标后,再按住鼠标左键拖至合适位置,选定字段的位置便会移动。注意:不能选定字段后直接拖动鼠标,要分两步完成。

（5）删除主键

删除主键时,需要确定用该主键创建的"关系"已经删除。删除主键的方法是:选定主键字段(如果是多字段的主键,选定其中的一个字段),单击"工具"功能区上的"主键"按钮使之由高亮状态变为正常状态,从而消除主键标志,该操作与创建主键的方法类似。

5. 记录的输入和编辑

数据表创建完成后,需要向表中输入记录。对表的操作除对表结构进行修改和编辑外,还可以对表中记录进行增加、删除和修改。

（1）记录的输入

输入记录的操作是在数据表视图中进行的。打开数据表视图有以下两种方法:

① 打开数据库窗口,在"导航窗格"中选择相应的"表"对象,双击要输入记录的表名。

② 打开数据库窗口,在"导航窗格"中选择相应"表"对象下要输入记录的表名,右击相应"表"对象,在快捷菜单中选择"打开"命令,即可以在右侧对表进行记录的输入和编辑。

（2）不同类型字段数据的输入

不同类型的字段,其输入数据的方式有所不同。

① 自动编号字段。其输入值由系统自动生成,用户不能修改。

② OLE 对象字段。可以插入图片、声音等对象。以"学生信息"表为例,在表中插入"照片",具体步骤如下:

a. 在"学生信息"数据表视图中,将光标定位到要插入对象的单元格。例如,"学生信息"表的第一条记录的"照片"字段值的空白处。

b. 右击,在弹出的快捷菜单中选择"插入对象"命令,出现插入 OLE 对象的对话框。

c. 如果选择"新建"选项,则从"对象类型"列表框中选择要创建的对象类型,Access数据库宜用"位图图像",打开"画图"程序绘制图形,完成图形后,关闭画图程序,返回数据表视图。如果选择"由文件创建"选项,则在"文件"框中输入或者单击"浏览"按钮确定照片所在的位置。

d. 单击"确定"按钮,回到数据表视图。第一条记录的"照片"字段值处显示为"位图图像"字样,表示插入了一个 BMP 格式的位图图像对象。如果插入一张扩展名为 JPG 格式的图像,显示的将是"程序包"字样。注意:在 Access 数据库创建的窗体中,只能显示"位图图像"。

OLE 对象字段的实际内容并不直接在数据表视图中显示。若要查看,则双击字段值处,会打开与该对象相关联的应用程序,显示插入对象的实际内容。若要删除,则单击字段值处,选择"开始"选项卡中"记录"功能区中的"删除"按钮即可。

③ 超链接字段。可以直接在超链接类型的字段值处输入地址或路径,右击,在弹出的快捷菜单中选择"超链接"项中的"编辑超链接",打开"插入超链接"对话框,输入地址或路径。此时,地址或路径的文字下方会显示表示链接的下画线。当鼠标移入时变为手形指针样式,单击此链接可打开它指向的对象。

④ 其他类型的字段。其他类型的字段可以直接在表设计视图中输入和设置。

(3) 修改记录

数据表中自动编号类型的数据不能更改。OLE 对象类型的数据可以删除或重新选择一个新的 OLE 对象。其他类型的数据可以直接修改,用鼠标单击(或按 Tab 键移到)要修改的字段,对表中的数据进行修改。当光标从上一条记录移到下一条记录时,系统自动保存对上一条记录所做的修改。

(4) 删除记录

选择要删除的记录,按 Delete 键或执行"开始"选项卡中"记录"功能区中"删除"命令,则可以删除所选记录。

(5) 定位记录

如果表中存储了大量的记录,使用数据表视图窗口底部的记录导航按钮,可以快速定位记录。

(6) 添加记录

在数据表视图中,表的末端有一条空白的记录,可以从这里开始增加新记录。或者,执行"开始"选项卡中"记录"功能区中的"新建"命令,光标插入点即跳至末端空白记录的第一个字段,等待用户的输入。

5.5.7 数据库数据表其他知识简介

1. 表主键

创建表的方法有多种,无论使用哪种方法创建表都可以达到建表的目的,在具体创建表的过程中,经常涉及主键的定义。

在数据表中,具有唯一标识表中每条记录值的一个或多个字段称为主关键字(primary key),简称主键,主键不允许为空。例如,学生表中的"学号"字段常常作为主键。

(1) 主键的作用

① 使用主键能提高查询和排序的速度。

② 在表中添加新记录时,Access 数据库会自动检查新记录的主键值,不允许该值与

其他记录的主键值重复。

③ Access 数据库自动按主键值的顺序显示表中的记录。如果没有定义主键,则按输入记录的顺序显示表中的记录。

④ 主键用来将本表与其他表中的外键相关联。

(2) 主键的特点

① 一个数据表中只能有一个主键,如果在其他字段上建立主键,则原来的主键就会取消。虽然主键不是必需的,但应该尽量定义主键。

② 主键的值不能重复,也不可为空(Null)。例如,学生表中的"学号"定义为主键,意味着学生表中不允许有两条记录有相同的学号值,也不允许学号值为空。因此,学生表中的"学号"常被定义为主键,而"姓名"字段不适宜作为主键,因为不能排除在同一个表中存在两个具有相同姓名学生的可能。

(3) 定义主键的步骤

在表设计视图中,选择要设置为主键的字段,单击"设计"选项卡中的"工具"功能区上的"主键"按钮(如图 5-37 所示);或者在要设置为主键的字段上右击,在弹出的快捷菜单中选择"主键"命令,如图 5-38 所示。这时字段行左侧会出现一个钥匙状的图标,表示该字段已经被设置为主键。若主键是多个字段的组合,例如"学生信息"数据库中的"学生"表,只有"学号＋课程号"才能唯一标识表中每一条记录,因此这两个字段的组合是该表的主键。其设置主键的方法是:首先按住 Ctrl 键,再依次单击"学号"和"课程号"两个字段,然后单击"设计"选项卡中"工具"功能区上的"主键"按钮或者在选中的字段处右击,从弹出的快捷菜单中选择"主键"命令。

图 5-37 "主键"按钮

图 5-38 设置"主键"的
快捷菜单

2. 数据库版本的转换

Access 2010 发展到今天,历经了多次版本的升级,在 Access 2010 之前,已有 Access 2000、Access 2003 和 Access 2007 等。Access 作为 Office 组件的一部分,随着 Office 版本不断更新。这些版本的数据库文件之间互有差异,为实现版本不同的数据库文件能够兼容和共享,用户可以对数据库文件进行版本转换,形成新的 Access 数据库文件。

Access 2010 提供了将数据库文件转换为低版本的功能。操作步骤如下:

① 打开所需转换数据库文件,单击"文件"选项卡,在左侧窗格中,单击"保存并发布"菜单项,如图 5-39 所示。

② 在右侧"数据库文件类型"窗格中，单击需要转换数据库版本，如图 5-40 所示。

图 5-39 "保存并发布"
菜单项

图 5-40 "数据库另存为"窗格

③ 单击下面的"另存为"按钮，在弹出的"另存为"对话框中，选择转换数据库文件所
要存放的本地磁盘位置。

④ 单击"保存"按钮，即可完成数据库文件的转换。

3. 记录选定器和字段选定器

在数据表视图中，为方便用户选定待编辑的数据，系统提供了记录选定器和字段选定器。

记录选定器是位于数据表中记录左侧的小框，其操作类似于行选定器。

字段选定器则是数据表的列标题，其操作类似于列选定器。如果要选择一条记录，单
击该记录的记录选定器。如果要选择多条记录，在开始行的记录选定器上按住鼠标左键，
拖至最后一条记录即可。字段选定器是以字段为单位做选择，操作也比较直观。

记录选定器用状态符指示记录的状态，常见的状态符号有以下三种。

① 当前记录指示符：记录选定器出现金黄色。数据表在每个时刻只能对一条记录
进行操作，该记录称为当前记录。当显示该指示符时，以前编辑的记录数据已保存，所指
记录尚未开始编辑。

② 正在编辑指示符：表示该记录正在编辑。一旦离开该记录，所做的更改立即保
存，该指示符也同时消失。

③ 新记录指示符：在其指示的空记录行可输入新记录的数据。

Access 2010 关于数据库和数据表的应用还有很多，以上以数据和数据表的基本操作为主介绍了 Access 2010 中最基本的数据操作。虽然 Access 2010 的交互操作功能非常强大，但在实际的数据库应用系统中，若要完成对数据库的自动处理和管理功能，还需要应用程序设计语言来实现。

5.6　VBA 编程语言简介

Microsoft 公司开发的 Visual Basic 可视化编程软件，有着十分强大的编程功能。Microsoft Access 2010 中的 VBA 与 VB 有着相似的结构和开发环境，而且 Microsoft Office 办公软件中的 Excel、Word 等也都内置了相同的 VBA，只是在不同的应用程序中有不同的内置对象和不同的属性方法，故而有着不同的应用。VBA 几乎可以执行 Access 菜单和工具中所有的功能。VBA 程序的运行是 Microsoft Office 解释执行的，VBA 不能编译成扩展名为 exe 的可执行程序，不能脱离 Office 环境而运行。

通常情况下，用户创建或使用简单的 Access 应用程序时，可以使用宏进行创建。但是，如果使用 VBA 模块，则可以更好地支持数据访问和重复性操作，并能完成一些宏无法完成的复杂功能。Access 是一种面向对象数据库，它支持面向对象的程序开发技术，Access 的面向对象开发技术就是通过 VBA 编程来实现的。与宏一样，Access 也允许用户在应用程序中添加 VBA，从而更好地实现程序的自动化和其他功能。

一般而言，使用 Access 创建数据库管理应用程序时无须编写太多代码，通过 Access 内置的可视界面，用户可以基本实现所有的程序响应事件，如执行查询、设置宏等。

5.6.1　VBA 的编写环境

Microsoft Access 中包含了 VBA，它是 VBA 程序的编辑和调试环境。

1. VBA 的打开方式

在 Access 2010 中我们可以通过多种方式来打开 VBA 编程环境，以下 4 种是打开 VBA 编程环境的常用方法。

① 打开一个数据库，切换至"创建"选项卡，在"宏与代码"功能区中单击"模块"按钮，则打开了 VBA 编程环境，如图 5-41 所示。

② 在导航窗格中找到已经创建的模块，然后双击即可进入 VBA 编程环境。

③ 在"设计"选项卡中的"工具"功能区，单击"属性表"按钮，切换至"事件"选项卡。在该选项卡中的任意一个选项中右击，从弹出的快捷菜单中选择"生成器"选项，则会弹出"选择生成器"对话框。在该对话框中选择"代码生成器"选项，如图 5-42 所示，单击"确定"按钮，即可打开 VBA 编程环境。

④ 打开"数据库工具"选项卡，在"宏"功能区中单击 Visual Basic 按钮，则可直接进入 VBA。

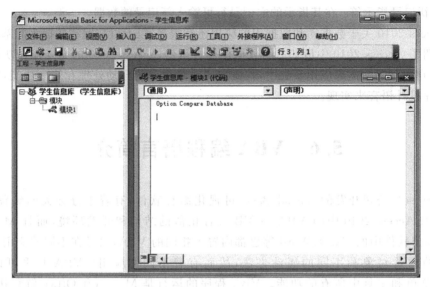

图 5-41　VBA 编程环境

图 5-42　"选择生成器"对话框

2．VBA 的编写环境

在 Access 2010 中我们可以通过以上任一种方法打开 VBA 编程环境窗口。VBA 的菜单栏中包括有"文件""编辑""视图""插入""调试""运行""工具""外接程序""窗口"和"帮助"十项。各项功能如下。

（1）文件：实现文件的保存、导入、导出和打印等基本操作。

（2）编辑：实现基本的编辑命令。

（3）视图：用于控制 VBA 的视图显示方式。

（4）插入：能够实现过程、模块、类或文件的插入。

（5）调试：能够进行程序基本命令的调试，包括监视和切换断点等。

（6）运行：用于运行程序的基本命令，包括运行和中断等命令。

（7）工具：用于管理 VBA 的类库等的引用、宏以及选项等操作。

（8）外接程序：用于管理外部程序。

（9）窗口：用于对窗口的显示操作。

（10）帮助：用于获取 Microsoft Visual Basic 的链接帮助以及网络帮助资源等信息。

5.6.2　VBA 程序

VBA 的程序结构有三种基本结构，它们是顺序结构、选择（分支）结构和循环结构。这三大结构是程序语句中的逻辑纽带，也是程序的灵魂。

1. 顺序结构

顺序结构是最基本的语句结构，其语句的执行是从上到下依次执行的。即它是在执行完第一条语句之后，再执行第二条语句，然后再继续执行下面的语句，直到程序结束为止。每个基本的程序都是按照顺序一步一步执行的。

如下为一个顺序结构的小程序。

① 启动 Access 2010，新建一个模块，并进入 VBA 编程环境。

② 在代码窗口中输入代码：

```
Sub main()
Dim x As Integer
Dim y As Integer
x=3
y=7
MsgBox "3 乘 7 等于" & x * y
End Sub
```

图 5-43　运行结果

③ 选择"运行子过程/用户窗体"或按 F5 键运行代码，运行结果如图 5-43 所示。

2. 选择结构

选择结构在 VBA 中起着重要的作用，选择结构也是各种高级程序设计语言中最常用的控制结构之一。

在 VBA 中实现选择结构的语句主要有两类，即 If 语句和 Select Case 语句。通过这两种语句使得 VBA 可以实现更复杂的应用程序系统。

（1）If 语句

If 语句是一类比较简单的条件控制语句，可以通过 If 后面的条件表达式的值，判断其所要执行的选择分支。

If 条件语句的基本语法结构如下：

```
If <条件表达式>Then
    语句序列 1
Else
```

```
  语句序列 2
End If
```

If 语句在条件表达式的值为真的情况下执行 Then 后面的语句,否则执行 Else 后的语句。若不想为 If 语句块设计否定情况下执行的语句,则可以省略 Else 语句。除了上述情况以外,如果有多个附加的条件,还可以通过 Else…If 加入条件表达式,进行条件语句的嵌套。最后 If 语句块终结于 End If 语句。

使用多个条件语句嵌套的语法结构如下:

```
If <条件表达式 1>Then
  语句序列 1
ElseIf <条件表达式 2>Then
  语句序列 2
  ⋮
ElseIf <条件表达式 n>Then
  语句序列 n
Else
  语句序列 n+1
End If
```

以下为双分支选择结构程序的一段程序代码。

```
Sub main()
Dim n As Integer
n = InputBox("请输入成绩:")
If n >=60 Then
  MsgBox "成绩合格"
Else
  MsgBox "成绩不合格"
End If
End Sub
```

需要强调的是,简单的 If 语句也可以在一行中表达出来,但所有的语句必须在一行中用冒号分隔开,如下所示:

```
If i>10 Then i=i+1:j=i+1
```

其中的 i 和 j 都是整数。通过冒号分隔之后,VBA 可以识别需要执行的是多条语句,并分别执行。

(2) Select Case 语句

前面介绍的 If 选择结构一般适用于单分支结构或双分支结构。在实际应用中,常常有多于两个或三个选择的情况,此时需使用 If 语句的多重嵌套,但三层以上的嵌套则会影响程序的可读性,加大程序的复杂性,此时 If 语句不方便实现,而使用 Select Case 语句则是最佳的选择。

Select Case 语句可以将相应的表达式与多个值进行比较,在验证合适之后再执行,

Select Case 语句的基本语言结构如下：

```
Select Case <条件表达式>
    Case 可选值 1
    语句序列 1
    Case 可选值 2
    语句序列 2
        ⋮
    Case 可选值 n
    语句序列 n
    Case Else
    语句序列 n+1
    End Select
```

Select Case 语句块首先对表达式的值进行判断，然后将表达式的值与下面的可选值进行比较，匹配后就执行相应的语句。如果所有的可选值都不符合条件，Select Case 语句块会执行 Case Else 后的语句。Case Else 语句是可以省略的，如果都不匹配，而且没有 Case Else 语句，VBA 会跳出这个语句块，继续执行其后的语句。与 If 语句一样，Select Case 语句块同样有一个 End Select 来终止该语句的执行。

以下为多分支选择结构程序的一段程序代码，代码完成的功能为根据用户输入的分数，判断该分数属于"优秀""良好""中等""及格"或"不及格"中的哪一种。

```
Sub main()
Dim n As Integer
n = InputBox("请输入一个分数：")
Select Case n
Case Is >=90
MsgBox "成绩为优秀"
Case Is >=80
MsgBox "成绩为良好"
Case Is >=70
MsgBox "成绩为中等"
Case Is >=60
MsgBox "成绩为及格"
Case Is <60
MsgBox "成绩为不及格"
End Select
End Sub
```

3. 循环结构

在一般的程序设计语言编程中经常需要重复执行某些操作，这时需要通过循环语句来判断并执行这些循环操作。与其他高级程序设计语言一样，VBA 提供了多种循环控制语句，其中常用的循环语句有 For⋯Next 语句、Do⋯Loop 语句以及 While⋯Wend 语句等。

（1）For…Next 语句

For…Next 语句可以根据指定的循环次数来重复执行循环体中的语句，并在该次数达到要求之后结束循环。在该循环中，通过使用循环变量达到对循环的控制目的。For…Next 语句的基本语法结构如下：

```
For 循环变量=初值 To 终值 [Step 步长]
循环体
Next [循环变量]
```

在此结构中可以设定循环的步长值，即每次循环之后计算循环变量的变化值，步长可以是正值也可以是负值，如果没有设定，默认步长为1。初值并不一定要比终值小，VBA 会首先判断它们的大小，然后决定循环变量的变化方向。For…Next 语句要通过 Next 关键字结尾，对循环变量的值进行累加或递减。在循环变量的值超出初值与终值的范围时，系统会终结该循环的执行。

以下为一个使用 For…Next 语句计算 1 到 10 的数据累加和的一段程序代码。

```
Sub main()
Dim i As Integer
Dim s As Integer
For i =1 To 10
  s = s +i
Next
MsgBox "1 到 10 累加和为: " & s
End Sub
```

图 5-44　1 到 10 累加运行结果

程序运行结果如图 5-44 所示。

同条件语句一样，For…Next 循环语句也可以嵌套。

值得注意的是，每一个嵌套循环都应该有各自不同的循环变量，并且相应的 For…Next 语句应该配套出现，而不能交叉出现。

还有一种 For…Next 语句，即 For Each…Next 语句。该语句不是通过一定的循环变量来完成循环，而是针对一个数组或集合中的每个元素重复执行循环体中的语句。如果不知道在某个对象集合中具体有多少元素，只需要对该数组或集合的每个元素进行操作，这时就可以使用 For Each…Next 语句，该语句的语法结构如下：

```
For Each 元素 In 元素组
    循环体
Next 元素
```

上述的元素可以是某个对象或元素组中的元素，也可以是处于某个数组中的元素，一般情况下，该变量为 Variant 类型。

（2）Do…Loop 语句

Do…Loop 语句可以通过 While 或者 Until 语句来判断条件表达式的真假，来决定是否继续执行。其中,While 语句指在满足表达式为真的条件下继续进行循环,而 Until 语句在条件表达式为真时就自动结束循环。Do…Loop 语句的语法结构有以下两种。

第一种是将判断表达式置于循环主体之前,先判断表达式再执行循环主体,被称为"当型循环",其语法结构如下:

```
Do While|Until 条件表达式
    循环体
Loop
```

第二种是将判断表达式置于循环主体之后,不论表达式真假与否,循环主体都将至少被执行一次,称之为"直到型循环",其语法结构如下:

```
Do
    循环体
Loop While|Until 条件表达式
```

设计 Do…Loop 语句块时应注意防止出现死循环,在循环有限次数之后,表达式的值一定要能达到满足结束该循环语句的条件。在 Do…Loop 语句中,While 和 Until 语句并不是必不可少的,也可以直接设计为 Do…Loop,然后在语句中设定一定的条件判断表达式,通过 Exit Do 语句退出循环。

使用 Do…Loop 循环语句也可以进行多重嵌套,即在简单的循环语句中加入另一个循环语句,这样通过简单的几个语句就可以执行多出代码本身几个数量级的命令,从而方便程序设计工作。但有循环嵌套的语句无疑会增大程序的难度。所以,在实际的程序设计中要根据需要,选择不同的循环方式,以便于问题的解决。

(3) While…Wend 语句

在 While…Wend 循环控制语句中,只要条件表达式为真就会执行循环体。该语句的语法结构如下:

```
While 条件表达式
    循环体
Wend
```

该循环语句和前面介绍的循环语句一样,在结尾处通过一个关键字将程序转回到前面循环开始处。该语句在循环体部分对表达式的某些参数进行改动,当某一时刻循环到该条件表达式的值将不再为真时,将结束循环。

仍以计算 1 到 10 的自然数字为例,使用 While…Wend 语句来实现,其程序代码如下:

```
Sub main()
Dim i As Integer
Dim s As Integer
i=1
s=0
While i <=10
```

```
s=s+i
i=i+1
Wend
MsgBox "1 到 10 累加和为: " & s
End Sub
```

通过运行该程序代码会发现,得出的结果与使用 For…Next 语句得出的结果一致。

以上介绍了 Access 2010 中 VBA 程序结构的基本知识,关于 VBA 内容还有很多,如 VBA 语法规定中的细节、VBA 程序与宏的关系、VBA 程序模块和 VBA 程序的调试等, 在此不做更多阐述了。

练 习 题

一、思考题

1. 简述信息、数据、数据库的含义。

2. 简述数据库系统的概念,其主要内容有哪些?

3. 简述数据库管理系统的概念,其主要功能有哪些?

4. 数据库安全控制方式有哪些?

5. 数据库系统的特点有哪些?

6. 关系模型有哪些特点?

7. 数据库设计过程有哪几个阶段? 分别是什么?

二、单项选择题

1. 常见的数据模型有三种,它们是(　　)。

    (A) 网状、关系和语义　　　　　　　　(B) 层次、关系和网状

    (C) 环状、层次和关系　　　　　　　　(D) 字段名、字段类型和记录

2. 数据库系统的核心是(　　)。

    (A) 数据模型　　　　　　　　　　　　(B) 数据库管理系统

    (C) 数据库　　　　　　　　　　　　　(D) 数据库管理员

3. 用二维表来表示实体及实体之间联系的数据模型是(　　)。

    (A) 实体——联系模型　　　　　　　　(B) 层次模型

    (C) 网状模型　　　　　　　　　　　　(D) 关系模型

4. 从关系中找出满足给定条件的元组的操作称为(　　)。

    (A) 选择　　　　　　(B) 投影　　　　　　(C) 连接　　　　　　(D) 自然连接

5. Access 2010 的数据库类型是(　　)。

    (A) 层次数据库　　　　　　　　　　　(B) 网状数据库

    (C) 关系数据库　　　　　　　　　　　(D) 面向对象数据库

6. 二维表由行和列组成,每一行表示关系的一个(　　)。

    (A) 属生　　　　　　(B) 字段　　　　　　(C) 集合　　　　　　(D) 记录

7. 关系数据库是以（　　）为基本结构而形成的数据集合。

(A) 数据表　　　　(B) 关系模型　　　　(C) 数据模型　　　　(D) 关系代数

8. 下列实体的联系中，属于多对多联系的是（　　）。

(A) 学生与课程　　　　　　　　(B) 学生与校长

(C) 住院的病人与病床　　　　　(D) 职工与工资

9. 在学生表中，若要找出专业为"计算机"的学生，所采用的关系运算是（　　）。

(A) 选择　　　　(B) 投影　　　　(C) 连接　　　　(D) 自然连接

10. 数据库管理系统的英文缩写是（　　）。

(A) DBMS　　　　(B) DBA　　　　(C) DBS　　　　(D) DB

11. Access 2010 表中字段的数据类型不包括（　　）。

(A) 文本　　　　(B) 备注　　　　(C) 通用　　　　(D) 日期/时间

12. 以下（　　）不属于 VBA 程序语句结构。

(A) 顺序结构　　　　　　　　(B) 选择（分支）结构

(C) 循环结构　　　　　　　　(D) 表结构

13. Access 2010 表中文本类型的字段宽度最多不能超过（　　）。

(A) 8 个字符　　　　　　　　(B) 256 个字符

(C) 255 个字符　　　　　　　(D) 1 个字符

14. 在关系模型中，同一个数据库中的数据表之间，主要存在三种关系，（　　）不属于这三种关系。

(A) 一对一关系　　(B) 一对多关系　　(C) 多对多关系　　(D) 多对一关系

15. 在 Access 2010 中，以下关于表的说法（　　）是正确的。

(A) 主键是具有唯一标识表中每条记录的一个或多个域

(B) 主键可以为 Null

(C) 主键的值可以不是唯一的

(D) 表中的主键可以设置多个

16. 以下关于 VBA 编辑说法中，正确的是（　　）。

(A) VBA 中选择结构不能嵌套

(B) VBA 中循环结构不能嵌套

(C) VBA 中 For…Next 语句是最常用的一种选择结构语句

(D) VBA 中 For…Next 语句可以嵌套

17. 运行 VBA 程序可以使用（　　）功能键。

(A) F1　　　　(B) F4　　　　(C) F5　　　　(D) F8

18. 以下关于关系模型的说法错误的是（　　）。

(A) 关系中的每一个数据项是不可再分的最小项，即不能表中有表

(B) 关系中的每一列表示数据的一个属性，称为一个字段

(C) 关系中的每一行表示数据的一个信息，称为一个记录

(D) 关系中的每一列的属性类型可以不同

第6章

计算机网络

本章学习目标：

通过本章的学习，了解计算机网络的基本概念、方法、技术和标准，充分认识计算机网络的基础理论、应用领域和实际操作，以及现在互联网的地位和作用，并了解计算机网络技术的发展历程和趋势。

本章要点：

- 计算机网络的基本概念；
- 计算机网络的组成；
- 计算机网络的分类；
- 计算机网络性能指标；
- 网络体系结构与网络协议；
- 网络互联；
- 以太网技术；
- 无线传感网络；
- 网络信息安全。

21世纪的重要特征就是数字化、网络化和信息化，是一个以网络为核心的信息时代。本章对计算机网络的概念进行概述，包括网络、互联网和因特网的概念，并介绍因特网发展的三个阶段，我国互联网发展历程以及今后的发展趋势。然后讨论因特网的组成，指出因特网的边缘部分和核心部分的重要区别。简单介绍计算机网络的分类，并讨论计算机网络的性能指标。最后，讨论整个课程都要用到的计算机网络体系结构的重要概念和网络信息安全的相关知识。

6.1 计算机网络的概念

本节介绍关于计算机网络、互联网（互连网）以及因特网的一些网络知识中的基础概念。

6.1.1 计算机网络的定义

网络由若干结点和连接这些结点的链路组成。网络中的结点可以是计算机、集线器、交换机或路由器等。图 6-1 中列出了一个具有四个结点和三条链路的网络基本结构。从图中可以看到,有三台计算机通过三条链路连接到一个集线器上,构成了一个简单的网络。其中,链路指无源结点的点到点的物理连接,该物理连接可以是有线的电缆或光纤,也可以是无线电磁波的路径空间。

网络和网络之间连接,可以组成覆盖范围更大的网络,即互联网(或互连网),如图 6-2 所示。网络与网络连接是通过路由器互联起来,连接的对象是网络,因此,互联网也成为"网络的网络"。当连接网络的路由器不断增加,互联网的覆盖范围不断拓广,用户数成倍增长,将世界各地的用户和网络连接起来,构成世界上最大的一个互联网,我们称之为因特网。一般的,接入到因特网的计算机都成为主机。为了方便简化研究网络问题,可以不去关心因特网连接的细节问题,因特网常用一朵云(网云)来表示,如图 6-2 所示,无数的主机连接到因特网上。

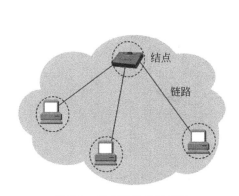

图 6-1　基本网络的示意图

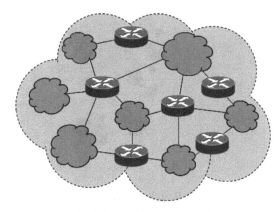

图 6-2　互联网结构示意图

网络、互联网以及因特网的概念以及之间的关系,我们基本建立起来了。即网络是把许多计算机连接在一起,而因特网则把许多网络连接在一起。

计算机网络,是指将地理位置不同的具有独立功能的多台计算机及其外部设备,通过通信线路连接起来,在网络操作系统、网络管理软件及网络通信协议的管理和协调下,实现资源共享和信息传递的计算机系统。这里的网络一般泛指计算机网络,因特网是世界上最大的计算机网络。

6.1.2 因特网发展的四个阶段

第一个阶段计算机网络的诞生阶段,形成分组交换的计算机网络到计算机网络标准形成的转变,从单个网络向互联网发展的过程。1969 年美国国防部创建的第一个分组交换网 ARPANET 最初只是一个单个的分组交换网。所有要连接在 ARPANET 上的主机都直接与就近的结点交换机相连。但到了 20 世纪 70 年代中期，人们已认识到不可能仅使用一个单独的网络来满足所有的通信问题。于是 ARPA 开始研究多种网络互联的技术，这就导致后来互联网的出现。这样的互联网就成为现在因特网的雏形。1983 年，TCP/IP 协议成为 ARPANET 上的标准协议，使得所有使用 TCP/IP 协议的计算机都能利用互联网相互通信，因而人们就把 1983 年作为因特网的诞生时间。1990 年，ARPANET 正式宣布关闭，因为它的实验任务已经完成。

第二个阶段是建成了三级结构的因特网。从 1985 年起，美国国家科学基金会 NSF 就围绕 6 个大型计算机中心建设计算机网络，即国家科学基金网 NSFNET。它是一个三级计算机网络，分为主干网、地区网和校园网（或企业网）。这种三级计算机网络覆盖了全美国主要的大学和研究所，并且成为因特网中的主要组成部分。

第三个阶段是逐渐形成了多层次 ISP 结构的因特网。从 1993 年开始，由美国政府资助的 NSFNET 逐渐被若干个商用的因特网主干网替代，而政府机构不再负责因特网的运营。这样就出现了一个新的名词：因特网服务提供者 ISP。在许多情况下，因特网服务提供者 ISP 就是一个进行商业活动的公司，因此 ISP 又常译为因特网服务提供商，如图 6-3 所示。

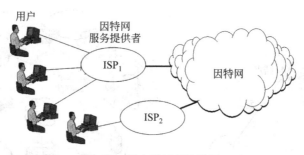

图 6-3　用户通过 ISP 联网

第四个阶段是高速、综合、移动的计算机网络。从 20 世纪 90 年代末期至今，该阶段计算机网络的特点是：高速，且以摩尔定律的方式不断增长，万兆到桌面已经成为通用配置；综合性，不同领域不同行业不同应用均可构建在计算机网络的平台上，互连互通；移动，无论个人区域范围、局域范围、城域范围还是广域范围，均可接入到因特网。该阶段的主要关键技术为高宽带技术、移动互联技术、云计算技术等。

6.1.3　我国互联网的发展

1994 年 5 月 15 日，中国科学院高能物理研究所设立了国内第一个 Web 服务器，推出中国第一套网页。这是中国互联网第一次步入世界舞台。之后，中国互联网开始步入高速发展阶段，并成为 20 世纪末以来中国社会经济的一个重大变化和源动力。

（1）网络用户规模持续扩张

互联网从进入中国大众生活开始，其用户数量大幅增长。据中国互联网络信息中心统计，进入 21 世纪之后互联网用户快速增长。根据 CNNIC 发布的第 38 次《中国互联网络发展状况统计报告》，截至 2016 年 6 月，我国网民规模达 7.10 亿。我国互联网普及率达到 51.7%，超过全球平均水平 3.9 个百分点，超过亚洲平均水平 10.1 个百分点。从上网方式来看，移动互联网兴起不到十年，就已经占据了网民上网的主流。我国手机网民规模达 6.56 亿，网民中使用手机上网的人群占比由 2014 年的 85.8% 提升至 92.5%。农村网民占比 26.9%，规模达 1.91 亿。

（2）互联网经济高速成长

随着中国互联网用户数量的快速增长，互联网经济在中国迅速成长。根据麦肯锡全球研究院发布的《中国的数字化转型：互联网对生产力与增长的影响》报告，以 iGDP（即互联网相关行业产出占 GDP 的比重）计算，2010 年，中国 iGDP 指数 3.3%，落后于大多数发达国家。到 2013 年，中国的 iGDP 指数上升至 4.4%，超过美国等发达国家，接近全球领先水平。

中国电子商务发展已居于全球领先水平。2016 年上半年，中国网购用户规模达 4.8 亿人，较 2015 年上半年的 4.17 亿人，同比增长 15.1%，网民使用网络购物的比例升至 65%，在全国居民中的渗透率也达到了 37%。根据国家统计局发布的《2015 中国经济总结》，2015 年网上零售额为 3.88 万亿元，比上年增长 33.3%。其中，其中实物商品网上零售额为 32 424 亿元，同比增长 31.6%，高于同期社会消费品零售总额增速 20.9 个百分点，占社会消费品零售总额（300 931 亿元）的 10.8%。值得一提的是，中国网上零售额已超过美国（2015 年约为 3 340 亿美元），位居全球第一。

电子商务开始向农村全面渗透。2015 年，农村电子商务服务站点已覆盖 1 000 多个县近 25 万个村庄，农村网购交易额达 3 530 亿元，同比增长 96%，农产品网络零售额 1 505 亿元，同比增长超过 50%，有效促进农村产品和日用消费品等的双向流通。电子商务对各个产业的渗透也在加快，中国制造业领域电子商务采购和销售普及率进一步提升，平均达到 37.24%，部分行业接近 60%。

借助互联网平台，以滴滴出行等为代表的分享经济模式在中国获得了快速发展。根据《中国分享经济发展报告 2016》显示，2015 年分享经济的市场规模达 19 560 亿元，参与总人数超过 5 亿人，参与提供相关服务者达 5 000 万之多，占劳动人口总数的 5.5%。中国已成为全球最大的分享经济市场。从滴滴出行的发展看，其日订单数量超过 1 400 万，在全球的市场占有率超过一半。

互联网金融在中国获得了快速发展。截至 2015 年 6 月，互联网理财产品（包括网络融资平台，如 P2P、余额宝、微信理财通等）综合渗透率已经高达 45%，网上支付用户规模达到 4.55 亿，较 2015 年年底增加 3 857 万人，增长率为 9.3%，渗透率从 60.5% 提升至 64.1%。移动支付用户规模增长迅速，达到 4.24 亿，渗透率由 57.7% 提升至 64.7%。

（3）互联网企业主体持续发展壮大

在互联网高速成长的同时，中国互联网企业也获得了极佳的发展机遇。在全球市值最高的十大互联网企业中，中国史无前例地占据了四席（阿里、腾讯、百度、京东），其市值已达到美国最大的四家互联网企业市值的一半，中美之间互联网企业的实力正在拉近；在全球未上市的互联网独角兽企业中，中国有小米、滴滴出行、美团大众点评网、陆金所、众安保险、神州专车、饿了么、搜狗、美图等企业榜上有名。

（4）中国互联网经济的未来

互联网在中国的高速发展，正是中国经济实现飞跃式发展的时代。从未来发展看，我国互联网庞大的用户基础以及持续的技术创新、商业模式创新，都为互联网改造提升传统产业提供坚实的基础。据相关机构估计，互联网拉动的 GDP 其中只有 25％来自纯互联网公司，其余 75％都来自传统产业和互联网相关产业。正如《为什么说"互联网＋"未来空间无限》一文中所指出的，预计到 2020 年，"互联网＋"所带来的经济增值将超过 5 万亿。中国经济的发展为互联网的发展提供了难得的契机，另外，经济与互联网深度融合，互联网的发展又为中国经济的发展注入新的活力、孕育新的动能，以"互联网＋"为代表的新经济模式正在逐步形成，其产生的经济红利将使中国经济登上新的台阶。

6.2　计算机网络的组成和分类

计算机网络的分类与一般的事物分类方法一样，可以按事物的所具有的不同性质特点即事物的属性分类。计算机网络通俗地讲就是由多台计算机（或其他计算机网络设备）通过传输介质和软件物理（或逻辑）连接在一起组成的。总的来说计算机网络的组成基本上包括计算机、网络操作系统、传输介质（可以是有形的，也可以是无形的，如无线网络的传输介质就是空间）以及相应的应用软件四部分。

6.2.1　计算机网络的组成

计算机网络的拓扑结构虽然非常复杂，并且在地理上覆盖了全球，但从其工作方式上看，可以划分为以下两大块。

（1）边缘部分

由所有连接在因特网上的主机组成。这部分是用户直接使用的，用来进行通信（传送数据、音频或视频）和资源共享。

（2）核心部分

由大量网络和连接这些网络的路由器组成。这部分是为边缘部分提供服务的（提供连通性和交换）。

如图 6-4 给出了这两部分的示意图。

6.2.2　几种不同类别的网络

计算机网络有多种类别，按照不同的功能或角度进行分类。

1. 按网络的作用覆盖范围进行分类

（1）广域网

广域网（Wide Area Network，WAN）也称为远程网，所覆盖的范围比城域网（MAN）

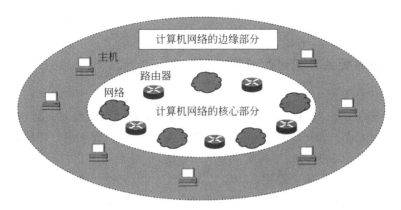

图 6-4　计算机网络的核心部分和边缘部分

更广,它一般是在不同城市之间的 LAN 或者 MAN 网络互联,地理范围可从几百千米到几千千米。因为距离较远,信息衰减比较严重,所以这种网络一般是要租用专线,通过 IMP(接口信息处理)协议和线路连接起来,构成网状结构,解决寻径问题。

(2) 城域网

城域网(Metropolitan Area Network,MAN)一般来说是在一个城市,但不在同一地理小区范围内的计算机互联。这种网络的连接距离可以在 10~100 千米,它采用的是 IEEE 802.6 标准。MAN 与 LAN 相比扩展的距离更长,连接的计算机数量更多,在地理范围上可以说是 LAN 网络的延伸。在一个大型城市或都市地区,一个 MAN 网络通常连接着多个 LAN 网,如连接政府机构的 LAN、医院的 LAN、电信的 LAN、公司企业的 LAN 等。由于光纤连接的引入,使 MAN 中高速的 LAN 互联成为可能。

(3) 局域网

通常我们常见的 LAN(Local Area Network)就是指局域网,这是我们最常见、应用最广的一种网络。局域网随着整个计算机网络技术的发展和提高得到充分的应用和普及,几乎每个单位都有自己的局域网,有的家庭中甚至都有自己的小型局域网。很明显,所谓局域网,就是在局部地区范围内的网络,它所覆盖的地区范围较小。局域网在计算机数量配置上没有太多的限制,少的可以只有两台,多的可达几百台。一般来说在企业局域网中,工作站的数量在几十到两百台左右。在网络所涉及的地理距离上一般来说可以是几米至 10 千米以内。局域网一般位于一个建筑物或一个单位内,不存在寻径问题,不包括网络层的应用。

2. 按网络的服务对象进行分类

(1) 公用网

公用网是指电信公司(国有或私有)出资建设的大型网络。"公用"的意思就是所有愿意按电信公司的规定交纳费用的人都可以使用这种网络。因此公用网也称为公众网,如 ChinaNET。

(2) 专用网

专用网是指某个部门、某个行业为各自的特殊业务工作需要而建造的网络。这种网络不对外人提供服务。例如,政府、军队、银行、铁路、电力、公安等系统均有本系统的专用网。

3. 按网络的接入方式进行分类

(1) 金属用户线上的 XDSL

XDSL 可分为 IDSL(ISDN 数字用户环路),HDSL(利用两对线双向对称传输 2Mb/s 的高速数字用户环路),SDSL(单线对双向对称传输 2Mb/s 的数字用户环路,传输距离比 HDSL 稍短),VDSL(甚高速数字用户环路)、ADSL(不对称数字用户环路),同轴电缆上的 HFC(双向混合光纤同轴电缆接入传输系统),SDV(可交换的数字视频接入系统,也基于混合光纤同轴电缆,但同轴缆上只传下行信号)。

(2) 光纤接入系统

光纤接入系统可分为有源与无源系统,有源系统有基于 PDH 和 SDH 之分,拓扑结构可以是环形、总线型、星形或它们的混合型,也有点对点的应用。无源即 PON(无源光网络),有窄带与宽带之分,目前宽带 PON 已经标准化的是基于 ATM 的 PON,即 APON。PON 本身下行是点到多点系统,上行为多点到点,上行时需要解决多用户争用问题,目前上行大多用 TDMA(时分多址)技术。

(3) 无线接入系统

通常指固定无线接入(FWA),根据其技术来自无绳电话(如 DECT)、集群电话、蜂窝移动通信、微波通信或卫星通信可分为很多类,对应不同的频段,容量、业务带宽和覆盖范围各异。无线接入主要的工作方式是点到多点,上行解决多用户争用的技术有 FDMA(频分多址)、TDMA(时分多址)和 CDMA(码分多址),从频谱效率看 CDMA 最好,TDMA 其次。其中 CDMA 又可有扩谱(DS)、跳频(FH)和同步(S-CDMA)几种。

6.3 计算机网络的性能指标

影响网络性能的因素有很多,如传输的距离、使用的线路、传输技术、带宽等。对用户而言,则主要体现在所获得的网络速度不同。计算机网络的主要性能指标是指带宽、吞吐量和时延。

6.3.1 带宽

在局域网和广域网中,都使用带宽(bandwidth)来描述它们的传输容量。带宽本来是指某个信号具有的频带宽度。带宽的单位为赫(或千赫、兆赫等)。在通信线路上传输模拟信号时,将通信线路允许通过的信号频带范围称为线路的带宽(或通频带)。

在通信线路上传输数字信号时,带宽就等同于数字信道所能传输的"最高数据率"。数字信道传输数字信号的速率称为数据率或比特率,带宽的单位是比特每秒(bps 即 b/s),即通信线路每秒所能传输的比特数。例如,以太网的带宽为 10Mb/s,意味着每秒能传输

10 兆比特,传输每比特用 0.1μs。目前以太网的带宽有 10Mb/s、100Mb/s、1 000Mb/s 和 10Gb/s 等几种类型。

6.3.2　吞吐量

吞吐量(throughout)是指一组特定的数据在特定的时间段经过特定的路径所传输的信息量的实际测量值。由于诸多原因使得吞吐量常常远小于所用介质本身可以提供的最大数字带宽。决定吞吐量的因素主要有:

① 网络互联设备;
② 所传输的数据类型;
③ 网络的拓扑结构;
④ 网络上的并发用户数量;
⑤ 用户的计算机;
⑥ 服务器;
⑦ 拥塞。

6.3.3　时延

时延(delay 或 latency)是指一个报文或分组从一个网络(或一条链路)的一端传输到另一端所需的时间。通常来讲,时延是由以下几个不同部分组成的。

(1) 发送时延
发送时延是结点在发送数据时使数据块从结点进入传输介质所需的时间,也就是从数据块的第一个比特开始发送算起,到最后一个比特发送完毕所需的时间,又称为传输时延。

(2) 传播时延
传播时延是电磁波在信道上需要传播一定的距离而花费的时间。

(3) 处理时延
处理时延是指数据在交换结点为存储转发而进行一些必要的处理所花费的时间。

6.4　网络协议与网络体系结构

6.4.1　网络协议

通过通信信道和网络设备互联起来的不同地理位置上的多个计算机系统,要使其能协同工作,实现信息交换和资源共享,它们之间必须具有共同的语言。交流什么、怎样交流及何时交流,都必须遵循某种互相都能接受的规则。

网络协议(protocol)是为进行计算机网络中的数据交换而建立的规则、标准或约定的集合。准确地说,它是对同等实体之间通信而制定的有关规则和约定的集合。

(1) 网络协议的三个要素

① 语义(semarlties)涉及用于协调与差错处理的控制信息;

② 语法(syntax)涉及数据及控制信息的格式、编码及信号电平等;

③ 定时(timing)涉及速度匹配和定序等。

(2) 网络的体系结构及其划分所遵循的原则

计算机网络系统是一个十分复杂的系统。将一个复杂系统分解为若干个容易处理的子系统。分层就是系统分解的最好方法之一。

在图 6-5 所示的一般分层结构中,n 层是 $n-1$ 层的用户,又是 $n+1$ 层的服务提供者。$n+1$ 层虽然只直接使用了 n 层提供的服务,实际上它通过 n 层还间接地使用了 $n-1$ 层以及以下所有各层的服务。层次结构的好处在于使每一层实现一种相对独立的功能。分层结构还有利于交流、理解和标准化。所谓网络的层次模型就是计算机网络各层次及其协议的集合。层次结构一般以垂直分层模型来表示,层次结构的要点如下。

① 除了在物理媒体上进行的是实通信之外,其余各对等实体间进行的都是虚通信;

② 对等层的虚通信必须遵循该层的协议;

③ n 层的虚通信是通过 $n/n-1$ 层间接口处 $n-1$ 层提供的服务以及 $n-1$ 层的通信(通常也是虚通信)来实现的。

6.4.2　网络体系结构

网络体系结构最常用的分为两种:OSI 七层结构和 TCP/IP(Transmission Control Protocol/Internet Protocol,传输控制协议/网际协议)四层结构。TCP/IP 协议是 Internet 的核心协议。

(1) OSI/RM 基本参考模型

开放系统互联(Open System Interconection)基本参考模型是由国际标准化组织(ISO)制定的标准化开放式计算机网络层次结构模型,又称 ISO/OSI 参考模型。“开放”这个词表示能使任何两个遵守参考模型和有关标准的系统可以进行互联。

OSI/RM 包括了体系结构、服务定义和协议规范三级抽象。OSI 的体系结构定义了一个七层模型,用于进行进程间的通信,并作为一个框架来协调各层标准的制定。OSI 的服务定义描述了各层所提供的服务,以及层与层之间的抽象接口和交互用的服务原语;OSI 各层的协议规范,精确地定义了应当发送何种控制信息及何种过程来解释该控制信息。

OSI/RM 的参考模型结构包括 7 层,从下至上分别为物理层、数据链路层、网络层、传输层、会话层、表示层和应用层。

(2) Internet 层次模型

Internet 网络结构以 TCP/IP 协议层次模型为核心,共分四层结构:应用层、传输层、网际层和网络接口层。TCP/IP 的体系结构与 ISO 的 OSI 七层参考模型的对应关系如图 6-5 所示。TCP/IP 是 Internet 的核心,利用 TCP/IP 协议可以方便地实现各种网络的平滑、无缝连接。在 TCP/IP 四层模型中，作为最高层的应用层相当于 OSI 的 5～7 层,该层中包括了所有的高层协议,如常见的文件传输协议 FTP、电子邮件 SMTP(简单邮件传送协议)、域名系统 DNS(域名服务)、网络管理协议 SNMP、访问 WWW 的超文本传输协议 HTTP、远程终端访问协议 TELNET 等。

| 应用层 |
| 表示层 |
| 会话层 |
| 传输层 |
| 网络层 |
| 数据链路层 |
| 物理层 |

| 应用层 |
| 传输层 |
| 网际层 |
| 网络接口层 |

(a) OSI网络模型　　　　(b) TCP/IP网络模型

图 6-5　网络体系结构

TCP/IP 的次高层为传输层,相当于 OSI 的传输层,该层负责在源主机和目的主机之间提供端到端的数据传输服务。这一层上主要定义了两个协议：面向连接的传输控制协议 TCP 和无连接的用户数据报协议 UDP(User Datagram Protocol)。

TCP/IP 的第二层相当于 OSI 的网络层,该层负责将报文(数据包)独立地从信源传送到信宿,主要解决路由选择、阻塞控制级网际互联问题。这一层上定义了网际协议 (Internet Protocol,IP 协议)、地址转换协议 ARP(Address Resolution Protocol)、反向地址转换协议 RARP(Reverse ARP)和网际控制报文协议 ICMP(Internet Control Message Protocol)等协议。

TCP/IP 的最低层为网络接口层,该层负责将 IP 分组封装成适合在物理网络上传输的帧格式并发送出去,或将从物理网络接收到的帧卸装并递交给高层。这一层与物理网络的具体实现有关,自身并无专用的协议。事实上,任何能传输 IP 报文的协议都可以运行。虽然该层一般不需要专门的 TCP/IP 协议,各物理网络可使用自己的数据链路层协议和物理层协议。

（3）Internet 主要协议

TCP/IP 协议集的各层协议的总和亦称作协议族。协议族给出了 TCP/IP 协议集与 OSI 参考模型的对应关系。其中每一层都有着多种协议。一般来说,TCP 提供传输层服务,而 IP 提供网络层服务。

① TCP/IP 的数据链路层。

数据链路层不是 TCP/IP 协议的一部分,但它是 TCP/IP 与各种通信网之间的接口。这些通信网包括多种广域网和各种局域网。

一般情况下,各物理网络可以使用自己的数据链路层协议和物理层协议,不需要在数据链路层上设置专门的 TCP/IP 协议。但是,当使用串行线路连接主机与网络,或连接网络与网络时,例如用户使用电话线接入网络则需要在数据链路层运行专门的 SLIP(Serial Line IP)协议的 PPP(Point to Point Protocol)协议。

② TCP/IP 网络层。

网络层最重要的协议是 IP 协议,它将多个网络联成一个互联网,可以把高层的数据以多个数据报的形式通过互联网分发出去。

网络层的功能主要由 IP 来提供。除了提供端到端的报文分发功能外,IP 还提供了很多扩充功能。例如,为了克服数据链路层对帧大小的限制,网络层提供了数据分块和重组功能,这使得很大的 IP 数据报能以较小的报文在网上传输。网络层的另一个重要服务是在互相独立的局域网上建立互联网络,即网际网。网间的报文来往根据它的目的 IP 地址通过路由器传到另一网络。

IP 的基本任务是通过互联网传送数据报,各个 IP 数据报之间是相互独立的。主机上的 IP 层向传输层提供服务。IP 从源传输实体取得数据,通过它的数据链路层服务传给目的主机的 IP 层。IP 不保证服务的可靠性,在主机资源不足的情况下,它可能丢弃某些数据报,同时 IP 也不检查被数据链路层丢弃的报文。

在传送时,高层协议将数据传给 IP 层,IP 层再将数据封装为互联网数据报,并交给数据链路层协议通过局域网传送。若目的主机直接连在本局域网中,IP 可直接通过网络将数据报传给目的主机。若目的主机在其他网络中,则 IP 路由器传送数据报,而路由器则依次通过下一网络将数据报传送到目的主机或再下一个路由器。即 IP 数据报是通过互联网络逐步传递,直到终点为止。

③ TCP/IP 传输层。

TCP/IP 在传输层提供了两个主要的协议:传输控制协议(TCP)和用户数据协议(UDP)。TCP 提供的是一种可靠的数据流服务。当传送有差错数据,或网络发生故障,或网络负荷太重不能正常工作时,就需要通过其他协议来保证通信的可靠。TCP 就是这样的协议,它对应于 OSI 模型的传输层,它在 IP 协议的基础上,提供端到端的面向连接的可靠传输。

TCP 采用"带重传的肯定确认"技术来实现传输的可靠性。简单的"带重传的肯定确认"是指与发送方通信的接收者,每接收一次数据,就送回一个确认报文。发送者对每个发出去的报文都留一份记录,等到收到确认之后再发出下一个报文。发送者发出报文时,启动计时器,若计时器计数完毕,确认还未到达,则发送者重新发送该报文。

TCP 通信建立在面向连接的基础上,实现了一种"虚电路"的概念。双方通信之前,先建立一条连接,然后双方就可以在其上发送数据流。这种数据交换方式能提高效率,但事先建立连接和事后拆除连接需要开销。

(4) TCP/IP 协议族中的其他协议

TCP/IP 是网络中使用的基本的通信协议,是一系列协议和服务的总集。虽然从名字上看 TCP/IP 包括两个协议——传输控制协议(TCP)和网际协议(IP),但 TCP/IP 实际上是一组协议,包括了上百个各种功能的协议,如远程登录、文件传输和电子邮件(PPP、ICMP、ARP/RARP、UDP、FTP、HTTP、SMTP、SNMP、RIP、OSPF)等协议,而 TCP 协议和 IP 协议是保证数据完整传输的两个最基本的重要协议。通常说 TCP/IP 是指 TCP/IP 协议族,而不单单是 TCP 和 IP。TCP/IP 依靠 TCP 和 IP 这两个主要协议提供的服务,加上高层应用层的服务,共同实现了 TCP/IP 协议族的功能。TCP/IP 的最高层与 OSI 参考模型的上三层有较大区别,也没有非常明确的层次划分。其中 FTP、TELNET、SMTP、DNS 是几种广泛应用的协议,TCP/IP 中还定义了许多别的高层协议。

① 文件传输协议 FTP

FTP(File Transfer Protocol):文件传输协议,允许用户将远程主机上的文件复制到自己的计算机上。文件传输协议是用于访问远程机器的专门协议,它使用户可以在本地机与远程机之间进行有关文件的操作。FTP 工作时建立两条 TCP 连接,一条用于传送文件,另一条用于传送控制。

FTP 采用客户/服务器模式,它包含 FTP 客户端和 FTP 服务器。客户启动传送过程,而服务器对其做出应答。客户 FTP 大多有交互式界面,使客户可以方便地上传或下载文件。

② 远程终端访问 TELNET

TELNET 提供远程登录功能,用户可以登录到远程的另一台计算机上,如同在远程主机上直接操作一样。设备或终端进程交互的方式支持终端到终端的连接及进程到进程分布式计算的通信。

③ 域名服务 DNS

DNS 是一个域名服务的协议,提供域名到 IP 地址的转换,允许对域名资源进行分散管理。

④ 简单邮件传送协议 SMTP

SMTP(Simple Mail Transfer Protocol,简单邮件传输协议)用于传输电子邮件。互联网标准中的电子邮件是基于文件的协议,用于可靠、有效地传输数据。SMTP 作为应用层的服务,并不关心它下面采用的是何种传输服务,它可通过网络在 TCP 连接上传送邮件,或者简单地在同一机器的进程之间通过进程通信的通道来传送邮件。

邮件发送之前必须协商好发送者、接收者。SMTP 服务进程同意为接收方发送邮件时,它将邮件直接交给接收方用户或将邮件经过若干段网络传输,直到邮件交给接收方用户。在邮件传输过程中,所经过的路由被记录下来。这样,当邮件不能正常传输时可按原路由找到发送者。

6.5　传　输　介　质

传输介质用来传送计算机网络中的数据。常用的介质大致分为有线介质(将信号约束在一个物理导体之内,如双绞线、同轴电缆、光纤等)和无线介质(不能将信号约束在某个空间范围之内,如微波、卫星、红外线等)。联网究竟选择选择哪一种传输介质,必须考虑到价格、安装难易度、容量、抗干扰能力、衰减等方面的因素,同时还要根据具体的运行环境全面考虑。

6.5.1　双绞线

双绞线是一种价格便宜、安装方便、可靠性能高的传输介质。它由 8 根(4 对)绝缘导线组成,如图 6-6 所示。两根导线互相绞扭,可减少线对之间的电磁干扰。双绞线适用于短距离传输。

6.5.2 同轴电缆

同轴电缆由两种导体组成,其外导体是空心圆柱形导体,它围裹着内芯导体,内外导体间用绝缘材料隔开,如图 6-7 所示。同轴电缆的频率特性较双绞线好,误码率低,能实现较高速率的传输。同轴电缆分为基带同轴电缆(阻抗 50Ω)和宽带同轴电缆(阻抗 75Ω)。基带同轴电缆又可分为粗缆和细缆两种,都用于直接传输数字信号;宽带同轴电缆用于模拟信号传输,也可以用于高速数字信号传输。有线电视所使用的传输介质就是宽带同轴电缆。

图 6-6 双绞线

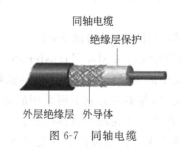

图 6-7 同轴电缆

6.5.3 光纤

光纤是光导纤维的简称,也称光缆,它由能传导光波的石英玻璃纤维外加保护层构成。每根光纤只能单向传输信号,因此光缆中至少包括两条独立的纤芯,一条发送另一条接收。它具有传输速率高、误码率低、线路损耗小、抗干扰能力强、保密性能好等优点,但是价格较高,是信息传输技术中发展潜力最大的一类传输媒体,将广泛用于信息高速公路的主干线中。

光纤可以分为多模光纤和单模光纤两种。多条由不同角度入射的光线同时在一条光纤中传播,这种光纤称为多模光纤;光纤不经过多次反射而是一直向前传播,这种光纤称为单模光纤。

6.5.4 微波

微波是指频率为 1GHz 至几十 GHz 的电磁波。微波通信是一种无线通信,不需要架设明线或敷设电缆,可同时传送大量信息,建设费用比同轴电缆低。微波通信已经被广泛应用于电力系统各部门中。

6.5.5　红外线

红外线通信不受电磁干扰和射频干扰的影响。红外无线传输建立在红外线光的基础上，采用光发射二极管、激光二极管或光电二极管来进行站点与站点之间的数据交换。红外无线传输技术要求通信结点之间必须在直线视距之内，不能穿墙。红外线传输技术数据传输速率相对较低，在面向一个方向通信时，数据传输速率为 16Mb/s。如果选择数据向各个方向上传输时，速度不能超过 1Mb/s。现在红外线多用于安防和探测。图 6-8 为红外通信的一个示例。

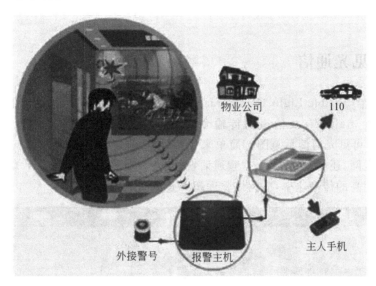

图 6-8　红外通信

6.5.6　激光

激光通信的优点是带宽高、方向性强、保密性能好等。激光通信多用于短距离的传输。激光通信的缺点是其传输效率受天气影响较大。图 6-9 为激光通信的一个示例。

6.5.7　卫星通信

卫星通信系统是一种特殊的微波中继站。卫星通信可以看成是一种特殊的微波通信，和一般的地面微波通信不同，它使用地球同步卫星作为中继站来转发微波信号。卫星上的转发器装备有接收和发射天线，接收由地面发射来的信号和向地面发送信号。由地面发射来的信号通常经过放大和变换后再转发回地面。一个卫星上可以有多个转发器。卫星信道的频带较宽，通常可以按照不同的频率分成若干子信道。

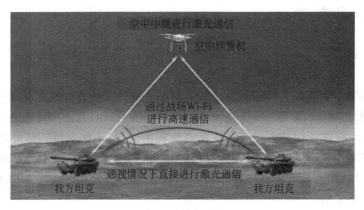

图 6-9　激光通信

6.5.8　可见光通信

可见光通信(Visible Light Communication,VLC)其实是利用可见光波段的光作为信息载体,无需光纤等有线信道的传输介质,在空气中直接传输光信号的通信方式,图 6-10 所示为可见光通信示意图。简单来说,只要头顶上有灯光照耀,理论上无论是传输数据信息、上网,还是进行语音、视频通话,抑或是调节物联网设备的开关,均可轻松实现,而且借助超高的传输速率,应用体验远超 Wi-Fi 和 4G 网络。

图 6-10　可见光通信示意图

其实可见光通信还有另外一个名字,就是 LiFi,因此不少人将其视为 Wi-Fi 的替代者。的确,相比 Wi-Fi,除了速率优势之外,可见光通信还有很多其他优势,下面进行具体介绍。

① 密度高,成本低。众所周知,想要实现 Wi-Fi 覆盖,就需要部署 Wi-Fi 热点(无线 AP/无线路由器),而相比当前 Wi-Fi 热点的部署,灯光的密度无疑要高出很多;同时利用已有的照明线路即可实现光通信,不必新建基础设施,而且 LED 灯的改造成本也要比部

署 Wi-Fi 热点低得多。

② 频谱丰富。Wi-Fi 的无线传输需要利用射频信号,然而无线电波在整个电磁频谱中仅占很小的一部分,随着用户对无线网络需求的持续增长,可用的射频频谱将越来越少,终有一天 Wi-Fi 网络会变得拥挤不堪。相比之下,可见光频谱的宽度是射频频谱的 1 万倍,完全不用担心频谱不够用的问题,同时还能缓解全球无线频谱资源短缺的现状。

③ 无电磁辐射。Wi-Fi 依靠的是看不见的无线电波传输,设备功率越大,局部电磁辐射越高,同时也会产生电磁干扰,这对于医院等对电磁信号敏感的机构来说始终是个难题,而选择了可见光通信,则完全没有电磁辐射和干扰的问题。

④ 高保密性。只要遮住灯光光线,信息就不可能向照明区以外的人泄露。

综上所述,用可见光通信替代 Wi-Fi,的确是相当不错的选择。但是,在实际应用中,可见光通信还有着自己的不足:

① 安全性不足。刚刚提到的高保密性,仅仅是相对而言的,如果是在用户家中或企业内部使用,确实较为安全,但如果到了公共场所,那么安全威胁可以说是无处不在。

② 传输易被打断。由于光被阻挡,传输就会中断,因此不难想象在实际应用场景中,这种中断可能随时发生。

综合来看,可见光通信确实在理论传输速率、部署、成本、零电磁辐射等方面"秒杀"Wi-Fi,但在实际应用环境下,其易被阻隔的软肋也相当明显,因此可以预计,未来 LiFi 将很难替代 Wi-Fi,但可以肯定的是,LiFi 如果与 Wi-Fi 进行互补,必将打造出更美好的无线新生活。

6.6　以太网技术

6.6.1　以太网诞生

1973 年,在施乐公司研究中心工作的 Bob Metcalfe 被老板告知,要求将公司中数以百计的计算机和新买的激光打印机进行共享连接。后来他就画了这个图,给老板写了一篇有关以太网潜力的备忘录。Metcalfe 博士在施乐实验室发明了以太网,并开始进行以太网拓扑的研究工作。以太网宣告在这个纷繁的世界上诞生。图 6-11 为以太网设计草图。

1976 年,Metcalfe 和他的助手 David Boggs 发表了一篇名为《以太网:局域计算机网络的分布式包交换技术》的文章。文章里面介绍了具有冲突检测的多点数据通信系统。

1979 年,Metcalfe 离开了施乐公司,并创立了 3COM 公司。次年,他发表了 10Mb/s 以太网标准的第一个版本 DIX V1。(DIX 即

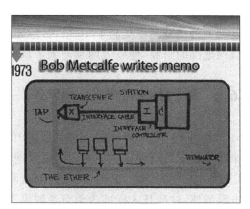

图 6-11　以太网设计草图

DEC、Intel 和施乐 Xerox 公司的首字母)。

6.6.2 第一个以太网标准 10Base-5 发布

1983 年,成立刚一年的 IEEE 802.3 工作组发布 10Base-5"粗缆"以太网标准。该标准用于粗同轴电缆、速度为 10M 的基带局域网络,最大传输距离不超过 500 米。这是最早的以太网标准。

6.6.3 百兆标准诞生

1995 年,IEEE 802.3u——100M 以太网(快速以太网)标准通过。快速以太网与原来在 100M 带宽下工作的 FDDI 相比具有许多优点。最主要体现在其可以支持 3、4、5 类双绞线以及光纤的连接,能够有效保障用户在现有布线基础设施上的投资。快速以太网开启了以太网大规模应用的新时代。

6.6.4 千兆标准以太网

1998 年,IEEE 802.3z——千兆以太网标准发布。作为当时最新的高速以太网技术,IEEE 802.3z 给用户带来了提高核心网络的有效解决方案。由于该技术不改变传统以太网的桌面应用、操作系统,因此可与 10M 或 100M 的以太网很好地配合工作。升级到千兆以太网不必改变网络应用程序、网管部件和网络操作系统,能够最大程度地保护投资。次年,IEEE 802.3ab——铜缆千兆以太网标准发布。它起到保护用户在 5 类 UTP 布线系统上投资的作用。以太网更加迅速地迈进千兆位的时代。

6.6.5 万兆标准以太网

2002 年,IEEE 802.3ae——10G 以太网标准正式颁布,昭示着以太网将走向更为宽广的应用舞台。10G 以太网作为传统以太网技术的一次较大升级,在原有的千兆以太网的基础上将传输速率提高了 10 倍,传输距离也大大增加,摆脱了传统以太网只能应用于局域网范围的限制,使以太网延伸到了城域网和广域网。以太网发展的脚步顿时加快。

6.6.6 以太网网线供电标准

2003 年,802.3af——以太网网线供电标准发布。借助这一标准,数千种产品使用同一个连接器就可以使用功能强大的以太网以及电源。如今,以太网网线供电已经在市场上广泛应用,特别是在 IP 电话、无线局域网和 IP 安全市场。由于不用安装另外的电源线和电源插座,这项技术标准为消费者解决了大量费用和精力。以太网因此更加受到人们的衷心拥护。

6.6.7　同轴电缆万兆标准发布

2004 年,IEEE 802.3ak——同轴电缆 10G 以太网标准颁布。802.3ak 标准可以在同轴电缆上提供 10G 的速率,从而开启了短距离、高速度数据中心连接的大门。新标准为数据中心内相互距离不超过 15 米的以太网交换机和服务器集群提供了一个以 10G 速度互联的经济的方式。由于 10G 速率可以通过电口来实现,802.3ak 标准对于交换机和服务器的集群提供了一个比光解决方案的成本低很多的解决办法,从而引发了 10G 产品价格的迅速下降。

6.6.8　非屏蔽双绞线万兆标准

2006 年,IEEE 802.3an10GBase-T——基于非屏蔽双绞线的 10G 以太网规范得以通过。10GBase-T 标准使得网络管理员在将网络扩展到 10G 的同时,能够沿用原来已布设的铜质电缆基础结构,并且让新装用户也可以利用铜质结构电缆的高性价比特点。由于 10GBase-T 具有较大的端口密度和相对较低的元件成本,因此它有助于网络设备厂商大幅降低 10G 以太网互联的成本,这使需要更高带宽的应用最终成为可能。可以说,10GBase-T 对 10G 以太网的普及功不可没。

6.6.9　背板以太网标准公布

2007 年,IEEE 802.3ap——背板以太网标准通过。该标准规定了在企业级网络和数据中心的基于机箱的模块化平台中,网络设备厂商如何在背板最远 1 米的范围内进行千兆和万兆以太网的传输。标准通过之后,意味着网络管理者可以在同一个机箱内混合匹配不同厂商的服务器或路由器刀片模块。厂商由此可以选择性地采购标准背板,从而更快地推出价格合理的高性能产品。

6.6.10　数据中心以太网技术

2008 年,IEEE 研发了数据中心桥接 DCB 和最短路径 SPB 优先无损转发技术,而 IETF(Internet Engineering Task Force,互联网工程任务组)则为多活跃路径定义了 TRILL(Transparent Interconnection of Lots of Links,多连接透明互联),DCB、SPB 和 TRILL 构成数据中心网络的三种协议。ANSI(American National Standards Institute,美国国家标准学会)致力于以太网光纤通道研究,以此来实现 LAN/存储融合。

6.6.11　以太网光纤通道标准获批

2009 年,FCoE——以太网光纤通道标准由国际信息技术标准委员会(INCITS)下属的 T11 技术委员会批准通过。FCoE 将两个尖端技术——FC 存储网络和增强型以太网物理传输集合到了一起,既保护了 FCSAN 投资,又简化了管理。它在应用上的优点是在维持原有服务的基础上,可以大幅减少服务器上的网络接口数量(同时减少了电缆,节省了交换机端口和管理员需要管理的控制点数量),从而降低了功耗,给管理带来方便。凭借其简单性、高效率、高利用率、低功耗、低制冷和低空间需求,FCoE 将推动新一轮数据中心整合大潮。

6.6.12　40G/100G 标准问世

2010 年,在 10G 出现的短短四年后,IEEE 成立了一个研究小组来研究以太网速度的又一次飞跃,这次是 100G,但是大家对于速度的分歧使制定标准的过程变得复杂。服务器供应商称,在他们需要 40G 以太网标准之前他们不需要 100G 适配器。

2010 年,IEEE 802.3ba——40G/100G 以太网标准获批。该标准解决了数据中心、运营商网络和其他流量密集的高性能计算环境,以及日益增长的应用对带宽的需求。数据中心虚拟化、云计算、融合网络业务、视频点播和社交网络等应用需求是推动制定该标准的幕后力量。40G/100G 标准的通过,为更高速的以太网服务器连通性和核心交换产品铺平发展之路,新一波大提速宣告开始,以太网从此将以王者的身份傲视其他通信技术。

同年,节能以太网标准通过,以太网加入绿色环保大潮;802.3az——节能以太网(EEE)标准历经四年终获通过。这个标准将给全部以太网 Base-T 收发器(100M、1G 和10G),以及背板物理层增加低耗电闲置(LPI)模式。也就是说,让以太网在空闲状态时降低网络连接两端设备的能耗,正常传输数据时则恢复供电,以此减少电力消耗。借助EEE 与其他节能技术,以太网加入了当今世界绿色节能的大潮。

6.6.13　MEF 推出运营商以太网新标准

早在 2005 年,MEF 就推出了运营商以太网标准,以其作为定义运营商如何以一致性的方式使用以太网进行数据通信的一个扩展规范集合。2012 年,MEF 又宣布推出最新的运营商以太网标准——电信级以太网 CE 2.0,该标准创建了一组附加规范集合。

CE 2.0 为设定多服务类型(Multi-CoS)定义提供了指导意见,此类定义允许运营商创建更具细微差别的服务等级协议(SLA)。而且,CE 2.0 提供了一组更丰富的管理指标,还为多服务提供商以统一的方式交换以太网流量做好了准备。

6.7　网　络　连　接

6.7.1　计算机网络资源连接

如图 6-12 所示,包括了以下几个部分:

① 客户端：应用,C/S(客户端/服务器),B/S(浏览器/服务器)。

② 服务器：为客户端提供服务、数据、资源的机器。

③ 请求：客户端向服务器索取数据。

④ 响应：服务器对客户端请求作出反应,一般是返回给客户端数据。

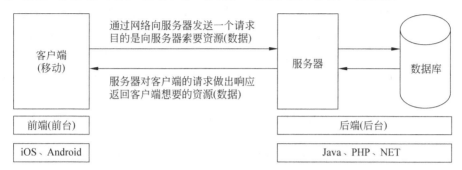

图 6-12　网络终端之间连接模型

6.7.2　各类连接地址标识

1. URL

URL(Uniform Resource Locator)意为统一资源定位符,网络中每一个资源都对应唯一的地址——URL。URL 是对可以从互联网上得到的资源的位置和访问方法的一种简洁的表示,是互联网上标准资源的地址。互联网上的每个文件都有唯一的 URL,它包含的信息指出文件的位置以及浏览器应该怎么处理它。它最初是由蒂姆·伯纳斯·李发明用来作为万维网的地址的。现在它已经被万维网联盟编制为因特网标准 RFC1738 了。

2. IP 地址、子网掩码、网关、路由器、DNS

(1) IP 地址

IP 地址是 IP 协议提供的一种统一的地址格式,它为互联网上的每一个网络和每一台主机分配一个逻辑地址,以此来屏蔽物理地址(每个机器都有一个编码,如 MAC 上就有一个叫 MAC 地址的东西)的差异。是 32 位二进制数据,通常以十进制表示,并以"."分隔。IP 地址是一种逻辑地址,用来标识网络中一个个主机,在本地局域网上是唯一的。

IP(网络之间互连的协议)它是能使连接到网上的所有计算机网络实现相互通信的一套规则,规定了计算机在因特网上进行通信时应当遵守的规则。任何厂家生产的计算机系统,只要遵守 IP 协议就可以与因特网互联互通。IP 地址有唯一性,即每台机器的 IP 地址在全世界是唯一的。这里指的是网络上的真实 IP,它是通过本机 IP 地址和子网掩码的"与"运算,然后再通过各种处理算出来的。

(2) 子网掩码

要想理解什么是子网掩码,就不能不了解 IP 地址的构成。互联网是由许多小型网络构成的,每个网络上都有许多主机,这样便构成了一个有层次的结构。IP 地址在设计时就考虑到地址分配的层次特点,将每个 IP 地址都分割成网络号和主机号两部分,以便于 IP 地址的寻址操作。

IP 地址的网络号和主机号各是多少位呢？如果不指定,就不知道哪些位是网络号、哪些是主机号,这就需要通过子网掩码来实现。子网掩码必须结合 IP 地址一起使用。子网掩码只有一个作用,就是将某个 IP 地址划分成网络地址和主机地址两部分。子网掩码的设定必须遵循一定的规则。与 IP 地址相同,子网掩码的长度也是 32 位,左边是网络位,用二进制数字 1 表示;右边是主机位,用二进制数字 0 表示。假设 IP 地址为"192.168.1.1",子网掩码为"255.255.255.0"。其中,"1"有 24 个,代表与此相对应的 IP 地址左边 24 位是网络号;"0"有 8 个,代表与此相对应的 IP 地址右边 8 位是主机号。这样,子网掩码就确定了一个 IP 地址的 32 位二进制数字中哪些是网络号、哪些是主机号。这对于采用 TCP/IP 协议的网络来说非常重要,只有通过子网掩码,才能表明一台主机所在的子网与其他子网的关系,使网络正常工作。下面是最常用的两种子网掩码。

- 子网掩码是"255.255.255.0"的网络：最后面一个数字可以在 0～255 范围内任意变化,因此可以提供 256 个 IP 地址。但是实际可用的 IP 地址数量是 256−2,即 254 个,因为主机号不能全是 0 或全是 1。
- 子网掩码是"255.255.0.0"的网络：后面两个数字可以在 0～255 范围内任意变化,可以提供 2 552 个 IP 地址。但是实际可用的 IP 地址数量是 255^2-2,即 65 023 个。

IP 地址的子网掩码设置不是任意的。如果将子网掩码设置过大,也就是说子网范围扩大,那么,根据子网寻径规则,很可能发往和本地主机不在同一子网内的目标主机的数据,会因为错误的判断而认为目标主机是在同一子网内,那么,数据包将在本子网内循环,直到超时并抛弃,使数据不能正确到达目标主机,导致网络传输错误;如果将子网掩码设置得过小,那么就会将本来属于同一子网内的机器之间的通信当作是跨子网传输,数据包都交给默认网关处理,这样势必增加默认网关的负担,造成网络效率下降。因此,子网掩码应该根据网络的规模进行设置。如果一个网络的规模不超过 254 台电脑,采用"255.255.255.0"作为子网掩码就可以了,现在大多数局域网都不会超过这个数字,因此"255.255.255.0"是最常用的 IP 地址子网掩码;假如在一所大学有 1 500 多台计算机,这种规模的局域网可以使用"255.255.0.0"。

（3）网关

网关实质上是一个网络通向其他网络的 IP 地址。例如,有网络 A 和网络 B,网络 A 的 IP 地址范围为"192.168.1.1～192.168.1.254",子网掩码为 255.255.255.0;网络 B 的 IP 地址范围为"192.168.2.1～192.168.2.254",子网掩码为 255.255.255.0。在没有路由器的情况下,两个网络之间是不能进行 TCP/IP 通信的,即使是两个网络连接在同一台交换机(或集线器)上,TCP/IP 协议也会根据子网掩码(255.255.255.0)判定两个网络中的主机处在不同的网络里。而要实现这两个网络之间的通信,则必须通过网关。如果网络 A 中的主机发现数据包的目标主机不在本地网络中,就把数据包转发给它自己的网关,再由网关转发给网络 B 的网关,网络 B 的网关再转发给网络 B 的某个主机。网络 B 向网络 A 转发数据包的过程也是如此。所以说,只有设置好网关的 IP 地址,TCP/IP 协议才能实现不同网络之间的相互通信。那么这个 IP 地址是哪台计算机的 IP 地址呢？网关的 IP 地址是具有路由功能的设备的 IP 地址,具有路由功能的设备有路由器、启用了路由协议的服务器(实质上相当于一台路由器)、代理服务器(也相当于一台路由器)。

(4) 路由器

路由器在 Windows 下叫默认网关,网关就是路由,路由就是网关。如果搞清了什么是网关,默认网关也就好理解了。就好像一个房间可以有多扇门一样,一台主机可以有多个网关。默认网关的意思是一台主机如果找不到可用的网关,就把数据包发给默认指定的网关,由这个网关来处理数据包。现在主机使用的网关,一般指的是默认网关。

如何设置默认网关？一台计算机的默认网关是不可以随随便便指定的,必须正确地指定,否则一台计算机就会将数据包发给不是网关的计算机,从而无法与其他网络的计算机通信。默认网关的设定有手动设置和自动设置两种方式。

- 手动设置：手动设置适用于计算机数量比较少、TCP/IP 参数基本不变的情况,例如只有几台到十几台计算机。因为这种方法需要在联入网络的每台计算机上设置"默认网关",非常费劲,一旦因为迁移等原因导致必须修改默认网关的 IP 地址,就会给网管带来很大的麻烦,所以不推荐使用。需要特别注意的是：默认网关必须是计算机自己所在的网段中的 IP 地址,而不能填写其他网段中的 IP 地址。

- 自动设置：自动设置就是利用 DHCP 服务器来自动给网络中的计算机分配 IP 地址、子网掩码和默认网关。这样做的好处是一旦网络的默认网关发生了变化时,只要更改 DHCP 服务器中默认网关的设置,那么网络中所有的计算机均获得了新的默认网关的 IP 地址。这种方法适用于网络规模较大、TCP/IP 参数有可能变动的网络。另外一种自动获得网关的办法是通过安装代理服务器软件(如 MS Proxy)的客户端程序来自动获得,其原理和方法与 DHCP 有相似之处。由于篇幅所限,就不再详述了。

(5) 默认网关

默认网关(default gateway)是计算机网络中将数据包转发到其他网络中的结点。在一个典型的 TCP/IP 网络中,结点(如服务器、工作站和网络设备)都有一个定义的默认路由设置(指向默认网关)。可以在没有特定路由的情况下,明确发送数据包的下一跳 IP 地址。

(6) DNS 服务器

在 Internet 上域名与 IP 地址之间是一一对应的,域名虽然便于人们记忆,但计算机之间只能互相认识 IP 地址,它们之间的转换工作称为域名解析,域名解析需要由专门的域名解析服务器来完成,DNS(Domain Name Server)就是进行域名解析的服务器。

(7) DHCP 服务器

DHCP 指的是由服务器控制一段 IP 地址范围,客户机登录服务器时就可以自动获得服务器分配的 IP 地址和子网掩码,以提升地址的使用率。

(8) MAC 地址

MAC(Media Access Control,介质访问控制)地址就如同我们身份证上的号码,具有全球唯一性。MAC 地址的前 24 位叫做组织唯一标识符(Organizationally Unique Identifier,OUI),是由 IEEE 的注册管理机构给不同厂家分配的代码,区分了不同的厂家。后 24 位是由厂家自己分配的,称为扩展标识符。同一个厂家生产的网卡中 MAC 地址后 24 位是不同的。

网卡的物理地址通常是由网卡生产厂家烧入网卡的 EPROM(一种闪存芯片,通常可以通过程序擦写),它存储的是传输数据时真正赖以标识发出数据的计算机和接收数据的主机的地址。也就是说,在网络底层的物理传输过程中,是通过物理地址来识别主机的,它一定是全球唯一的。例如,著名的以太网卡,其物理地址是 48 位的整数,如 44-45-53-54-00-00,以机器可读的方式存入主机接口中。以太网地址管理机构将以太网地址,也就是 48 位的不同组合,分为若干独立的连续地址组,生产以太网网卡的厂家就购买其中一组,具体生产时,逐个将唯一地址赋予以太网卡。

在一个稳定的网络中,IP 地址和 MAC 地址是成对出现的。如果一台计算机要和网络中另一台计算机通信,那么要配置这两台计算机的 IP 地址,MAC 地址是网卡出厂时设定的,这样配置的 IP 地址就和 MAC 地址形成了一种对应关系。在数据通信时,IP 地址负责表示计算机的网络层地址,网络层设备(如路由器)根据 IP 地址来进行操作;MAC 地址负责表示计算机的数据链路层地址,数据链路层设备(如交换机)根据 MAC 地址来进行操作。IP 和 MAC 地址这种映射关系由 ARP(Address Resolution Protocol,地址解析协议)协议完成。

3. 服务器

按照软件开发阶段来分类,服务器可以大致分为以下两种。

(1) 远程服务器

别名:外网服务器、正式服务器。

使用阶段:应用上线后使用的服务器。

使用人群:供全体用户使用。

速度:服务器的性能、用户的网速。

(2) 本地服务器

别名:内网服务器、测试服务器。

使用阶段:应用处于开发、测试阶段使用的服务器。

使用人群:仅供公司内部的开发人员、测试人员使用。

速度:由于是局域网,所以速度飞快,有助于提高开发测试效率。

远程服务器就是本地内网服务器开放外网访问而已,如果处于学习、开发阶段,自己搭建一个本地服务器即可。

4. 端口号

端口包括物理端口和逻辑端口。物理端口是用于连接物理设备之间的接口,逻辑端口是逻辑上用于区分服务的端口。TCP/IP 协议中的端口就是逻辑端口,通过不同的逻辑端口来区分不同的服务。端口有什么用呢? 我们知道,一台拥有 IP 地址的主机可以提供许多服务,比如 Web 服务、FTP 服务、SMTP 服务等,这些服务完全可以通过一个 IP 地址来实现。那么,主机是怎样区分不同的网络服务呢? 显然不能只靠 IP 地址,因为 IP 地址与网络服务的关系是一对多的关系。实际上是通过"IP 地址+端口号"来区分不同的服务的。

- 公认端口(well-known ports):这类端口也常称之为"常用端口"。这类端口的端口号从 0 到 1023,它们紧密绑定于一些特定的服务。通常这些端口的通信明确表明了某种服务的协议,这种端口是不可再重新定义其作用对象的。例如,80 端口实际上总是 HTTP 通信所使用的,而 23 号端口则是 TELNET 服务专用的。
- 注册端口(registered ports):端口号从 1 025 到 49 151。分配给用户进程或应用程序。这些进程主要是用户选择安装的一些应用程序,而不是分配好的公认端口的常用程序。

动态端口(dynamic and/or private port)之所以称为动态端口,因为它一般不固定分配某种服务,而是动态分配。

5. IP 地址

(1) IP 地址的数值表示

日常工作中用 4 个以小数点隔开的十进制整数(数值范围如图 6-13 所示)来表示一个 IP 地址。每部分的十进制的整数实际上由 8 个二进制数(位)组成。所以每个数字最大为 255(全 1),最小为 0(全 0)。

二进制	11001000	01110010	00000110	00110011
十进制	200 .	114 .	6 .	51

图 6-13　IP 地址数值表示

(2) IP 的结构和分类

在 IP 地址的四部分中,又可以分成两大部分:第一大部分是网络号(用来标识网络),第二大部分是主机号(标识在某个网络上的一台特定的主机)。大家可能会问,那在这四部分中,哪部分表示网络,哪部分表示主机呢? 因此,我们把 IP 地址分成 A、B、C、D、E 五类。其中 A、B、C 类是三种主要的类型地址,D 类专供多播传送用的多播地址,E 类用于扩展备用地址(科研用)。A 类和 B 类 IP 地址分类如图 6-14 所示。

- A 类 IP 地址:一个 A 类 IP 地址由 1 字节的网络地址和 3 字节主机地址组成,网络地址的最高位必须是 0,即第 1 字节是以 0×××××××开头,地址范围从 1.0.0.0 到 126.0.0.0。可用的 A 类网络有 126 个,每个网络能容纳 1 亿多个主机。需要注意的是网络号不能为 127,这是因为该网络号被保留用作回路及诊断功能。
- B 类 IP 地址:一个 B 类 IP 地址由 2 个字节的网络地址和 2 个字节的主机地址组成,网络地址的最高位必须是 10,即第 1 字节是以 10××××××开头,地址范围从 128.0.0.0 到 191.255.255.255。可用的 B 类网络有 16 382 个,每个网络能容纳 6 万多个主机。
- C 类 IP 地址:一个 C 类 IP 地址由 3 字节的网络地址和 1 字节的主机地址组成,

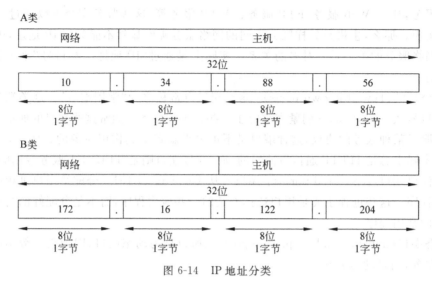

图 6-14　IP 地址分类

网络地址的最高位必须是 110。即第 1 字节是以 110×××× 开头,范围从 192.0.0.0 到 223.255.255.255。C 类网络可达 209 万余个,每个网络能容纳 254 个主机。

D 类地址用于多点广播(multicast):D 类 IP 地址第一个字节以 1110 开始,即第 1 字节是以 1110×××× 开头,它是一个专门保留的地址。它并不指向特定的网络,目前这一类地址被用在多点广播中。多点广播地址用来一次寻址一组计算机,它标识共享同一协议的一组计算机。

E 类 IP 地址:以 11110 开始,即第 1 字节是以 11110××× 开头,为将来使用保留(科研用)。

注意:全零(0.0.0.0)地址对应于当前主机;全 1 的 IP 地址(255.255.255.255)是当前子网的广播地址。

6.8　无线传感器网络

随着传感器技术、嵌入式技术、分布式信息处理技术和无线通信技术的发展,以大量的具有微处理能力的微型传感器结点组成的无线传感器网络(WSN)逐渐成为研究热点问题。与传统无线通信网络 Ad Hoc 网络相比,WSN 的自组织性、动态性、可靠性和以数据为中心等特点,使其可以应用到人员无法到达的地方,比如战场、沙漠等。因此,可以断定未来无线传感器网络将有更为广泛的前景。

无线传感器网络(Wireless Sensor Networks,WSN)是一种分布式传感网络,由大量的静止或移动的传感器以自组织和多跳的方式构成的无线网络,以协作地感知、采集、处理和传输网络覆盖地理区域内被感知对象的信息,并最终把这些信息发送给网络的所有者。传感器、感知对象和观察者构成了无线传感器网络的三个要素。

无线传感器网络具有众多类型的传感器,可探测包括地震,电磁,温度,湿度,噪声,光强度,压力,土壤成分,移动物体的大小、速度和方向等周边环境中多种多样的现象。潜在的应用领域包括军事、航空、防爆、救灾、环境、医疗、保健、家居、工业、商业等。与传统有线网络相比,无线传感器网络技术具有很明显的优势特点:低能耗、低成本、通用性、网络拓扑、安全、实时性、以数据为中心等。

6.8.1　无线传感器网络系统典型结构

采用同构网络实现远程监测的无线传感器网络系统典型结构,由传感器结点、汇聚结点、服务器端的 PC 和客户端的 PC 四大硬件环节组成(如图 6-15 所示),各组成环节功能如下。

- 传感器结点:部署在监测区域(A 区),通过自组织方式构成无线网络。传感器结点监测的数据沿着其他结点逐跳进行无线传输,经过多跳后达到汇聚结点(B 区)。
- 汇聚结点:是一个网络协调器,负责无线网络的组建,再将传感器结点无线传输进来的信息与数据通过 SCI(串行通信接口)传送至服务器端 PC。
- 服务器端 PC:是一个位于 B 区的管理结点,也是独立的 Internet 网关结点。在 LabVIEW 软件平台上面有两个软件:一是对传感器无线网络进行监测管理的软件平台 VI,即一个监测传感器无线网络的虚拟仪器 VI;二是 Web Server 软件模块和远程面板技术(remote panel),可实现传感器无线网络与 Internet 的连接。
- 客户端 PC:客户端 PC 上无须进行任何软件设计,在浏览器中就可调用服务器 PC 中无线传感器网络监测虚拟仪器的前面板,实现远程异地(C 区)对传感器无线网络(A 区)的监测与管理。

远程监测无线传感器网络系统结构框图如图 6-15 所示。

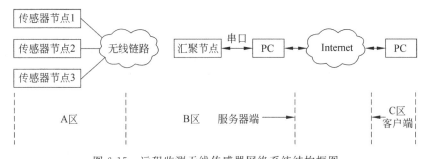

图 6-15　远程监测无线传感器网络系统结构框图

1. 无线传感器网络中的传感器结点

(1)传感器及其调理电路

应根据无线传感器网络所在的地区环境特点来选择传感器,以适应环境温度变化范围、尺寸体积等特殊要求。传感器所配接的调理电路将传感器输出的变化量转换成能与 A/D 转换器相适配的 0~2.5V 或 0~5V 的电压信号。当处于无电网供电地区时,传感器及其调理电路都应是低功耗的。

（2）数据采集及 A/D 转换器与微处理器系统

传感器结点中的计算机系统是低功耗的单片微处理器系统，可以适应远离测试中心、偏远地区恶劣环境的工作条件。如美国德克萨斯州仪器（TI）公司生产的 MSP430-F149A 超低功耗混合信号处理器（mixed signal processor），它内部自带采样/保持器和 12 位 A/D 转换器，可对信号进行采集、转换以及对全结点系统进行指令控制和数据处理。

（3）射频模块

射频模块接收外部无线指令并将传感器检测到的被测参量数据信息无线发送出去，如 TI 公司的 CC2420 无线收发芯片。

（4）电源

无线传感器网络中对传感器结点的供电是一个极具特殊性的正处于研究热点的技术问题。若结点处于远离电网的偏远地区，一般采用电池供电或无线射频供电方式。

2. 无线传感器网络中的汇聚结点

无线传感器网络汇聚结点是一个网络协调器，操作 PC 中监测管理软件平台的面板控件，在其指令下负责执行无线传感器网络的配置与组建，并将接收到的传感器结点无线传输的数据信息再传至 PC。通常协调器主要由微处理器系统、射频模块、通信接口以及电源四个部分组成，其硬件组成框图如图 6-16 所示。

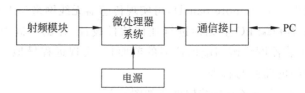

图 6-16 无线网络协调器硬件组成框图

（1）通信接口

协调器中的通信接口负责与 PC 进行通信。一方面，当操作 PC 中无线传感器网络监测平台 VI 前面板上的相应控件时，通信接口负责传递下达的相应指令，如检索网络、发送数据等；另一方面，协调器接收到传感器结点无线发送的数据信息时，也将其通过通信接口上传到 PC 中。

（2）微处理器系统

协调器中的微处理器是整个无线传感器网络的主控制器，是协调器的核心。

（3）射频模块

该射频模块将接收传感器结点无线发送的数据信息，经通信接口上传至 PC；另一方面，以无线传输方式下达 PC 对传感器结点的操作指令。

6.8.2 无线传感器网络通信协议

到目前为止，无线传感器网络的标准化工作受到了许多国家及国际标准组织的普遍关注,已经完成了一系列草案甚至标准规范的制定。其中最出名的就是 IEEE 802.15.4/ZigBee 规范,它甚至已经被一部分研究及产业界人士视为标准。IEEE 802.15.4 定义了短距离无线通信的物理层及链路层规范,ZigBee 则定义了网络互联、传输和应用规范。尽管 IEEE 802.15.4 和 ZigBee 协议已经推出多年,但随着应用的推广和产业的发展,其基本协议内容已经不能完全适应需求,加上该协议仅定义了联网通信的内容,没有对传感器部件提出标准的协议接口,所以难以承载无线传感器网络技术的梦想与使命;另外,该标准在落地不同国家或地区时,也必然要受到该国家或地区现行标准的约束。为此,人们开始以 IEEE 802.15.4/ZigBee 协议为基础,推出更多版本以适应不同应用、不同国家和地区。

尽管存在不完善之处,IEEE 802.15.4/ZigBee 仍然是目前产业界发展无线传感网技术当仁不让的最佳组合。本节将重点介绍 IEEE 802.15.4/ZigBee 协议规范,并适当顾及传感网技术关注的其他相关标准。当然,无线传感器网络的标准化工作任重道远。首先,无线传感网络毕竟还是一个新兴领域,其研究及应用都还显得相当年轻,产业的需求还不明朗;其次,IEEE 802.15/ZigBee 并非针对无线传感网量身定制,在无线传感网环境下使用有些问题需要进一步解决;另外,专门针对无线传感网技术的国际标准化工作还刚刚开始,国内的标准化工作组也还刚刚成立。

物联网以现有的互联网和各种专有的网为基础,传输通过感知层采集汇总的各类数据,实现数据的实时传输并保证数据安全。目前的有线和无线互联网、2G 和 3G 网络等,都可以作为传输层的组成部分。在智能小区、智能家居等物联网终端普及的未来,为了保证无线传输数据的安全,无线传输协议显得尤为重要。

以下介绍物联网中常见的无线传输常用技术。

1. RFID

RFID(radio frequency identification)即射频识别,俗称电子标签。它是一种非接触式的自动识别技术,通过射频信号自动识别目标对象并获取相关数据。

RFID 由标签(tag)、解读器(reader)和天线(antenna)三个基本要素组成。RFID 技术的基本工作原理并不复杂,标签进入磁场后,接收解读器发出的射频信号,凭借感应电流所获得的能量发送存储在芯片中的产品信息(passive tag,无源标签或被动标签),或者主动发送某一频率的信号(active tag,有源标签或主动标签),解读器读取信息并解码后,送至中央信息系统进行有关数据处理。

RFID 可被广泛应用于安全防伪、工商业自动化、财产保护、物流业、车辆跟踪、停车场和高速公路的不停车收费系统等。从行业上讲,RFID 将渗透到包括汽车、医药、食品、交通运输、能源、军工、动物管理以及人事管理等各个领域。

2. 红外

红外技术是无线通信技术的一种,可以进行无线数据的传输。红外有明显的特点:点对点的传输方式,无线,不能离得太远,要对准方向,不能穿越墙体与障碍物,几乎无法控制信息传输的进度。802.11 物理层标准中,除了使用 2.4GHz 频率的射频外,还包括了红外的有关标准。IrDA1.0 支持最高 115.2kb/s 的通信速率，IrDA1.1 支持到 4Mb/s。该技术基本上已被淘汰，被蓝牙和更新的技术代替。

3. ZigBee

ZigBee 是一种新兴的短距离、低功耗、低速率的无线网络技术。ZigBee 的基础是 IEEE 802.15.4，这是 IEEE 无线个人区域工作组的一项标准。但 IEEE 802.15.4 仅处理低级 MAC 层和物理层协议，所以 ZigBee 联盟对其网络层和 API 进行了标准化，同时联盟还负责其安全协议、应用文档和市场推广等。

ZigBee 联盟成立于 2001 年 8 月，由英国 Invensys、日本三菱电气、美国摩托罗拉、荷兰飞利浦半导体等公司共同组成。ZigBee 与 Bluetooth（蓝牙）、Wi-Fi（无线局域网）同属于 2.4GHz 频段的 IEEE 标准网络协议，由于性能定位不同，各自的应用也不同。

ZigBee 有显著的特点：超低功耗，网络容量大，数据传输可靠，时延短，安全性好，实现成本低。在 ZigBee 技术中，采用对称密钥的安全机制，密钥由网络层和应用层根据实际应用需要生成，并对其进行管理、存储、传送和更新等。因此，在未来的物联网中，ZigBee 技术显得尤为重要，已在美国的智能家居等物联网领域中得到广泛应用。

4. 蓝牙

蓝牙（Bluetooth）是 1998 年 5 月，东芝、爱立信、IBM、Intel 和诺基亚等公司共同提出的技术标准。作为一种无线数据与语音通信的开放性全球规范，蓝牙以低成本的近距离无线连接为基础，为固定与移动设备通信环境建立一个特别连接，完成数据信息的短程无线传输。其实质内容是要建立通用的无线电空中接口（radio air interface）及其控制软件的公开标准，使通信和计算机进一步结合，使不同厂家生产的便携式设备在没有电线或电缆相互连接的情况下，能够在近距离范围内具有互用、互操作的性能。

蓝牙以无线 LAN 的 IEEE 802.11 标准技术为基础。应用了 Plonkandplay 的概念（有点类似"即插即用"），即任意一个蓝牙设备一旦搜寻到另一个蓝牙设备，马上就可以建立联系，而无须用户进行任何设置，因此可以解释成"即连即用"。

蓝牙技术有成本低、功耗低、体积小、近距离通信、安全性好的特点。蓝牙在未来的物联网发展中将得到一定的应用，特别是应用在办公场所、家庭智能家居等环境中。

5. GPRS

通用分组无线服务技术（General Packet Radio Service，GPRS）使用带移动性管理的分组交换模式以及无线接入技术。GPRS 可说是 GSM 的延续。GPRS 和以往连续在频道传输的方式不同，是以封包（Packet）方式来传输，因此使用者所负担的费用是以其传输资料单位来计算，并非使用其整个频道，理论上较为便宜。GPRS 的传输速率可提升至 56 甚至 114Kb/s。但 GPRS 技术不太适合智能家居使用，主要应用在电信网络。

6. 3G

3G（第三代移动通信技术）是指支持高速数据传输的蜂窝移动通信技术。3G 服务能够同时传送声音及数据信息，速率一般在几百 Kb/s 以上。目前 3G 存在四种标准：CDMA2000（美国版）、WCDMA（欧洲版）、TD-SCDMA（中国版）、WiMAX。国际电信联盟（ITU）在 2000 年 5 月确定 WCDMA、CDMA2000、TD-SCDMA 三大主流无线接口标准，写入 3G 技术指导性文件《2000 年国际移动通讯计划》。2007 年，WiMAX 亦被接受为 3G 标准之一。

CDMA 是 Code Division Multiple Access（码分多址）的缩写，是第三代移动通信系统的技术基础。第一代移动通信系统采用频分多址（FDMA）的模拟调制方式，而这种系统的主要缺点是频谱利用率低，信令干扰话音业务。

第二代移动通信系统主要采用时分多址（TDMA）的数字调制方式，提高了系统容量，并采用独立信道传送信令，使系统性能大大改善，但 TDMA 的系统容量仍然有限，越区切换性能仍不完善。而 CDMA 系统以其频率规划简单、系统容量大、频率复用系数高、抗多径能力强、通信质量好、软容量、软切换等特点显示出巨大的发展潜力。

7. 4G

4G 技术又称 IMT-Advanced 技术。准 4G 标准，是业内对 TD 技术向 4G 的最新进展的 TD-LTE-Advanced 称谓。对于 4G 中将使用的核心技术，业界并没有太大的分歧。总结起来，有正交频分复用（OFDM）技术、软件无线电、智能天线技术多输入多输出（MIMO）技术和基于 IP 的核心网五种。

由于人们研究 4G 通信的最初目的就是提高蜂窝电话和其他移动装置无线访问 Internet 的速率，因此 4G 通信给人印象最深刻的特征莫过于它具有更快的无线通信速度。此外，4G 还有网络频谱宽、通信灵活、智能性能高、兼容性好、费用便宜等优点。

4G 通信技术并非完美无缺，主要体现在以下几个方面：一是 4G 通信技术的技术标准难以统一。二是 4G 通信技术的市场推广难以实现。三是 4G 通信技术的配套设施难以更新。

8. Wi-Fi

Wi-Fi 全称为 Wireless Fidelity，又称 IEEE 802.11b 标准，它最大的优点就是传输的速度较高，可以达到 11Mb/s，另外它的有效距离也很长，同时也与已有的各种 IEEE 802.11 DSSS（直接序列展频技术，Direct Sequence Spread Spectrum）设备兼容。Wi-Fi 结构示意图如图 6-17 所示。

IEEE 802.11b 无线网络规范是在 IEEE 802.11a 网络规范基础之上发展起来的，最高带宽为 11Mb/s，在信号较弱或有干扰的情况下，带宽可调整为 5.5Mb/s、2Mb/s 和 1Mb/s。带宽的自动调整有效地保障了网络的稳定性和可靠性。

Wi-Fi 无线保真技术与蓝牙技术一样，属于办公室与家庭使用的短距离无线技术，使用频段是 2.4GHz 附近的频段，该频段目前尚属没用许可的无线频段，可以使用的标准有两个，即 802.11ay 与 802.11b，802.11g 是 802.11b 的继承。其主要的特性为速度快、可靠性高。在开放区域，其通信距离可达 305m。在封闭性区域其通信距离为 76～122m，方便与现有的有线以太网整合，组网的成本更低。

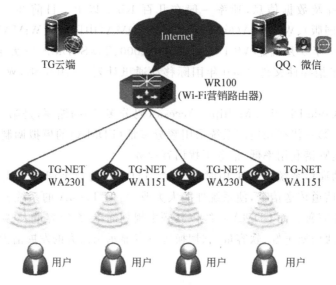

图 6-17　Wi-Fi 结构示意图

各类标准对比如表 6-1 所示。

表 6-1　各类标准对比

标准	GPRS/GSM 1xRTT/CDMA	Wi-Fi 802.11b	Bluetooth 802.15.1	ZigBee 802.15.4
应用重点	广阔范围 声音 & 数据	Web,E-mail,图像	电缆替代品	监测 & 控制
系统资源	16MB+	1MB+	250KB+	4～32KB
电池寿命（天）	1～7	0.5～5	1～7	100～1 000+
网络大小	1	32	7	255/65 000
带宽（KB/s）	64～128+	11 000+	720	20～250
传输距离（m）	1 000+	1～100	1～10+	1～100+
成功尺度	覆盖面大,质量	速度,灵活性	价格便宜,方便	可靠,低功耗,价格便宜

9. NB-IoT

NB-IoT 即窄带物联网(Narrow Band -Internet of Things),是物联网技术的一种,具有低成本、低功耗、广覆盖等特点,定位于运营商级、基于授权频谱的低速率物联网市场,拥有广阔的应用前景。

NB-IoT 技术包含六大主要应用场景,包括位置跟踪、环境监测、智能泊车、远程抄表、农业和畜牧业。而这些场景恰恰是现有移动通信很难支持的场景。市场研究公司 Machina 预测,NB-IoT 技术未来将覆盖 25% 的物联网连接。NB-IoT 是 3GPP R13 阶段 LTE 的一项重要增强技术,射频带宽可以低至 0.18MHz。NB-IoT 是 NB-CIoT 和 NB-

LTE 两种标准的融合,平衡了各方利益,并适用于更广泛的部署场景。其中,华为、沃达丰、高通等公司支持 NB-CIoT;爱立信、中兴、三星、英特尔、MTK 等公司支持 NB-LTE。NB-CIoT、NB-LTE 与标准 NB-IoT 相比都有较大差异,终端无法平滑升级,一些非标基站甚至面临退网风险。

随着物联网技术和应用的不断发展,无线传输协议将迎来前所未有的发展,其在未来智能化系统中的应用也将会呈现爆发性的增长。

了解与掌握 ZigBee、蓝牙、Wi-Fi、RFID 等核心技术,研制相应的接口以及无线通信产品模块化,绝对是企业创造商机的正确手段。无线传输协议始终是物联网发展的一个关键技术,也将是未来物联网发展中的重中之重。

6.8.3　无线传感器网络与 Internet 的互联

同构网络引入一个或几个无线传感器网络传感器结点作为独立的网关结点并以此为接口接入互联网,即把与互联网标准 IP 协议的接口置于无线传感器网络外部的网关结点。这样做比较符合无线传感器网络的数据流模式,易于管理,无须对无线传感器网络本身进行大的调整;缺点是会使得网关附近的结点能量消耗过快并可能会造成一定程度的信息冗余。

异构网络的特点是部分能量高的结点被赋予 IP 地址,作为与互联网标准 IP 协议的接口。这些高能力结点可以完成复杂的任务,承担更多的负荷,难点在于无法对结点的所谓"高能力"有一个明确的定义。同时,如何使得 IP 结点之间通过其他普通结点进行通信也是一个技术难题。

6.8.4　WSN 的特点及优势

WSN(无线传感器网络)并不非常简单地理解为利用无线通信方式多个传感器结点进行组网,它具有本身的特性及优势。

1. 网络规模大(结点数量多)

例如,对森林、草原进行防火监控,野生动物活动情况监测,环境监测等往往要布置大量的无线传感器结点,布设范围也远远超过一般的局域网范围。

布置大量的无线传感器结点的优点如下。
① 提高整体监测的精确度;
② 降低对单个结点的精确要求;
③ 大量冗余结点的存在使得系统有较强的容错性。

2. 自组织网络

与局部网的布设不同,无线传感器结点的位置在布设前不能事先确定(飞机撒布、人员随机布设),结点之间的互相邻居关系也不能事先确定。

要求无线传感器结点具有自组织能力，能够自动进行配置管理。实现的方法是通过拓扑控制机制和网络路由协议自动形成能够转发数据的多跳无线网络系统。

3. 动态性网络

无线传感器网络的拓扑结构经常改变。其原因是：

① 被动改变：传感器结点电能耗尽；环境变化造成通信故障；传感器结点本身出现故障。

② 主动改变：增加新结点；根据路由算法的优化作出改变。

4. 可靠性强

① 传感器结点本身硬件结构可靠。

- 布设时：可能通过飞机撒布，人员随机撒布。
- 工作时：风吹、日晒、雨林、严寒、酷暑。
- 维护性：维护十分困难（几乎不可能）。

② 网络结构可靠。

自组织网、动态性保证基本的信息传输正常。

③ 软件可靠。

④ 信息保密性强。

5. 以数据为中心

在互联网中终端、主机、路由器、服务器等设备都有自己的 IP 地址。想访问互联网中资源，必须先知道存放资源的服务器的 IP 地址。因此，互联网是一个以地址为中心的网络，而无线传感器网络是任务型网络。

在 WSN 中，结点虽然也有编号。但是编号是否在整个 WSN 中统一取决于具体需要。另外结点编号与结点位置之间也没有必然联系。用户使用 WSN 查询事件时，将关心的事件报告给整个网络而不是某个结点。许多时候只关心结果数据如何，而不关心是哪个结点发出的数据。

WSN 采用微型传感器结点采集信息，各结点间具有自组织和协同工作的能力，网络内部采用无线多跳通信方式，与传统的 SN(传感器网络)相比具有以下优势。

① 精确高：实现单一的传感器无法实现的密集空间采样及近距离监测。

② 灵活性强：一经部署无须人为干预。

③ 可靠性高：可以避免单点失效问题。

④ 性价比高：降低有线传输成本，随着技术的发展，传感器成本低。

6.8.5　WSN 应用领域

由于 WSN 的特殊性，其应用领域与普通网络相比有着显著的区别，主要包括以下几类。

1. 军事应用

利用 WSN 可以快速部署、自行组织网络、隐蔽性强、高容错性的特点,可以在战场上广泛应用,包括对敌军兵力、武器的监测,战场实时监视,目标定位与锁定,战果评估等。

2. 紧急和临时场合

在遭受自然灾难打击后,固定的通信网络设施可能被全部摧毁或无法正常工作,边远或偏僻野外地区、植被不能破坏的自然保护区,无法采用固定或预设的网络设备进行通信。这些情况下,都可以利用 WSN 的快速展开和自组织特点来解决问题。

3. 环境监测

例如农田灌溉情况监控、土壤成分监测、环境污染情况监测、森林火灾报警、水情监测、气温监测、光照时间数据的采集等许多场合。

4. 医疗护理

包括患者生理数据采集,医疗器材的管理,药品的发放以及关键人员的跟踪、定位等。

5. 智能家居

在家电和家居中嵌入 WSN 的传感器结点,并与互联网连接在一起,可以提供更舒适、方便、更具人性化的家居环境。

6. 工厂监控

例如,化工、石油、电力、机械加工、纺织印染等行业采用 WSN 技术可以很方便地进行监测。

6.8.6 WSN 应用存在的问题及研究热点

在无线传感器网络的设计应用过程中,有多种基础性技术是支撑传感器网络完成任务的关键,这些关键技术是保证网络用户功能正常运行的前提。

1. 网络协议

在无线传感器网络的网络协议研究中,MAC 协议和路由协议是研究的重点。
常用的 MAC 协议有 IEEE 802.15.4、S-MAC 及 T-MAC 协议等;路由协议有 SPIN、DO、GEM、LEACH 等。

2. 时间同步

在 WSN 中,传感器结点通常需要相互合作,完成复杂的检测和感知任务,这需要各结点保持时间上的一致性,方便处理与时间有关的操作;WSN 的一些节能方案也通过时间同步来实现的。

目前,在 WSN 中应用比较成熟的时间同步协议有 RBS(参考广播同步)、Tiny/mini-Sync(微小/迷你同步)以及 TPSN(Timing-sync 协议的传感器网络)三种。

3. 定位技术

在 WSN 中,传感器结点获得的检测数据一般是与位置相关联的,用户感兴趣的是收到的数据是从哪个位置送来的,在一些应用中,需要通过空间不同位置的传感器协调实现测量功能。因此,WSN 中的定位技术包括结点自身定位和目标定位两种。

定位技术可以利用现有的 GPS 等定位技术,也可以根据 WSN 自身特点采用一些适用、有效的定位算法,目前主要有 DV2hop 算法、位置分发算法、DV2distance 算法等。

4. 数据融合

由于 WSN 的各种局限,在满足用户需求的前提下,需要对监测数据进行融合处理,以节省通信带宽和能量,提高信息收集效率。从耗能角度看,各结点间的通信耗能远高于计算处理耗能。

目前数据融合的方法很多,常用的有综合平均法、卡尔曼滤波法、贝叶斯方法、神经网络法、统计决策理论、模糊逻辑法、产生式规则和 D-S 证据理论等。

5. 能量管理

WSN 的结点的电池充电和更换很困难。因此,在设计时,要致力于高效使用结点的能量,所以能量管理也是 WSN 研究的重要课题。

目前采用的能量管理策略主要有休眠机制、数据融合等,它们主要应用在计算机、存储单元及通信单元部分。休眠机制可以通过相应的硬件芯片、网络协议协调、动态电源管理及动态电压调度等多种措施实现。

6. 安全管理

在 WSN 中,安全管理主要体现在通信安全和信息安全两个方面。通信安全主要考虑结点的安全、被动抵御入侵、主动反击入侵三个方面的问题,信息安全主要考虑数据的机密性、数据鉴别、数据的完整性和实效性等方面。

目前,WSN 的安全研究内容主要包括:①物理层的高效加密算法、扩频抗干扰等,②数据链路层的安全 MAC 协议,③网络层的安全路由协议,④应用层的密钥管理和安全组播等。目前 WSN 中专用安全协议有 SNEP(网络安全加密)和 μTESLA(微型定时有效流容忍丢失认证协议)。

无线传感器网络是当前信息领域中研究的热点之一,可用于特殊环境实现信号的采集、处理和发送。无线传感器网络是一种全新的信息获取和处理技术,在现实生活中得到了越来越广泛的应用。目前,无线传感器网络作为一种获得和处理信息的新技术,正得到广泛的研究。随着通信技术、嵌入式技术、传感器技术的发展,传感器正逐渐向智能化、微型化、无线网络化方向发展。

6.9 网络安全

相对于传统系统而言,数字化网络的特点使得这些信息系统的运行方式,在信息采集、数据存储、数据交换、数据处理、信息传送上都有着根本的区别。无论是在计算机上的存储、处理和应用,还是在通信网络上交换、传输,信息都可能被非法授权访问而导致泄密,被篡改破坏而导致不完整,被冒充替换而不被承认,更可能因为阻塞拦截而无法存取,这些都是网络信息安全上的致命弱点。

6.9.1 网络安全的概念

网络安全是指网络系统的硬件、软件及其系统中的数据受到保护,不因偶然的或者恶意的原因而遭受破坏、更改、泄露,系统连续可靠正常地运行,网络服务不中断。

网络安全包含网络设备安全、网络信息安全、网络软件安全。从广义来说,凡是涉及网络信息的保密性、完整性、可用性、真实性和可控性的相关技术和理论,都是网络安全的研究领域。网络安全是一门涉及计算机科学、网络技术、通信技术、密码技术、信息安全技术、应用数学、数论、信息论等的综合性学科。

网络安全由于不同的环境和应用而产生了不同的类型,主要有以下几种。

- 系统安全:是指运行系统安全即保证信息处理和传输系统的安全。它侧重于保证系统正常运行,避免因为系统的崩溃和损坏而对系统存储、处理和传输的消息造成破坏和损失,避免由于电磁泄漏,产生信息泄露,干扰他人或受他人干扰。
- 网络安全:是指网络上系统信息的安全。包括用户口令鉴别,用户存取权限控制,数据存取权限、方式控制,安全审计,安全问题跟踪,计算机病毒防治,数据加密等。
- 信息传播安全:网络上信息传播安全,即信息传播后果的安全,包括信息过滤等。它侧重于防止和控制由非法、有害的信息进行传播所产生的后果,避免公用网络上大量自由传播的信息失控。
- 信息内容安全:网络上信息内容的安全。它侧重于保护信息的保密性、真实性和完整性。避免攻击者利用系统的安全漏洞进行窃听、冒充、诈骗等有损于合法用户的行为。其本质是保护用户的利益和隐私。

6.9.2 计算机病毒

1983 年 11 月 10 日,美国黑客弗雷德·科恩(如图 6-18 所示)公布首次将病毒程序在计算机上进行实验的结果。

1983 年,弗雷德·科恩还是一名南卡罗来纳大学工程学院的在读研究生,师从 RSA 加密法的三位发明者之———罗纳德·阿德莱曼。1983 年 11 月 3 日,科恩编写了世界上第一个计算机病毒,该病毒会自动复制并在计算机间进行传染从而引起系统死机。他将病毒加载到了一个名为 VD 的图形软件中,然后病毒隐藏在 VD 软件中并通过计算机系统进行传播。

科恩编写这一计算机病毒的最初目的仅仅是为了实验,他发现自己的病毒可在不到一个小时内传播到系统的各个部分,最快的传播速度是 5 分钟。虽然此前一些计算机专家也曾警告,计算机病毒是有可能存在的,但科恩是第一个真正通过实践记录计算机病毒的人,因此他也被誉为"计算机病毒之父"。

图 6-18　弗雷德·科恩

1983 年 11 月 10 日,科恩在一个计算机安全研讨会上公布了自己首次将病毒程序在 VAX/750 计算机上进行实验的研究结果,从而在实验上验证了计算机病毒的存在。他在论文中充满预见性地指出:"病毒可在计算机网络中像在计算机之间一样传播,这将给许多系统带来广泛和迅速的威胁,随着计算机技术的进步,病毒也随着计算机而'成长'"。计算机病毒一般具有如下特征。

(1) 繁殖性

计算机病毒可以像生物病毒一样进行繁殖,当正常程序运行时,它也运行自身复制,是否具有繁殖、感染的特征是判断某段程序为计算机病毒的首要条件。

(2) 破坏性

计算机中毒后,可能会导致正常的程序无法运行,计算机内的文件被删除或受到不同程度的损坏,引导扇区、BIOS、硬件环境被破坏。

(3) 传染性

计算机病毒传染性是指计算机病毒通过修改别的程序将自身的复制品或其变体传染到其他无毒的对象上,这些对象可以是一个程序也可以是系统中的某一个部件。

(4) 潜伏性

计算机病毒潜伏性是指计算机病毒可以依附于其他媒体寄生的能力,侵入后的病毒潜伏到条件成熟才发作。

(5) 隐蔽性

计算机病毒具有很强的隐蔽性,可以通过病毒软件检查出少数病毒,隐蔽性计算机病毒时隐时现、变化无常,这类病毒处理起来非常困难。

(6) 可触发性

编制计算机病毒的人,一般都为病毒程序设定了一些触发条件,例如,系统时钟的某个时间或日期、系统运行了某些程序等。一旦条件满足,计算机病毒就会"发作",使系统遭到破坏。

6.9.3　防火墙

防火墙通常使用的安全控制手段主要有包过滤、状态检测、代理服务。下面,我们将介绍这些手段的工作机理及特点。

包过滤技术是一种简单、有效的安全控制技术,它通过在网络间相互连接的设备上加载允许、禁止来自某些特定的源地址、目的地址、TCP 端口号等规则,对通过设备的数据包进行检查,限制数据包进出内部网络。包过滤的最大优点是对用户透明,传输性能高。但由于安全控制层次在网络层、传输层,安全控制的力度也只限于源地址、目的地址和端口号,因而只能进行较为初步的安全控制,对于恶意的拥塞攻击、内存覆盖攻击或病毒等高层次的攻击手段,则无能为力。

状态检测是比包过滤更为有效的安全控制方法。对新建的应用连接,状态检测检查预先设置的安全规则,允许符合规则的连接通过,并在内存中记录下该连接的相关信息,生成状态表。对该连接的后续数据包,只要符合状态表,就可以通过。这种方式的好处在于:由于不需要对每个数据包进行规则检查,而是一个连接的后续数据包(通常是大量的数据包)通过散列算法,直接进行状态检查,从而使得性能得到了较大提高;而且,由于状态表是动态的,因而可以有选择地、动态地开通 1024 号以上的端口,使得安全性得到进一步地提高。

1. 包过滤防火墙

包过滤防火墙一般在路由器上实现,用以过滤用户定义的内容,如 IP 地址。包过滤防火墙的工作原理是:系统在网络层检查数据包,与应用层无关。这样系统就具有很好的传输性能,可扩展能力强。但是,包过滤防火墙的安全性有一定的缺陷,因为系统对应用层信息无感知,也就是说,防火墙不理解通信的内容,所以可能被黑客所攻破。

2. 应用网关防火墙

应用网关防火墙检查所有应用层的信息包,并将检查的内容信息放入决策过程,从而提高网络的安全性。然而,应用网关防火墙是通过打破客户机/服务器模式实现的。每个客户机/服务器通信需要两个连接:一个是从客户端到防火墙,另一个是从防火墙到服务器。另外,每个代理需要一个不同的应用进程,或一个后台运行的服务程序,对每个新的应用必须添加针对此应用的服务程序,否则不能使用该服务。所以,应用网关防火墙具有可伸缩性差的缺点。

3. 状态检测防火墙

状态检测防火墙基本保持了简单包过滤防火墙的优点,性能比较好,同时对应用是透明的,在此基础上,安全性有了大幅提升。这种防火墙摒弃了简单包过滤防火墙仅仅考察进出网络的数据包,而不关心数据包状态的缺点,在防火墙的核心部分建立状态连接表,维护了连接,将进出网络的数据当成一个个事件来处理。可以这样说,状态检测包过滤防火墙规范了网络层和传输层行为。

4. 复合型防火墙

复合型防火墙是指综合了状态检测与透明代理的新一代的防火墙,进一步基于 ASIC 架构,把防病毒、内容过滤整合到防火墙里,其中还包括 VPN、IDS 功能。常规的防火墙并不能防止隐蔽在网络流量里的攻击,在网络界面对应用层扫描,把防病毒、内容过滤与防火墙结合起来,这体现了网络与信息安全的新思路。它在网络边界实施 OSI 第七层的内容扫描,实现了实时在网络边缘部署病毒防护、内容过滤等应用层服务措施。

6.9.4　入侵检测系统

入侵检测系统是通过软硬件,对网络、系统的运行状况进行监视,尽可能发现各种攻击企图、攻击行为或者攻击结果,以保证网络系统资源的机密性、完整性和可用性。

入侵检测可分为实时入侵检测和事后入侵检测两种。实时入侵检测在网络连接过程中进行,系统根据用户的历史行为模型、存储在计算机中的专家知识以及神经网络模型对用户的当前操作进行判断,一旦发现入侵迹象立即断开入侵者与主机的连接,并收集证据并实施数据恢复。这个检测过程是不断循环进行的。而事后入侵检测则是由具有网络安全专业知识的网络管理人员定期或不定期进行的,不具有实时性,因此防御入侵的能力不如实时入侵检测系统。

图 6-19 显示了一个入侵检测系统(IDS)的通用模型。一个入侵检测系统包括以下组件:

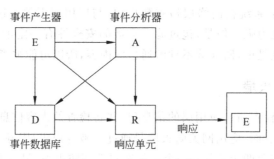

图 6-19　入侵检测系统模型

① 事件产生器(event generators);

② 事件分析器(event analyzers);

③ 响应单元(response units);

④ 事件数据库(event databases)。

IDS 中需要分析的数据统称为事件(event),它可以是网络中的数据包,也可以是从系统日志等其他途径得到的信息。

练　习　题

一、思考题

1. 因特网的发展大致分为哪三个阶段?并列举各个阶段的主要特点。

2. 计算机网络都有哪些类别?各类网络有哪些特点?

3. 网络协议的三个要素是什么？其各自含义是什么？

4. 网络体系结构为什么要采用分层的结构？

5. 简述具有 4 层协议的 TCP/IP 网络体系结构的要点。

二、单项选择题

1. Internet 的前身是（　　　）。

　　（A）Intranet　　　　（B）Ethernet　　　　（C）ARPAnet　　　　（D）Cerne

2. 常用的数据传输速率单位有 kb/s、Mb/s、Gb/s。1Gb/s 等于（　　　）。

　　（A）1×10^3 Mb/s　　（B）1×10^3 kb/s　　（C）1×10^6 Mb/s　　（D）1×10^9 kb/s

3. 一座大楼内的一个计算机网络系统，属于（　　　）。

　　（A）PAN　　　　　　（B）LAN　　　　　　（C）MAN　　　　　　（D）WAN

4. Internet 服务提供者的英文简写是（　　　）。

　　（A）DSS　　　　　　（B）NII　　　　　　（C）IIS　　　　　　（D）ISP

5. 下列交换方法中，（　　　）的传输延迟最小。

　　（A）报文交换　　　　　　　　　　　（B）线路交换

　　（C）分组交换　　　　　　　　　　　（D）数据报分组交换

6. 第二代计算机网络的主要特点是（　　　）。

　　（A）计算机-计算机网络

　　（B）以单机为中心的联机系统

　　（C）国际网络体系结构标准化

　　（D）各计算机制造厂商网络结构标准化

7. 在 TCP/IP 的进程之间进行通信经常使用客户/服务器方式，下面关于客户和服务器的描述错误的是（　　　）。

　　（A）客户和服务器是指通信中所涉及的两个应用进程

　　（B）客户/服务器方式描述的是进程之间服务与被服务的关系

　　（C）服务器是服务请求方，客户是服务提供方

　　（D）一个客户程序可与多个服务器进行通信

第 7 章

软 件 工 程

本章学习目标：

通过本章的学习，了解软件和软件工程的概念，充分认识软件工程的主要知识域，理解软件工程构成三要素：方法、过程与工具，掌握软件工程作为一门学科所涵盖的内容与方向，理解软件工程相对其他学科的位置和发展趋势。

本章要点：

* 软件的主要成分以及软件的分类；
* 软件工程的基本概念；
* 按软件工程方法从事软件开发的意义；
* 软件工程构成三要素；
* 软件工程的主要知识域；
* 软件工程学科与专业；
* 软件文档在软件开发中的地位与作用。

随着信息技术的飞速发展，计算机应用日益普及，成为科学和技术各个领域、工业和社会各个部门不可缺少的重要部分。遗憾的是，计算机在使社会生产力得到迅速解放、社会高度自动化和信息化的同时，却没有使计算机本身的软件生产得到类似的巨大进步。软件开发面临着过分依赖人工、软件无法重用、开发大量重复和生产率低下等问题，特别是软件危机的出现，促使人们努力探索软件开发的新思想、新方法和新技术，软件工程学便应运而生。

7.1 软 件

软件就是人类对于客观世界的认识在信息技术领域的影像、投影。由于软件是逻辑、智力产品，软件的开发需建立庞大的逻辑体系，这是与其他产品的生产不同的。软件不是生产出来的，软件是通过人类的智力劳动开发出来的。

7.1.1 软件的概念

软件是计算机系统中与硬件相互依存的另一部分,它是包括程序、数据及其相关文档的完整集合。其中,程序是按事先设计的功能和性能要求执行的指令序列;数据是使程序能正常操纵信息的数据结构;文档是与程序开发、维护和使用有关的图文材料(如图 7-1所示)。

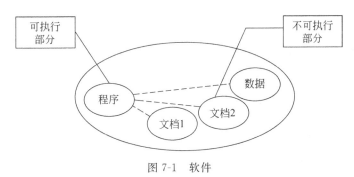

图 7-1 软件

程序是由程序设计语言所描述的,能为计算机所识别、理解和处理的语句序列,程序设计语言具有良好、严格的语法和语义。

程序例子:

```
Main()
{  int i,j;                //变量定义
   char Str[10];
    ⋮
   i=i+j;                  //语句说明
    ⋮
}
```

目前程序设计语言主要有以下几种类型:

- 面向机器:如汇编语言、机器语言等。
- 面向过程:如 Fortran、Pascal、C 等。
- 面向对象:如 Java 等。
- 面向问题:如结构化查询语言 SQL 等。

软件文档是记录软件开发活动和阶段性成果、理解软件所必需的阐述性资料。计算机软件不仅仅是程序,还应该有一整套文档资料。这些文档资料应该是在软件开发过程中产生出来的,而且应该是"最新式的"(即与程序代码完全一致的)。软件开发组织的管理人员可以利用这些文档资料作为"里程碑",来管理和评价软件开发工程的进展状况;软件开发人员可以利用它们作为通信工具,在软件开发过程中准确地交流信息;对于软件维护人员而言,这些文档资料更是至关重要且必不可少的。缺乏必要的文档资料或者文档资料不合格,必然给软件开发和维护带来许多严重的困难和问题。软件文档依据软件生

命周期有许多种，例如需求分析文档、软件设计文档等。

编写软件文档的目的：
- 促进对软件的开发、管理和维护；
- 便于各种人员（用户、开发人员）的交流。

关于软件的概念，我们给出一个形式化的定义，即软件是：

① 能够完成预定功能和性能的可执行指令；

② 使得程序能够适当地操作信息的数据结构；

③ 描述程序的操作和使用的文档。

7.1.2　软件的特点

软件是逻辑产品而不是物理产品。因此，软件在开发、生产、维护和使用等方面与硬件相比均存在明显的差异。软件的特点：

① 软件是一种逻辑实体，而不是具体的物理实体。因而它具有抽象性。

② 软件的生产与硬件不同，它没有明显的制造过程。对软件的质量控制，必须着重在软件开发方面下工夫。

③ 在软件的运行和使用期间，没有硬件那样的机械磨损等老化问题。

任何机械、电子设备在运行和使用中，其失效率大都遵循如图 7-2(a)所示的 U 形曲线（即浴盆曲线）。即硬件在生命初期具有较高的故障率，这些故障主要是由于设计或制造的缺陷造成的。当这些缺陷修正后，故障率在一段时期内会降低到一个稳定的水平上。随着时间的推移，硬件构件由于种种原因受到不同程度的损坏，故障率又升高了。也就是说，硬件已经开始磨损了。

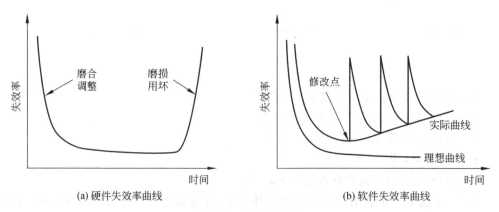

图 7-2　失效率曲线

而软件的情况与此不同，因为它不存在磨损和老化问题。然而它存在退化问题，必须要多次修改（维护）软件。图 7-2(b)表明了软件的故障率曲线，在软件的生命初期隐藏的错误会使程序具有较高的故障率，理想的情况下当这些错误改正后曲线便趋于平稳，但实际情况是随着这些修改有可能引入新的错误，从而使故障率曲线呈现图中所示的锯齿状。

于是,软件的退化由于修改而发生了。

④ 软件的开发和运行常常受到计算机系统的限制,对计算机系统有着不同程度的依赖性。为了解除这种依赖性,在软件开发中提出了软件移植的问题。

⑤ 软件的开发至今尚未完全摆脱手工方式。

⑥ 软件本身是复杂的。软件的复杂性可能来自它所反映的实际问题的复杂性,也可能来自程序逻辑结构的复杂性。

软件比任何其他人类制造的结构更复杂,甚至硬件的复杂性和软件相比也是微不足道的。软件本质上的复杂性是软件产品难以理解,影响软件过程的管理,并使维护过程十分复杂。

⑦ 软件成本相当昂贵。软件的研制工作需要投入大量的、复杂的、高强度的脑力劳动,它的成本是比较高的。

IBM360 操作系统的研制人员最多时可达 1000 多人,从 1963 年到 1966 年共花了四年时间才完成,总计耗费了 5000 多人年,以后又进行不断的修改和补充。该系统的整个研制费用为 5 亿美元,其中近一半花在软件上。

⑧ 相当多的软件工作涉及社会因素。许多软件的开发和运行涉及机构、体制及管理方式等问题,甚至涉及人的观念和心理。它直接影响项目的成败。

7.1.3　软件的分类

20 世纪 40 年代以来,尽管人们开发了大量的软件,积累了丰富的软件资源并使之广泛应用于科学研究、教育、工农业生产、事务处理、国防和家庭,等等,但在软件的品种、质量和价格方面仍然满足不了人们日益增长的需要。计算机软件产业是一个年轻的、充满活力和飞速发展的产业。

1. 计算机软件的应用领域

在这里列出计算机软件的所有应用领域是不可能的,这里首先简单地介绍计算机软件在计算机系统、实时系统、嵌入式系统、科学和工程计算、人工智能、个人计算机和计算机辅助软件工程、移动终端等方面的应用,然后依据一些划分标准进行分类介绍。

(1) 系统软件。计算机系统软件是计算机管理自身资源(如 CPU、内存空间、外存空间、外部设备等),提高计算机的使用效率并为计算机用户提供各种服务的基础软件。系统软件包括操作系统、网络软件、各种语言的编译程序、数据库管理系统、文件编辑系统、系统检查与诊断软件,等等。

(2) 实时软件。监视、分析和控制现实世界发生的事件,能以足够快的速度对输入信息进行处理并在规定的时间内作出反应的软件,称之为实时软件。实时软件和实时计算机系统必须有很高的可靠性和安全性。

(3) 嵌入式软件。嵌入式计算机系统将计算机嵌入在某一系统之中,使之成为该系统的重要组成部分,控制该系统的运行,进而实现一个特定的物理过程。用于嵌入式计算机系统的软件称为嵌入式软件。大型的嵌入式计算机系统软件可用于航空航天系统、指挥控制系统、武器系统等。小型的嵌入式计算机系统软件可用于工业的智能化产品之中，这时嵌入式软件驻留在只读存储器内，为该产品提供各种控制功能和仪表的数字或图形显示功能等。例如，汽车的刹车控制、空调机、洗衣机的自动控制，等等。嵌入式计算机系统一般都要和各种仪器、仪表、传感器连接在一起，因此嵌入式软件必须具有实时采集、处理和输出数据的能力。这样的系统称之为实时嵌入式系统。

（4）科学和工程计算软件。它们以数值算法为基础，对数值量进行处理和计算，主要用于科学和工程计算。例如，数值天气预报、弹道计算、石油勘探、地震数据处理、计算机系统仿真、计算机辅助设计（CAD）等。

（5）事务处理软件。用于处理事务信息，特别是商务信息的计算机软件。事务信息处理是软件最大的应用领域。它已由初期零散的、小规模的软件系统，如工资管理系统、人事档案管理系统等，发展成为管理信息系统（MIS），如世界范围内的飞机订票系统、旅馆管理系统、作战指挥系统等。事务处理软件需要访问、查询、存放有关事务信息的一个或几个数据库，经常按某种方式和要求重构存放在数据库中的数据，能有效地按一定的格式要求生成各种报表。有些管理信息系统还带有一定的演绎、判断和决策能力。它们往往具有良好的人机界面环境，在大多数场合采用交互工作方式。它们需要交互式操作系统、计算机网络、数据库、文字/表格处理系统的支持。常用的语言有 COBOL、第四代语言等。

（6）人工智能软件。支持计算机系统产生人类某些智能的软件。它们求解复杂问题不是用传统的计算或分析方法，而是采用诸如基于规则的演绎推理技术和算法。在很多场合还需要知识库的支持。人工智能软件常用的计算机语言有 Lisp、Prolog 等。迄今为止，在专家系统、模式识别、自然语言理解、人工神经网络、程序验证、自动程序设计、机器人学等。

（7）个人计算机软件。个人计算机上使用的软件也可包括系统软件和应用软件两类。近 20 年来，个人计算机的处理能力已提高三个数量级，以前在中小型计算机上运行的系统软件和应用软件，如今已经大量移植到个人计算机上。人们还将个人计算机与计算机网络连接在一起，进行通信、共享网络资源，加速了人类社会信息化的进程。随着社会的进步，个人计算机及其软件的发展、普及和应用前景将更加广阔。

（8）CASE 工具软件。计算机辅助软件工程（CASE，Computer Aided Software Engineering）是指软件开发和管理人员在软件工具的帮助下进行产品的开发、维护以及开发过程的管理。CASE 工具软件一般为支撑软件生存周期中不同活动而研制，包括项目管理工具、需求分析工具、编程环境（集编辑器、编译器、链接器和调试器于一体）、软件测试工具，等等。为了方便工具之间交换信息，它们一般并不独立存在，而是按某种方式集成为一个环境。

（9）移动终端软件。移动终端软件，就是安装和运行在移动终端（如智能手机）上的软件，完善原始系统的不足与个性化。早期的移动终端主流系统有 Symbian、Research in Motion、Windows Mobile。但是在 2007 年，苹果公司推出了运行自己软件平台 iOS 的 iPhone；谷歌公司宣布推出 Android（安卓）手机操作系统平台。苹果和安卓两款系统平台凭着强大的优势，迅速占领移动终端软件市场大部分份额。

2. 软件分类

下面介绍计算机软件的一些常用划分标准。

（1）按软件的功能进行划分

① 系统软件：能与计算机硬件紧密配合在一起，使计算机系统各个部件、相关的软件和数据协调、高效地工作的软件。例如，操作系统、数据库管理系统、设备驱动程序以及通信处理程序等。

② 支撑软件：是协助用户开发软件的工具性软件，其中包括帮助程序人员开发软件产品的工具，也包括帮助管理人员控制开发进程的工具。

③ 应用软件：是为特定领域、特定目的服务的一类软件。

（2）按软件规模进行划分

按开发软件所需的人力、时间以及完成的源程序行数，可确定 6 种不同规模的软件（见表 7-1）。

表 7-1　软件规模的分类

类别	参加人员数	研制期限	产品规模（源程序行数）
微型	1	1～4 周	0.5k
小型	1	1～6 月	1～2k
中型	2～5	1～2 年	5～50k
大型	5～20	2～3 年	50～100k
甚大型	100～1000	4～5 年	1M（＝1000k）
极大型	2000～5000	5～10 年	1～10M

规模大、时间长、参加人员多的软件项目，其开发工作必须要有软件工程的知识做指导。而规模小、时间短、参加人员少的软件项目也得有软件工程概念，遵循一定的开发规范。其基本原则是相同的，只是对软件工程技术依赖的程度不同而已。

（3）按软件工作方式划分

① 实时处理软件：指在事件或数据产生时，立即予以处理，并及时反馈信号，需要监测和控制过程的软件。主要包括数据采集、分析、输出三部分。

② 分时软件：允许多个联机用户同时使用计算机。

③ 交互式软件：能实现人机通信的软件。

④ 批处理软件：把一组输入作业或一批数据以成批处理的方式一次运行，按顺序逐个处理完的软件。

（4）按软件服务对象的范围划分

① 项目软件：也称定制软件，是受某个特定客户（或少数客户）的委托，由一个或多个软件开发机构在合同的约束下开发出来的软件，例如军用防空指挥系统、卫星控制系统。

② 产品软件：是由软件开发机构开发，直接提供给市场，或是为成千上万个用户服

务的软件。例如文字处理软件、文本处理软件、财务处理软件、人事管理软件等。

（5）按使用的频度进行划分

有的软件开发出来仅供一次使用，例如用于人口普查、工业普查的软件。另外有些软件具有较高的使用频度，如天气预报软件。

（6）按软件失效的影响进行划分

有的软件在工作中出现了故障，造成软件失效，可能给整个系统带来的影响不大。有的软件一旦失效，可能酿成灾难性后果，例如财务金融、交通通信、航空航天等软件。我们称这类软件为关键软件或生命攸关软件。

7.1.4 软件的发展历史和软件危机

1. 软件的发展历史

随着计算机硬件性能的极大提高和计算机体系结构的不断变化，计算机软件系统更加成熟，也更为复杂，从而促使计算机软件的角色发生了巨大的变化。其 2010 年前发展历史大致可以分为如图 7-3 所示的四个阶段。目前处于第五阶段。

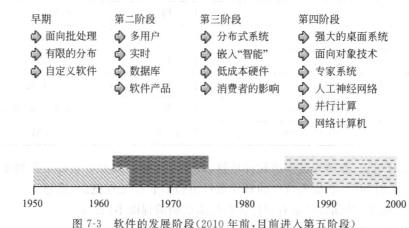

图 7-3　软件的发展阶段（2010 年前，目前进入第五阶段）

（1）早期阶段

在计算机发展的早期阶段，人们认为计算机的主要用途是快速计算，软件编程简单，不存在什么系统化的方法，开发没有任何管理，程序的质量完全依赖于程序员个人的技巧。

（2）第二阶段

计算机软件发展的第二阶段跨越了从 20 世纪 60 年代中期到 70 年代末期的十余年，多用户系统引入了人机交互的新概念，实时系统能够从多个源收集、分析和转换数据，从而使得进程的控制和输出的产生以毫秒而不是分钟来进行，在线存储的发展产生了第一代数据库管理系统。

在这个时期，出现了软件产品和"软件作坊"的概念，设计人员开发程序不再像早期阶段那样只为自己的研究工作需要，而是为了用户更好地使用计算机，人们开始采用"软件工程"的方法来解决"软件危机"问题。

（3）第三阶段

计算机软件发展的第三阶段始于 20 世纪 70 年代中期,分布式系统极大地提高了计算机系统的复杂性,网络的发展对软件开发提出了更高的要求,特别是微处理器的出现和广泛应用,孕育了一系列的智能产品。软件开发技术的度量问题受到重视,最著名的有软件工作量估计 COCOMO 模型、软件过程改进模型 CMM 等。

（4）第四阶段

计算机软件发展的第四阶段是强大的桌面系统和计算机网络迅速发展的时期,计算机体系结构由中央主机控制方式变为客户机/服务器方式,专家系统和人工智能软件终于走出实验室进入了实际应用,虚拟现实和多媒体系统改变了与最终用户的通信方式,出现了并行计算和网络计算,面向对象技术在许多领域迅速取代了传统软件开发方法。

（5）第五阶段

软件技术最新趋势已进入万物互联的大数据和云时代,目前软件技术重点关注云计算、大数据、移动互联、物联网等应用。

在软件的发展过程中,软件从个性化的程序变为工程化的产品,人们对软件的看法发生了根本性的变化,从"软件＝程序"发展为"软件＝程序＋数据＋文档"。软件的需求成为软件发展的动力,软件的开发从自给自足模式发展为在市场中流通以满足广大用户的需要。软件工作的考虑范围也发生了很大变化,人们不再只顾及程序的编写,而是涉及软件的整个生命周期。

2. 软件危机

20 世纪 60 年代末至 70 年代初,"软件危机"一词在计算机界广为流传。事实上,"软件危机"几乎从计算机诞生的那一天起就出现了,只不过到了 1968 年在原西德加米施（Garmish）召开的国际软件工程会议上才被人们普遍认识到。当时训练有素的程序员大多数还处于"技艺"式的工作状态。他们不用框图和注解能够熟练地写出几百行程序代码并很快在计算机上调试通过。为了减少计算机的时空开销,他们创造并使用了许多令人惊叹的技巧。他们熟悉程序的全部操作和结构。如果在测试或提交用户使用时发现重大问题,他们甚至能够"另起炉灶"。然而,客观上,工业、商业、科学技术和国防等部门需要的软件功能很强、很复杂,往往有几万、几十万甚至几百万行代码（如表 7-2 所示）。完成这样一个系统,在一定的时间内一个人或几个人的智力和体力是承受不了的。由于软件是逻辑、智力产品,盲目增加软件开发人员并不能成比例地提高软件开发能力。相反,随着人员数量的增加,人员的组织、协调、通信、培训和管理等方面的问题将更为严重。人们在大型软件项目开发面前显得力不从心,一些公司或团体承担的大型软件开发项目预算经常超支,软件交货时间经常延迟,软件质量差,维护困难,在软件维护过程中很容易引起新的错误,软件的可移植性差,两个类似的软件很少能够重用,等等。工业界为维护软件支付的费用占全部硬件和软件费用的 $40\% \sim 75\%$（如图 7-4 所示）,软件在武器装备中完成的功能比例不断增长（如图 7-5 所示）。许多重要的大型软件开发项目,如 IBM OS/360

和世界范围的军事命令和控制系统（VAVMCCS），在耗费了大量的人力和财力之后，由于离预定目标相差甚远不得不宣布失败。人们对大型软件开发还不熟悉，软件危机达到了令人难以容忍的地步。

表 7-2　几个比较流行的软件系统规模、工作量和成本

产　　品	代码行	工作量（人年）	成本（百万元）
Lotus1-2-3 Version 3.0	400k	263	22
Space Shuttle	25.6M		1200
1989 Lincoln Continental	83.5M	35	1.8
City Bank Teller machine	780k	150	13.2
IBM Chechout Scanner	90k	58	3

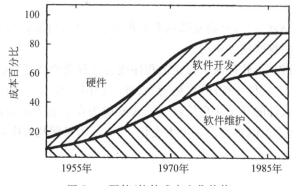

图 7-4　硬件/软件成本变化趋势

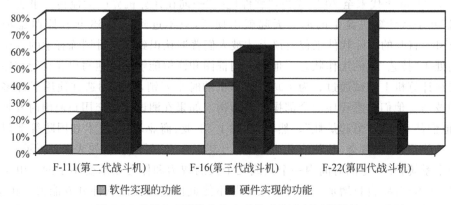

图 7-5　软件在武器装备中完成的功能比例不断增长

软件危机的具体表现有如下三个方面。

（1）软件开发进度难以控制

软件开发的进度难以控制，经常出现经费超预算、完成期限一再拖延的现象。

1979 年，美国 US Government Accounting Office 对政府项目进行了调查，其中 9 个

软件项目的结果如表 7-3 所示。

表 7-3　软件项目实施调查

情 形 描 述	经费(百万美元)	比例(%)
付了钱,但从不支付	2.0	28.8
交付了,但无法顺利使用	3.2	47.3
大部分重做或放弃后,才使用	1.3	19.2
经过修改后使用	0.2	3
交付后直接就能使用	0.1	1.77

一个复杂的软件系统需要建立庞大的逻辑体系,而这些往往只存在于人们的头脑中,正如一个大项目负责人所说:"软件人员太像皇帝新衣故事中的裁缝,当我来检查软件开发工作时,所得到的回答好像对我说:我们正忙于编织这件带有魔法的织物,只要一会儿,你就会看到这件织物是极其美丽的。但是我什么也看不到,什么也摸不到,也说不出任何一个有关的数字,没有任何办法得到一些信息说明事情确实进行得非常顺利,而且我已经知道许多人最终已经编织了一大堆昂贵的废物而去,还有不少人最终什么也没有做出来。"

(2) 软件需求不明确

软件需求在开发初期不明确,导致矛盾在后期集中暴露,从而对整个开发过程带来灾难性的后果。

软件需求的缺陷将给项目成功带来极大风险,如产品的成本过高、产品的功能和质量无法完全满足用户的期望等。即使一个项目团队的人员和配备都很不错,但不重视需求过程也会付出惨痛的代价。导致需求缺陷的主要原因包括需求的沟通与理解、需求的变化与控制、需求说明的明确与完整,模棱两可的需求所带来的后果便是返工。一些认为已做好的事情,返工会耗费开发总费用的 40%,而 70%~85% 的重做是由于需求方面的错误引起的。

(3) 资料缺乏,测试不充分

由于缺乏完整规范的资料,加之软件测试不充分,从而造成软件质量低下,运行中出现大量问题。

1985—1987 年,至少有 2 个病人是死于 Therac-25 医疗线性加速器的过量辐射,其原因是控制软件中的一个故障。1965—1970 年,美国范登堡基地发射火箭多次失败,绝大部分出于控制系统的故障,一个小小的疏漏往往会造成上千万美元的损失。1996 年 6 月 4 日"阿里安娜"火箭因为软件失效在发射 40 秒后爆炸,原因是惯性参考系统软件的数据转换异常造成的失效。2003 年 8 月 14 日美国电力监测与控制管理系统瘫痪,原因是多计算机系统试图同时访问同一资源引起的软件失效。美国 F-18 战斗机飞行控制软件共发生 500 多次故障;"爱国者"导弹因为软件问题误伤了 28 名美军士兵;在沙漠风暴作战行动中,E-3 空中预警飞机由于战场上电磁信号太多造成拥塞,以致能力大打折扣,为此,专门派遣软件保障组直接进行软件维修,使其雷达软件在 96 小时内得到修正。

3. 软件危机的原因

由此可见,软件错误的后果是十分严重的,医疗软件的错误可能造成病人的生命危险,银行系统的错误会使金融混乱,航管系统的错误会造成飞机失事等。

从软件危机的种种表现和软件作为逻辑产品的特殊性可以发现软件危机的原因在于:

① 用户对软件需求的描述不精确,可能有遗漏、二义性或错误,甚至在软件开发过程中,用户还提出修改软件功能、界面、支撑环境等方面的要求。

② 软件开发人员对用户需求的理解与用户的本来愿望有差异,这种差异必然导致开发出来的软件产品与用户要求不一致。

③ 大型软件项目需要组织一定的人力共同完成,多数管理人员缺乏开发大型软件系统的经验,而多数软件开发人员又缺乏管理方面的经验。各类人员的信息交流不及时、不准确,有时还会产生误解。

④ 软件项目开发人员不能有效地、独立自主地处理大型软件的全部关系和各个分支,因此容易产生疏漏和错误。

⑤ 缺乏有力的方法学和工具方面的支持,过分地依靠程序设计人员在软件开发过程中的技巧和创造性,加剧软件产品的个性化。

⑥ 软件产品的特殊性和人类智力的局限性,导致人们无力处理"复杂问题"。所谓"复杂问题"的概念是相对的,一旦人们采用先进的组织形式、开发方法和工具提高了软件的开发效率和能力,新的、更大的、更复杂的问题又摆在人们面前。

人们在认真地分析了软件危机的原因之后,开始探索用工程的方法进行软件生产的可能性,即用现代工程的概念、原理、技术和方法进行计算机软件的开发、管理、维护和更新。于是,计算机科学技术的一个新领域——"软件工程"诞生了。迄今为止,软件工程的研究与应用已经取得很大成就,它在软件开发方法、工具、管理等方面的应用大大缓解了软件危机造成的被动局面。

7.2 软件工程

由于认识到软件的设计、实现和维护与传统的工程规则有相同的基础,于是北大西洋公约组织(NATO)于 1967 年首次提出了"软件工程(software engineering)"的概念。关于编制软件与其他工程任务类似的提法,得到了 1968 年在德国加米施(Garmish)召开的NATO 软件工程会议的认可。委员会的结论是,软件工程应使用已有的工程规则的理论和模式,来解决所谓的"软件危机"。

软件危机至今仍然困扰着我们,这表明软件生产过程在许多方面和传统的工程相似,但却具有独特的属性和问题。

对软件开发的深层次认识可以归纳为:

开发一个具有一定规模和复杂性的软件系统与编写一个简单的程序不同。大型、复杂软件系统的开发是一项工程,必须按照工程化的方法组织软件的生产和管理,必须经过分析、设计、实现、测试、维护等一系列软件过程和活动。工程化的特点是可重复、可度量。

软件工程的根本在于提高软件的质量与生产率,最终实现软件的工业化生产。在"软件工程"的概念提出后的几十年里,各种有关软件的技术、思想、方法和概念层出不穷,典型的包括结构化的方法、面向对象方法、软件复用技术与构件技术、软件开发模型和软件开发过程等,软件工程逐步发展为一门独立的科学。

软件工程是运用工程的、数学的、计算机等科学概念、方法和原理来指导软件开发、管理和维护的一门工程学科。

7.2.1 软件工程构成与学科内涵

1. 软件工程构成

软件工程构成三要素为过程、方法和工具(如图 7-6 所示)。

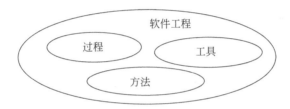

图 7-6 软件工程构成的三要素

(1) 过程——管理部分

软件工程的过程则是将软件工程的方法和工具综合起来以达到合理、及时地进行计算机软件开发的目的。过程定义了方法使用的顺序、要求交付的文档资料、为保证质量和协调变化所需要的管理及软件开发各个阶段完成的里程碑。

(2) 方法——技术手段

软件工程方法为软件开发提供了"如何做"的技术。它包括了多方面的任务,如项目计划与估算、软件系统需求分析、数据结构设计、系统总体结构设计、算法过程设计、编码、测试以及维护等。

(3) 工具——自动或半自动地支持软件的开发和管理要素之间相互关联和支持

软件工具为软件工程方法提供了自动的或半自动的软件支撑环境。目前,已经推出了许多软件工具,这些软件工具集成起来,建立起称之为计算机辅助软件工程(CASE)的软件开发支撑系统。CASE 将各种软件工具、开发机器和一个存放开发过程信息的工程数据库组合起来形成一个软件工程环境。

软件工程方法是完成软件工程项目的技术手段。它支持项目计划和估算、系统和软件需求分析、软件设计、编码、测试和维护。软件工程使用的软件工具是人类在开发软件的活动中智力和体力的扩展和延伸,它自动或半自动地支持软件的开发和管理,支持各种软件文档的生成。软件工具最初是零散的,不系统、不配套的,后来根据不同类型软件项目的要求建立了各种软件工具箱,支持软件开发的全过程。近年来,人们又将用于开发软件的软硬件工具和软件工程数据库集成在一起,建立集成化的计算机辅助软件工程环境。它类似于计算机辅助设计和计算机辅助制造(CAD/CAM)。软件工程中的过程贯穿于软件开发的各个环节。管理者在软件工程过程中,要对软件开发的质量、进度、成本进行评估、管理和控制,包括人员组织、计划跟踪与控制、成本估算、质量保证、配置管理等。

Fritz Bauer 曾在 NATO 会议上给出软件工程的定义:

软件工程是为了经济地获得能够在实际机器上高效运行的可靠软件而建立和使用的一系列好的工程化原则。

1983 年,IEEE(Institute of Electrical & Electronic Engineers,电气与电子工程师协会)给出了一个更为全面的定义:

软件工程是研究和应用如何以系统化的、规范的、可度量的方法去开发、运行和维护软件,即把工程化应用到软件上。

Bauer 的定义给出了软件工程的基线,但忽略了软件质量的技术方面和软件度量的重要性。除以上定义外,软件工程还有许多其他的定义,但其基本思想都是强调在软件开发过程中应用工程化原则,解决软件的整体质量较低、最后期限和费用没有保证等问题。

软件工程也是一种层次化的技术,如图 7-7 所示,其中过程、方法和工具是软件工程的三个要素。底层的质量焦点说明软件工程必须以有组织的质量保证为基础,全面质量管理和过程改进使得更加成熟的软件工程方法的不断出现。

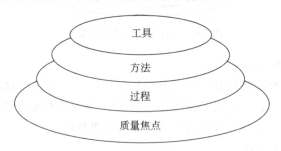

图 7-7　软件工程的层次

2. 软件工程的学科内涵

ACM 和 IEEE-CS 发布的 SWEBOK 定义了软件工程学科的内涵,它由 10 个知识域构成。

(1) 软件需求

软件需求描述解决现实世界某个问题的软件产品,及对软件产品的约束。软件需求涉及需求抽取、需求分析、建立需求规格说明和确认,涉及建模、软件开发的技术、经济、时间可行性分析。软件需求直接影响软件设计、软件测试、软件维护、软件配置管理、软件工程管理、软件工程过程和软件质量等。

(2) 软件设计

设计是软件工程最核心的内容。设计既是"过程",也是这个过程的"结果"。软件设计由软件体系结构设计、软件详细设计两种活动组成。它涉及软件体系结构、构件、接口以及系统或构件的其他特征,还涉及软件设计质量分析和评估、软件设计的符号、软件设计策略和方法等。

（3）软件构造

通过编码、单元测试、集成测试、调试、确认这些活动,生成可用的、有意义的软件。软件构造除要求符合设计功能外,还要求控制和降低程序复杂性、预计变更、进行程序验证和制定软件构造标准。软件构造与软件配置管理、工具和方法,软件质量密切相关。

（4）软件测试

测试是软件生存周期的重要部分,涉及测试的标准、测试技术、测试度量和测试过程。测试不再是编码完成后才开始的活动,测试的目的是标识缺陷和问题,改善产品质量。软件测试应该围绕整个开发和维护过程。测试在需求阶段就应该开始,测试计划和规程必须系统,并随着开发的进展不断求精。正确的软件工程质量观是预防,避免缺陷和问题比改正缺陷和问题好。代码生成前的主要测试手段是静态技术（检查）,代码生成后采用动态技术（执行代码）。测试的重点是动态技术,从程序无限的执行域中选择一个有限的测试用例集,动态地验证程序是否达到预期行为。

（5）软件维护

软件产品交付后,需要改正软件的缺陷,提高软件性能或其他属性,使软件产品适应新的环境。软件维护是软件进化的继续。软件维护要支持系统快速地、便捷地满足新的需求。基于服务的软件维护越来越受到重视。软件维护是软件生存周期的组成部分。然而,历史上维护从未受到重视。情况有了改变,软件组织力图使软件运营时间更长,软件维护成为令人关注的焦点。

（6）软件配置管理

为了系统地控制配置变更,维护整个系统生命周期中配置的一致性和可追踪性,必须按时间管理软件的不同配置,包括配置管理过程的管理、软件配置鉴别、配置管理控制、配置管理状态记录、配置管理审计、软件发布和交付管理等。

（7）软件工程管理

运用管理活动,如计划、协调、度量、监控、控制和报告,确保软件开发和维护是系统的、规范的、可度量的。它涉及基础设施管理、项目管理、度量和控制计划三个层次。度量是软件管理决策的基础。近年来软件度量的标准、测度、方法、规范发展较快。

（8）软件工程过程

管理软件工程过程的目的是,实现一个新的或者更好的过程。软件工程过程关注软件过程的定义、实现、评估、测量、管理、变更、改进,以及过程和产品的度量。软件工程过程分为:

① 围绕软件生存周期过程的技术和管理活动,即需求获取、软件开发、维护和退役的各种活动;

② 对软件生存周期的定义、实现、评估、度量、管理、变更和改进。

（9）软件工程工具和方法

软件开发工具是以计算机为基础的,用于辅助软件生存周期过程。通常,工具是为特定的软件工程方法设计的,以减少手工操作的负担,使软件工程更加系统化。软件工具的种类很多,从支持个人到整个生存周期。软件工具分为需求工具、设计工具、构造工具、测试工具、维护工具、配置管理工具、工程管理工具、工程过程工具、软件质量工具等。

软件工程方法支持软件工程活动,使软件开发更加系统,并能获得成功。软件开发方法不断发展。当前,软件工程方法分为:

① 启发式方法,包括结构化方法、面向数据方法、面向对象方法和特定域方法;

② 基于数学的形式化方法;

③ 用软件工程多种途径实现的原型方法,原型方法帮助确定软件需求、软件体系结构,用户界面等。

（10）软件质量

软件质量贯穿整个软件生存周期,涉及软件质量需求、软件质量度量、软件属性检测、软件质量管理技术和过程等。

7.2.2 软件工程目标

软件工程的目标是:在给定成本、进度的前提下,开发出具有可修改性、有效性、可靠性、可理解性、可维护性、可重用性、可适应性、可移植性、可追踪性和可互操作性并满足用户需求的软件产品。追求这些目标有助于提高软件产品的质量和开发效率,减少维护的困难。下面分别介绍这些概念。

① 可修改性（modifiability）。容许对系统进行修改而不增加原系统的复杂性。它支持软件的调试与维护,是一个难以度量和难以达到的目标。

② 有效性（efficiency）。软件系统能最有效地利用计算机的时间资源和空间资源。各种计算机软件无不将系统的时空开销作为衡量软件质量的一项重要技术指标。很多场合,在追求时间有效性和空间有效性方面会发生矛盾,这时不得不牺牲时间效率换取空间有效性或牺牲空间效率换取时间有效性。时空折中是经常出现的。有经验的软件设计人员会巧妙地利用折中理念,在具体的物理环境中实现用户的需求和自己的设计。

③ 可靠性（reliability）。能够防止因概念、设计和结构等方面的不完善造成的软件系统失效,具有挽回因操作不当造成软件系统失效的能力。对于实时嵌入式计算机系统,可靠性是一个非常重要的目标。因为软件要实时地控制一个物理过程,如宇宙飞船的导航、核电站的运行等。如果可靠性得不到保证,一旦出现问题可能是灾难性的,后果不堪设想。因此,在软件开发、编码和测试过程中,必须将可靠性放在重要地位。

④ 可理解性（understandability）。系统具有清晰的结构,能直接反映问题的需求。可理解性有助于控制软件系统的复杂性,并支持软件的维护、移植或重用。

⑤ 可维护性（maintainability）。软件产品交付用户使用后,能够对它进行修改,以便改正潜伏的错误,改进性能和其他属性,使软件产品适应环境的变化,等等。由于软件是逻辑产品,只要用户需要,它可以无限期地使用下去,因此软件维护是不可避免的。软件维护费用在软件开发费用中占有很大的比重,可维护性是软件工程中一项十分重要的目标。软件的可理解性和可修改性有利于软件的可维护性。

⑥ 可重用性(reusability)。概念或功能相对独立的一个或一组相关模块定义为一个软部件。软部件可以在多种场合应用的程度称为部件的可重用性。可重用的软部件有的可以不加修改直接使用,有的需要修改以后再用。可重用软部件应具有清晰的结构和注解,应具有正确的编码和较低的时空开销。各种可重用软部件还可以按照某种规则存放在软部件库中,供软件工程师选用。可重用性有助于提高软件产品的质量和开发效率,有助于降低软件的开发和维护费用。从更广泛的意义上理解软件工程的可重用性还应该包括:应用项目的重用、规格说明(亦称为规约)的重用、设计的重用、概念和方法的重用,等等。一般说来,重用的层次越高,带来的效益越大。

⑦ 可适应性(adaptability)。软件在不同的系统约束条件下,使用户需求得到满足的难易程度。适应性强的软件应采用广为流行的程序设计语言编码,在广为流行的操作系统环境中运行,采用标准的术语和格式书写文档。适应性强的软件较容易推广使用。

⑧ 可移植性(portability)。软件从一个计算机系统或环境搬到另一个计算机系统或环境的难易程度。为了获得比较高的可移植性,在软件设计过程中通常采用通用的程序设计语言和运行支撑环境。对依赖于计算机系统的低级(物理)特征部分,如编译系统的目标代码生成,应相对独立、集中。这样与处理机无关的部分就可以移植到其他系统上使用。可移植性支持软件的可重用性和可适应性。

⑨ 可追踪性(tracebility)。根据软件需求对软件设计、程序进行正向追踪,或根据程序、软件设计对软件需求进行逆向追踪的能力。软件可追踪性依赖于软件开发各个阶段文档和程序的完整性、一致性、可理解性。降低系统的复杂性会提高软件的可追踪性。软件在测试或维护过程中,或程序在执行期间出现问题时,应记录程序事件或有关模块中的全部或部分指令现场,以便分析、追踪产生问题的因果关系。

⑩ 可互操作性(interoperability)。多个软件元素相互通信并协同完成任务的能力。为了实现可互操作性,软件开发通常要遵循某种标准(如 CORBA),支持这种标准的环境将为软件元素之间的可互操作提供便利。可互操作性在分布计算环境下尤为重要。

但是,软件工程的不同目标之间是互相影响和互相牵制的。例如,提高软件生产率有利于降低软件开发成本,但过分追求高生产率和低成本便无法保证软件的质量,容易使人急功近利,留下隐患。但是,片面强调高质量使得开发周期过长或开发成本过高。由于错过了良好的市场时机,也会导致所开发的产品失败。因此,我们需要采用先进的软件工程方法,使质量、成本和生产率三者之间的关系达到最优的平衡状态。

质量是软件需求方最关心的问题,用户即使不图物美价廉,也要求货真价实。生产率是软件供应方最关心的问题,老板和员工都想用更少的时间获得更多的经济效益。质量与生产率之间有着内在的联系,高生产率必须以质量合格为前提。如果质量不合格,对供需双方都是坏事情。从短期效益看,追求高质量会延长软件开发时间并且增大费用,似乎降低了生产率。从长期效益看,高质量将保证软件开发的全过程更加规范流畅,大大降低了软件的维护代价,实质上是提高了生产率,同时可获得很好的信誉。质量与生产率之间不存在根本的对立,好的软件工程方法可以同时提高质量与生产率。

软件过程是为获得软件产品,在软件工具支持下由软件工程师完成的一系列软件工程活动。不同的组织有不同的软件过程,这些活动可以重叠,执行时也可以有迭代。

在对待文档的态度上,一些组织认为通过阅读源程序就能理解该产品,而另一些组织对文档十分重视,在需求、设计、测试和维护等方面都要有详细的书面说明,并通过审查和变更控制等手段保证文档的质量。

在对待维护的态度上,有些公司十分关注维护的问题,但在像大学研究室这样的组织,往往只关心关键技术研究,而将产品开发与维护留给其他人去做。

7.2.3 软件过程模型

软件产品从形成概念开始,经过开发、使用和维护,直到最后退役的全过程称为软件生命周期(software life cycle)。软件生命周期根据软件所处的状态、特征以及软件开发活动的目的、任务可以划分为若干个阶段。软件生命周期是指软件产品从考虑其概念开始到该软件产品交付使用,直至最终退役为止的整个过程,一般包括计划、分析、设计、实现、测试、集成、交付、维护等阶段。

在实践中,软件开发并不总是按照计划、分析、设计、实现、测试、集成、交付、维护等顺序来执行的,即各个阶段是可以重叠交叉的。整个开发周期经常不是明显地划分为这些阶段,而是分析、设计、实现、再分析、再设计、再实现等阶段的迭代执行。

实践中多数场合,软件开发不能一次就全部、精确地生成需求规格说明。软件开发各个阶段之间的关系不可能是顺序的、线性的,而应该是带有反馈的迭代过程。这种过程用软件过程模型表示。软件过程模型大体上可分为三种类型。第一种是以软件需求完全确定为前提的瀑布模型。第二种是在软件开发初始阶段只能提供基本需求时采用的渐进式开发模型,如原型模型、螺旋模型等。第三种是以形式化开发方法为基础的变换模型。实践中经常将几种模型组合使用以便充分利用各种模型的优点。

1. 边做边改模型

遗憾的是,许多产品都是使用“边做边改(build-and-fix model)”模型来开发的。在这种模型中,既没有规格说明,也没有经过设计,软件随着客户的需要一次又一次地不断被修改。

在这个模型中,开发人员拿到项目立即根据需求编写程序,调试通过后生成软件的第一个版本。在提供给用户使用后,如果程序出现错误,或者用户提出新的要求,开发人员重新修改代码,直到用户满意为止。

这是一种类似作坊的开发方式,对编写几百行的小程序来说还不错,但这种方法对任何规模的开发来说都是不能令人满意的,其主要问题在于:

① 缺少规划和设计环节,软件的结构随着不断的修改越来越糟,导致无法继续修改;

② 忽略需求环节,给软件开发带来很大的风险;

③ 没有考虑测试和程序的可维护性,也没有任何文档,软件的维护十分困难。

2. 瀑布模型

1970 年 Winston Royce 提出了著名的“瀑布模型(waterfall model)”,直到 20 世纪 80

年代早期,它一直是唯一被广泛采用的软件开发模型。

瀑布模型也称软件生命周期模型,根据软件生命周期各个阶段的任务,瀑布模型从可行性研究(或称系统分析)开始,逐步进行阶段性变换,直至通过确认测试并得到用户确认的软件产品为止。瀑布模型规定了阶段之间自上而下、相互衔接的固定次序,如同瀑布流水,逐级下落。上一阶段的变换结果是下一阶段变换的输入,相邻两个阶段具有因果关系,紧密相联。一个阶段工作的失误将蔓延到以后的各个阶段。为了保障软件开发的正确性,每一阶段任务完成后,都必须对它的阶段性产品进行评审,确认之后再转入下一阶段的工作。评审过程发现错误和疏漏后,应该反馈到前面的有关阶段修正错误、弥补疏漏,然后再重复前面的工作,直至某一阶段通过评审后再进入下一阶段。这种形式的瀑布模型是带有反馈的瀑布模型(如图 7-8 所示)。其中每项开发活动均处于一个质量环(输入—处理—输出—评审)中。只有当其工作得到确认,才能继续进行下一项活动,在图 7-8 中用向下的箭头表示;否则返工,在图 7-8 中用向上的箭头表示。

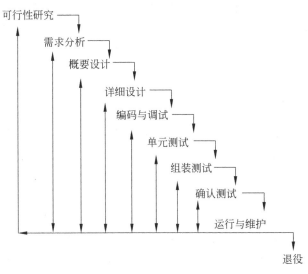

图 7-8　带反馈的瀑布模型

瀑布模型在软件工程中占有重要的地位,它提供了软件开发的基本框架,这比依靠"个人技艺"开发软件好得多。它有利于大型软件开发过程中人员的组织、管理,有利于软件开发方法和工具的研究与使用,从而提高了大型软件项目开发的质量和效率。瀑布模型的主要缺点是:

① 在软件开发的初始阶段指明软件系统的全部需求是困难的,有时甚至是不现实的。而瀑布模型在需求分析阶段要求客户和系统分析员必须做到这一点才能开展后续阶段的工作。

② 需求确定后,用户和软件项目负责人要等相当长的时间(经过设计、实现、测试、运行)才能得到一份软件的最初版本。如果用户对这个软件提出比较大的修改意见,那么整个软件项目将会蒙受巨大的人力、财力和时间方面的损失。

因此瀑布模型的应用有一定的局限性。

在瀑布模型中,软件开发的各项活动严格按照线性方式进行,当前活动接受上一项活动的工作结果,实施完成所需的工作内容。当前活动的工作结果需要进行验证,如果验证通过,则该结果作为下一项活动的输入,继续进行下一项活动,否则返回修改。

瀑布模型强调文档的作用,并要求每个阶段都要仔细验证。但是,这种模型的线性过程太理想化,已不再适合现代的软件开发模式,几乎被业界抛弃,其主要问题在于:

① 各个阶段的划分完全固定,阶段之间产生大量的文档,极大地增加了工作量;

② 由于开发模型是线性的,用户只有等到整个过程的末期才能见到开发成果,从而增加了开发的风险;

③ 早期的错误可能要等到开发后期的测试阶段才能发现,进而带来严重的后果。

我们应该认识到,"线性"是人们最容易掌握并能熟练应用的思想方法。当人们碰到一个复杂的"非线性"问题时,总是千方百计地将其分解或转化为一系列简单的线性问题,然后逐个解决。一个软件系统的整体可能是复杂的,而单个子程序总是简单的,可以用线性的方式来实现,否则干活就太累了。线性是一种简洁,简洁就是美。当我们领会了线性的精神,就不要再呆板地套用线性模型的外表,而应该用活它。例如,增量模型实质就是分段的线性模型,螺旋模型则是接连的弯曲了的线性模型,在其他模型中也能够找到线性模型的影子。

3. 快速原型模型

快速原型模型(rapid prototype model)的第一步是建造一个快速原型,实现客户或未来的用户与系统的交互,用户或客户对原型进行评价,进一步细化待开发软件的需求。通过逐步调整原型使其满足客户的要求,开发人员可以确定客户的真正需求是什么;第二步则在第一步的基础上开发客户满意的软件产品。

原型(prototype)不是一个新概念。建筑师接到一个建筑项目后,他根据用户提出的基本要求和自己对用户需求的理解,按一定比例设计并建造一个原型。用户和建筑师以原型为基础进一步研究并确定建筑物的"需求"。因此利用原型能统一客户和软件开发人员对软件项目需求的理解,有助于需求的定义和确认。原型开发模型如图 7-9 所示。利用原型定义和确认软件需求之后,就可以对软件系统进行设计、编码、测试和维护。

显然,快速原型方法可以克服瀑布模型的缺点,减少由于软件需求不明确带来的开发风险,具有显著的效果。快速原型的关键在于尽可能快速地建造出软件原型,一旦确定了客户的真正需求,所建造的原型将被丢弃。因此,原型系统的内部结构并不重要,重要的是必须迅速建立原型,随之迅速修改原型,以反映客户的需求。

4. 螺旋模型

1988 年,Barry Boehm 正式发表了软件系统开发的"螺旋模型"(spiral model),它将瀑布模型和快速原型模型结合起来,强调了其他模型所忽视的风险分析,特别适合于大型复杂的系统。

如图 7-10 所示,螺旋模型沿着螺线进行若干次迭代,图中的四个象限代表了以下活动:

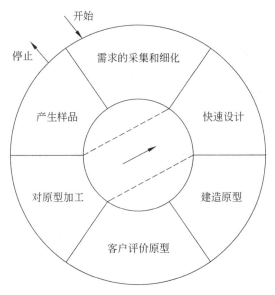

图 7-9　建造原型

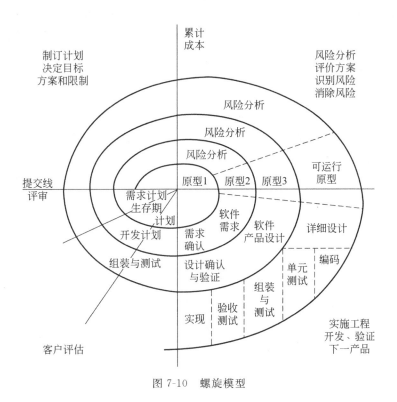

图 7-10　螺旋模型

① 制订计划：确定软件目标，选定实施方案，弄清项目开发的限制条件。

② 风险分析：分析评估所选方案，考虑如何识别和消除风险。

③ 实施工程：实施软件开发和验证。

④ 客户评估：评价开发工作，提出修正建议，制订下一步计划。

螺旋模型由风险驱动，强调可选方案和约束条件从而支持软件的重用，有助于将软件质量作为特殊目标融入产品开发之中。但是，螺旋模型也有一定的限制条件，具体如下：

① 螺旋模型强调风险分析，但要求许多客户接受和相信这种分析，并做出相关反应是不容易的，因此，这种模型往往适应于内部的大规模软件开发。

② 如果执行风险分析将大大影响项目的利润，那么进行风险分析毫无意义，因此，螺旋模型只适合于大规模软件项目。

③ 软件开发人员应该擅长寻找可能的风险，准确地分析风险，否则将会带来更大的风险。

5. 面向对象开发模型

面向对象方法学中的核心概念主要是对象(object)、类(class)、继承(inheritance)和消息(message)。Coad 和 Yourdon 等著名软件专家认为，将这 4 种概念用于软件系统开发的方法是面向对象方法。他们将面向对象用一种简单公式描述：

$$面向对象＝对象＋分类＋继承＋通信(或消息)＋多态$$

将面向对象思想和概念用于软件开发技术，形成面向对象开发模型。面向对象开发模型在软件开发时期主要经历 OO(object-oriented，面向对象)分析，OO 设计、OO 实现和 OO 测试。

OO 分析的主要任务是识别问题域的对象，分析它们之间的关系，最终建立对象模型、动态模型和功能模型。

OO 设计是将 OO 分析的结果转换成逻辑的系统实现方案。也就是说利用面向对象观点建立求解域模型的过程。它的具体工作是问题域的设计、人机交互设计、任务管理设计计算和数据管理设计。

OO 实现的主要任务是把 OO 设计结果翻译成某种面向对象程序。OO 测试是保证软件质量和可靠性的主要措施。

6. 其他模型

(1) 喷泉模型

喷泉模型对软件复用和生存周期中多项开发活动的集成提供了支持，主要支持面向对象的开发方法。"喷泉"一词本身体现了迭代和无间隙特性。系统某个部分常常重复工作多次，相关功能在每次迭代中随之加入演进的系统。所谓无间隙是指在开发活动，即分析、设计和编码之间不存在明显的边界，如图 7-11 所示。

(2) 智能模型

智能模型是基于知识的软件开发模型，它综合了上述若干模型，并把专家系统结合在一起。该模型应用基于规则的系统，采用归约和推理机制，帮助软件

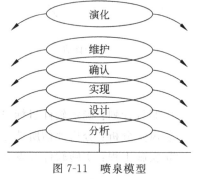

图 7-11　喷泉模型

人员完成开发工作,并使维护在系统规格说明级进行。

（3）变换模型

变换模型(transformational model)是基于形式化规格说明语言及程序变换的软件开发模型。它采用形式化的软件开发方法,对形式化的软件规格说明进行一系列自动或半自动的程序变换,最后映射成计算机系统能够接受的程序系统。

软件需求分析确定以后,用某种形式化的需求规格说明语言(如 VDNM META.-IV、CSP 和 Z)描述软件规格说明,生成形式化的规格说明。为了确认形式化规格说明与软件需求的一致性,往往以形式化规格说明为基础开发一个软件原型。用户可以从人机界面、系统主要功能、性能等几个方面对原型进行评审。必要时,可以对软件需求、形式化规格说明和原型进行修改,直至原型被确认时为止。这时软件开发人员就可以对形式化的规格说明进行一系列的程序变换,直至生成计算机系统可以接受的目标代码。

形式化规格说明语言及其变换技术的研究是当前计算机科学和软件工程领域的重要课题。人们采用的技术手段主要有:

① 基于模型的规格说明及其变换技术;

② 基于代数结构及其变换技术;

③ 基于时序逻辑的规格说明和验证技术;

④ 基于可视形式化技术。

一个实用的程序变换系统大多采用人机交互或自动变换方式。它由一系列程序变换语言(多数是系统内部的中间语言)及其编译系统、分析验证工具、控制变换过程的工具和变换规则库等组成。

以形式化开发方法为基础的变换模型需要严格的数学理论(如逻辑、代数等)和一整套开发环境的支持(如程序变换工具、定理证明工具等)。理论上,一个正确的、满足客户需要的形式化规格说明,经过一系列正确的程序变换后,应该能够生成正确的、计算机系统可以接受的程序代码。但是,目前形式化开发方法在理论、实践和人员培训方面距离实际工程应用尚有一段距离。

7.2.4 软件工程的原则

上述的软件开发目标适用于所有的软件系统开发。为了达到这些目标,在软件开发过程中必须遵循下列软件工程原则:抽象、信息隐藏、模块化、局部化、一致性、完整性和可验证性。

（1）抽象(abstraction)。抽取事物最基本的特性和行为,忽略非基本的细节。采用分层次抽象的办法可以控制软件开发过程的复杂性,有利于软件的可理解性和开发过程的管理。

（2）信息隐藏(information hiding)。将模块中的软件设计决策封装起来的技术。模块接口应尽量简洁,不要罗列可有可无的内部操作和对象。按照信息隐藏的原则,系统中的模块应设计成"黑箱",模块外部只能使用模块接口说明中给出的信息,如操作、数据类型等。由于对象或操作的实现细节被隐藏,软件开发人员便能够将注意力集中于更高层次的抽象上。

（3）模块化（modularity）。模块（module）是程序中逻辑上相对独立的成分，它是一个独立的编程单位，应有良好的接口定义，如 Fortran 语言中的函数、子程序，Ada 语言中的程序包、子程序、任务等。模块化有助于信息隐藏和抽象，有助于表示复杂的软件系统。模块的大小要适中，模块过大会导致模块内部复杂性增加，不利于模块的调试和重用，也不利于对模块的理解和修改。模块太小会导致整个系统的表示过于复杂，不利于控制解的复杂性。模块之间的关联程度用耦合度（coupling）度量；模块内部诸成分的相互关联及紧密程度用内聚度（cohesion）度量。

（4）局部化（localization）。要求在一个物理模块内集中逻辑上相互关联的计算资源。从物理和逻辑两个方面保证系统中模块之间具有松散的耦合关系，而在模块内部有较强的内聚性。这样有助于控制解的复杂性。

抽象和信息隐藏、模块化和局部化的原则支持软件工程的可理解性、可修改性和可靠性，有助于提高软件产品的质量和开发效率。

（5）一致性（consistency）。整个软件系统（包括文档和程序）的各个模块均应使用一致的概念、符号和术语；程序内部接口应保持一致；软件与硬件接口应保持一致；系统规格说明与系统行为应保持一致；用于形式化规格说明的公理系统应保持一致等。一致性原则支持系统的正确性和可靠性。实现一致性需要良好的软件设计工具（如数据字典、数据库、文档自动生成与一致性检查工具等）、设计方法和编码风格的支持。

（6）完全性（completeness）。软件系统不丢失任何重要成分，完全实现系统所需功能的程度；在形式化开发方法中，按照给出的公理系统，描述系统行为的充分性；当系统处于出错或非预期状态时，系统行为保持正常的能力。完全性要求人们开发必要且充分的模块。为了保证软件系统的完全性，软件在开发和运行过程中需要软件管理工具的支持。

（7）可验证性（verifiability）。开发大型软件系统需要对系统逐步分解。系统分解应该遵循系统容易检查、测试、评审的原则，以便保证系统的正确性。采用形式化的开发方法或具有强类型机制的程序设计语言及其软件管理工具可以帮助人们建立一个可验证的软件系统。

使用一致性、完全性、可验证性的原则可以帮助人们实现一个正确的系统。

*7.2.5　12个在不同场合反复出现的概念

ACM（Association for Computer Machinery，美国计算机协会）提出的"12个在不同场合反复出现的概念"对深化计算机教学特别是软件相关学科有着重要意义。在此简单予以介绍，供读者在学习时加以领会。

① 绑定（binding）：通过把一个抽象的概念与附加特性相联系从而使抽象的概念具体化的过程。例如把一个进程与一个处理机，一种类型与一个变量名，一个库目标程序与子程序中的一个符号引用等分别关联起来。

② 大问题的复杂性（complexity of large problems）：随着问题规模的增大，复杂性呈非线性增加的效应。这是区分和选择各种方法的重要因素。以此来度量不同的数据规

模、问题空间和程序规模。

③ 概念和形式模型（conceptual and format models）：对一个想法或问题进行形式化、特征化、可视化和思维的各种方法。例如，在逻辑、开关理论和计算理论中的形式模型，基于形式模型的程序设计语言的范式，关于概念模型，诸如抽象数据类型、语义数据类型及用于指定系统设计的图形语言，如数据流和实体关系图等。

④ 一致性和完备性（consistency and completeness）：在计算机中，一致性和完备性概念的具体体现，包括诸如正确性、健壮性和可靠性这类相关的概念。一致性包括用作形式说明的一组公理的一致性，观察到的事实和理论的一致性，以及一种语言或接口设计的内部一致性。可把正确性看作部件或系统的行为对声称的设计说明的一致性。完备性包括给出的一组公理使其能获得预期的行为的充分性，软件和硬件系统的功能的充分性，以及系统处于出错和非预期情况下，保持正常行为的能力。

⑤ 效率（efficiency）：关于诸如空间、时间、人力、财力等资源耗费的度量，例如一个算法的空间和时间复杂性理论的评估。可行性是表示某种预期的结果（如项目的完成或元件制作的完成）被达到的效率，以及一个给定的实现过程较之替代的实现过程的效率。

⑥ 演化（evolution）：更改的事实和它的意义。更改时各层次所造成的冲击，以及面对更改的事实，抽象、技术和系统的适应性及充分性。例如，形式模型随时间变化表示系统状况的能力，以及一个设计对环境要求的更改和供配置使用的需求、工具和设备的更改的承受能力。

⑦ 抽象层次（levels of abstraction）：计算中抽象的本质和使用。在处理复杂事物、构造系统、隐藏细节及获取重复模式方面使用抽象，通过具有不同层次的细节和指标的抽象能够表示一个实体或系统。例如，硬件描述的层次，在目标层级内指标的层次，在程序设计语言中类的概念，以及在问题解答中，从规格说明到编码提供的详细层次。

⑧ 按空间排序（ordering in space）：在计算学科中局部性和近邻性的概念。除了物理上的定位（如在网络和存储中）外，还包括组织方式的定位（如处理机进程、类型定义和有关操作的定位），及概念上的定位（如软件的辖域、耦合、内聚）。

⑨ 按时间排序（ordering in time）：按事件排序中的时间概念。这包括在形式概念中把时间作为参数（如在时态逻辑中），时间作为分布于空间的进程同步的手段，时间算法执行的基本要素。

⑩ 重用（reuse）：在新的情况或环境下，特定的技术、概念或系统成分可被再次使用的能力。例如，可移植性、软件库和硬件部件的重用，促进软件成分重用的技术，及促进可重用软件模块开发的语言抽象。

⑪ 安全性（security）：软件和硬件系统对合适的响应及抗拒不合适的非预期的请求以保护自己的能力；计算机设备承受灾难事件（例如自然灾害、故意破坏）的能力。例如，在程序设计语言中为防止数据对象和函数的误用而提供的类型检测和其他概念，数据保密，数据库管理系统中特权的授权和取消，在用户接口上把用户出错减至最小的特性，计算机设备的实际安全性度量，一个系统中各层次的安全机制。

⑫ 折中和结论（tradeoffs and consequences）：计算中折中的现实和这种折中的结论。选择一种设计来替代另一种设计所产生的技术、经济、文化及其他方面的影响。折中

是存在于所有科目领域各层次上的基本事实。例如在算法研究中,空间和时间的折中,对于矛盾的设计目标所采取的折中(例如易用性和完备性,灵活性和简单性,低成本和高可靠等),硬件设计的折中,在各种制约下优化计算能力所蕴含的折中。

*7.2.6　软件工程学科与专业

国际上,传统的以计算机装置为信息处理平台的计算机学科(computer)已上升、发展、凝练为更为宽泛的计算学科(computing),其五大子学科领域分别为计算机科学(CS)、计算机工程(CE)、软件工程(SE)、信息系统(IS)和信息技术(IT)。

我国高等教育中的计算机科学与技术专业基本符合计算机科学的能力培养要求,研究生阶段的计算机体系结构专业、计算机应用专业则分别对应计算机工程和信息系统、信息技术。

软件工程作为与计算机科学并列的学科地位,已获得产业和教育界认可,中国也于2011年3月正式将软件工程批准为一级学科(代码0835),标志着软件工程学科和专业建设进入到一个新的历史时期。

软件工程专业旨在培养能采用系统化、规范化、可度量的工程方法高性价比开发满足客户需求的计算机软件系统的工程技术人员。1993年,IEEE-CS和ACM为把软件工程建设成为一个专业,建立了IEEE-CS/ACM联合指导委员会,给出了"软件工程知识体"(SWEBOK)。SWEBOK全面描述了软件工程实践所需的知识,为开发本科软件工程教育计划打下了基础。2004年8月,国际教育和产业界联手推出了软件工程知识体、软件工程教育知识体(SEEK)两个文件的最终版本,标志着软件工程学科在世界范围正式确立,并在本科教育层次上迅速发展。中国的软件工程基础技术研究始于20世纪80年代初。当时,软件开发方法学成为研究热点。中国软件工程本科专业从2001年起陆续在一些综合性重点大学和理工科院校开设,有效地弥补了软件开发人才缺口;2001年全国成立了35所示范性软件学院,2004年软件本科专业规范制定并发布,由此软件工程本科教育在我国开始蓬勃发展。随着信息技术应用领域的不断扩大及中国经济建设的不断发展,"软件定义一切"理念深入人心,软件工程专业逐渐成为一个新的热门专业。

软件工程专业以计算机科学与技术学科为基础,强调软件开发的工程性,使学生在掌握计算机科学与技术方面知识和技能的基础上熟练掌握从事软件需求分析、软件设计、软件测试、软件维护和软件项目管理等工作所必需的基础知识、基本方法和基本技能,突出对学生专业知识和专业技能的培养,培养能够从事软件开发、测试、维护和软件项目管理的高级专门人才。

7.3　软件文档在软件开发中的地位和作用

软件开发的过程就是软件文档不断完善的过程,也是软件模型抽象度不断降低的过程。文档是软件开发中的阶段性成果,广义上理解,程序代码也是软件文档。

7.3.1 文档的地位和作用

一项软件开发是一个系统工程。从问题的提出到软件开发成功,要经历几个开发阶段,每个开发阶段要形成阶段性文件。各个阶段的文件都要对下一阶段工作进行宏观控制或对系统软件的开发和使用进行具体指导。因此,编制软件文档的过程,实际上就是采用软件工程方法,有组织、有计划的科学管理过程和研究开发过程。一个软件的完成,有赖于许许多多设计思想和巧妙的衔接技术。在一个多人组成的开发小组内,这些"不可见的"设计思想和设计技巧,必须形成"可见的"文档,才有可能成为编写程序的依据。因此,软件离不开文档。

文档(document)是一种数据媒体和其上所记录的数据。软件文档记录软件开发的活动和阶段成果,它具有永久性并能供人或机器阅读。它不仅用于专业人员和用户之间的通信和交流,而且还可以用于软件开发过程的管理和运行阶段的维护。

从软件的定义也可以看出,软件绝不仅仅是单指程序,而是还包括关于程序要达到的系统目标、设计思想、实现方法以及使用维护等内容的一整套详细书面描述和说明,即软件文档。从某种意义上讲,软件文档甚至比可执行程序代码还重要。缺少必要的软件文档或软件文档不合格,急忙动手编写程序就带有很大的盲目性,将会给软件开发和使用维护带来许多困难,甚至可能导致开发工作的失败。比如,开发过程缺乏必要的文档进行控制和管理,必将导致修改或增添功能困难,程序错误机会增多,程序结构混乱,程序维护难度大、成本费用高等。在软件开发后,如果未能满足用户要求,由于没有可行性研究报告和需求分析说明书作依据,还会造成互相扯皮。所以这里特别强调,文档是软件不可缺少的重要组成部分。其作用主要体现在以下几个方面。

① 文档反映软件开发人员在各阶段的工作成果和结束标志。

② 文档提高软件开发过程的"透明度",便于管理人员对整个开发过程进行控制和管理。由于软件开发是以人为中心的智力活动,每个开发人员都有各自的工作方法、研究方法、设计思路,他们的技术水平和工作进度有快有慢,这些智力活动的过程,常常是"不可见的"。而软件文档可将这些不可见的过程转化为"可见的"文字材料,从而使管理人员可以检查开发计划的实施情况,使之及时采取相应措施,使后续阶段开发人员的工作有了依据。

③ 文档增强软件开发的系统性。一项软件的开发要分若干个阶段才能完成。上一阶段的文档是下一阶段的工作依据,下一阶段的工作是对上一阶段提出的问题进一步加以分析研究,提出更加具体的解决方案的过程。各阶段的工作既是相对独立的,又有密切的联系,是一个系统性很强的、相互之间又有制约关系的统一整体,从而保证软件开发工作顺利进行。

④ 文档改善软件开发人员之间"爱莫能助"的局面,增强开发人员之间的沟通。没有软件文档,每个软件开发人员只能自扫"门前雪",别人对你的工作很难插手,提供帮助。更为严重的是你负责的那部分软件开发工作,可能脱离开发系统的整体设计导致劳而无功。

⑤ 文档记录从问题定义、需求分析、软件设计到验收测试这样一系列有关软件的管理信息和技术信息,既便于协调软件开发工作,又为软件维护和扩充提供了依据。

⑥ 文档说明软件安装、修改、运行的方法和步骤,便于软件的推广应用。向更多用户

推销软件本身，又使软件在更大范围内得到交流，提高了软件的经济效益和社会效益。

7.3.2 对文档的基本要求

1. 软件文档的基本要求

由于软件文档在软件开发和使用的整个过程中，具有重要的地位和作用，因此，对软件文档应该有严格的要求。

① 文档的及时性。前面已经说明了上一阶段的文档是下一阶段工作的指导性文件，是下一阶段工作的基本依据。各个阶段的文档必须按计划完成，并且必须是"最新版本"。

② 文档的完整性。应按照有关规定，把每个开发步骤的工作成果及时写入文档，防止丢失一些重要的技术细节而造成程序与文档的不一致。

③ 文档的准确性。文档的描述应简明、清晰、完整、准确，所用词汇术语要无二义，应尽量采用过程语言和易读易理解的图表。

④ 文档的规范性。应按照有关规定，采用统一的书写格式。各个开发阶段的文档内容要具有连续性、一致性和可追溯性，以防止出现前后矛盾，给软件开发工作造成不必要的麻烦。使用图表描述事物处理过程，应按照有关规定，采用含意确定、无歧义的特别约定符号，组成各类图形，增强图形的可读性，便于图表与正文的交叉引用。

2. 软件文档标准

对于传统工业来说，没有标准化就没有现代化的工业。大型软件工程项目也离不开标准化。软件工程师、管理人员和用户十分关心软件文档、程序的质量。软件文档、程序的标准化有助于提高软件的一致性、完整性和可理解性，有助于提高软件开发质量和效率。标准化的软件便于存档、交流和重用。

根据标准制定的机构和标准适用的范围有所不同，软件工程和软件文档标准可分为5个级别，即国际标准、国家标准、行业标准、企业（机构）标准及项目（课题）标准。以下分别对这5级标准的标识符和标准制定（或批准）的机构做一简要说明。

（1）国际标准

由国际联合机构制定和公布，提供各国参考的标准，如 ISO（International Standards Organization）——国际标准化组织。这一国际机构有着广泛的代表性和权威性，它所公布的标准也有较大的影响。20世纪60年代初，该机构建立了"计算机与信息处理技术委员会"，简称 ISO/TC97，专门负责与计算机有关的标准化工作。这一标准通常冠有 ISO 字样，如 ISO 8631—86 *Information processing-program constructs and conventions for their representation*《信息处理——程序构造及其表示法的约定》。该标准现已由中国收入国家标准。

（2）国家标准

由政府或国家级的机构制定或批准，适用于全国范围的标准，例如：

• GB——中华人民共和国国家技术监督局是中国的最高标准化机构，它所公布实施的标准简称为"国标"。现已批准了若干个软件工程标准。

- ANSI(American National Standards Institute)——美国国家标准协会。这是美国一些民间标准化组织的领导机构,具有一定的权威性。
- FIPS(NBS)(Federal Information Processing Standards(National Bureau of Standards))——美国商务部国家标准局联邦信息处理标准。它所公布的标准均冠有 FIPS 字样。如 1987 年发表的 *FIPS PUB 132-87 Guideline for Validation and Verification Plan of Computer Software*(软件确认与验证计划指南)。
- BS(British Standard)——英国国家标准。
- DIN——德国标准协会。
- JIS(Japanese Industrial Standard)——日本工业标准。

（3）行业标准

由行业机构、学术团体或国防机构制定,并适用于某个业务领域的标准,例如:

- IEEE(Institute of Electrical and Electronics Engineers)——美国电气与电子工程师学会。近年该学会专门成立了软件标准分技术委员会(SESS),积极开展了软件标准化活动,取得了显著成果,受到了软件界的关注。IEEE 通过的标准经常要报请 ANSI 审批,使之具有国家标准的性质。因此,日常看到 IEEE 公布的标准常冠有 ANSI 的字头。例如,ANSI/IEEE Str 828—1983《软件配置管理计划标准》。
- GJB——中华人民共和国国家军用标准。这是由中国国防科学技术工业委员会批准,适合于国防部门和军队使用的标准。例如,1988 年实施的 GJB 437—88《军用软件开发规范》;GJB 438—88《军用软件文档编制规范》。
- DOD_STD(Department Of Defense STanDards)——美国国防部标准,适用于美国国防部门。
- MIL_S(MILitary Standard)——美国军用标准,适用于美军内部。

此外,近年来中国许多经济部门(例如,原航空航天部、原国家机械工业委员会、对外经济贸易部、石油化学工业总公司等)都开展了软件标准化工作,制定和公布了一些适合于本部门工作需要的规范。这些规范大都参考了国际标准或国家标准,对各自行业所属企业的软件工程工作起了有力的推动作用。

（4）企业规范

一些大型企业或公司,由于软件工程工作的需要,制定适用于本部门的规范。例如,美国 IBM 公司通用产品部(General Products Division)1984 年制定的《程序设计开发指南》,仅供该公司内部使用。

（5）项目规范

由某一科研生产项目组织制定,且为该项任务专用的软件工程规范,例如,计算机集成制造系统(CIMS)的软件工程规范。

1983 年 5 月中国原国家标准总局和原电子工业部主持成立了"计算机与信息技术标准化技术委员会",下设 13 个分技术委员会,其中包括与软件相关的程序设计语言分委员会和软件工程技术分委员会。中国制定和推行标准化工作的总原则是向国际标准靠拢,对于能够在中国适用的标准一律按等同采用的方法,以促进国际交流。这里,等同采用是要使自己的标准与国际标准的技术内容完全相同,仅稍做编辑性修改。

从 1983 年起到现在,中国已陆续制定和发布了 20 项国家标准。这些标准可分为 4 类:①基础标准;②开发标准;③文档标准;④管理标准。

在表 7-4 中分别列出了这些标准的名称及其标准号。除去国家标准以外,近年来中国还制定了一些国家军用标准。根据国务院、中央军委在 1984 年 1 月颁发的军用标准化管理办法的规定,国家军用标准是指对国防科学技术和军事技术装备发展有重大意义而必须在国防科研、生产、使用范围内统一的标准。凡已有的国家标准能满足国防系统和部队使用要求的,不再制定军用标准。

表 7-4　部分软件工程和软件文档标准

分类	标 准 名 称	标　准　号	
基础标准	信息处理——数据流程图、程序流程图、系统流程图、程序网络图和系统资源图的文件编辑符号及约定	GB 1526—89	ISO 5807—1985
	软件工程术语	GB/T 11457—89	ANSI/IEEE 729
	软件工程标准分类法	GB/T 15538—95	ANSI/IEEE 1002
	信息处理——程序构造及其表示法的约定	GB 13502—92	ISO 8631
	信息处理——单命中判定表的规范	GB/T 15535—95	ISO 5806
	信息处理系统——计算机系统配置图符号及其约定	GB/T 14085—93	ISO 8790
开发标准	软件开发规范	GB 8566—88	
	计算机软件单元测试	GB/T 15532—95	
	软件支持环境		
	信息处理——按记录组处理顺序文卷的程序流程		ISO 6593—1985
	软件维护指南	GB/T 14079—93	
文档标准	软件文档管理指南		
	计算机软件产品开发文件编制指南	GB 8567—88	
	计算机软件需求说明编制指南	GB 9385—88	ANSI/IEEE 829
	计算机软件测试文件编制规范	GB 9386—88	ANSI/IEEE 830
管理标准	计算机软件配置管理计划规范	GB/T 12505—90	IEEE 828
	信息技术　软件产品评价　质量特性及其使用指南	GB/T 12260—96	ISO/IEC 9126—91
	计算机软件质量保证计划规范	GB 12504—90	ANSI/IEEE 730
	计算机软件可靠性和可维护性管理	GB/T 14394—93	
	质量管理和质量保证标准　第三部分:GB/T 19001—ISO 9001 在软件开发、供应和维护中的使用指南	GB/T 19000.3—94	ISO 9000—3—93

软件开发标准实际上是一个供人们使用的、与软件开发密切相关的各种活动的规范。

软件文档标准就是软件开发不同阶段文档的编写模板。

制定标准不宜太粗,也不宜过细。太粗可能丢掉必要的信息,太细可能限制和压抑人们的创造性。我国的标准化组织在充分借鉴国外各种软件开发标准的基础上,结合我国实际情况,陆续制定了一批软件开发标准。颁发和使用软件开发标准有利于软件开发过程的控制、管理,提高软件开发的质量,缩短软件开发和维护时间,并降低软件开发成本,促进软件的交流与合作,它标志着软件开发走上了工业化轨道。标准就是技术,标准就是平台,标准就是市场。

总的说来,软件工程标准化工作仍处于起步阶段,它在提高我国软件工程和软件文档编制水平,促进我国软件产业的发展以及加强和国外的软件交流等方面必将起到应有的作用。

7.3.3 软件文档的种类

在一个项目的软件开发过程中,各个开发阶段都要编制相应文档,记录研究成果,指导下一步的工作。由于软件开发的复杂性,软件文档都采用文字描述和图形描述相结合的方法。可读性很强的图形,描述得形象、清晰,一目了然,可以避免许多烦琐的文字叙述。因此,软件文档实际上是由文字和图表两部分构成。

软件文档从形式上来看,大致可分为两类:一类是开发过程中填写的各种图表,可称之为工作表格;另一类是应编制的技术资料或技术管理资料,可称之为文档或文件。

软件文档的编制,可以用自然语言,特别设计的形式语言,介于二者之间的半形式语言(结构化语言),以及各类图形表示。用表格来编制文档。文档可以书写,也可以在计算机支持系统中产生,但它必须是可阅读的。

按照文档产生和使用的范围,软件文档大致可分为三类:

① 开发文档:这类文档是在软件开发过程中,作为软件开发人员前一阶段工作成果的体现和后一阶段工作依据的文档。包括软件需求规格说明、数据要求规格说明、概要设计规格说明、详细设计规格说明、可行性研究报告、项目开发计划。

② 管理文档:这类文档是在软件开发过程中,由软件开发人员制订的需提交管理人员的一些工作计划或工作报告。使管理人员能够通过这些文档了解软件开发项目安排、进度、资源使用和成果等,包括项目开发计划、测试计划、测试报告、开发进度月报及项目开发总结等。

③ 用户文档:这类文档是软件开发人员为用户准备的有关该软件使用、操作、维护的资料,包括用户手册、操作手册、维护修改建议、软件需求规格说明。

根据 GB8567—88《计算机软件产品开发文件编制指南》的要求,在软件开发过程中,一般要产生 14 种文档(以文字叙述为主的软件文档):

① 可行性研究报告;

② 项目开发计划;

③ 软件需求说明书;

④ 数据要求说明书;

⑤ 概要设计说明书;

⑥ 详细设计说明书;

⑦ 数据库设计说明书;

⑧ 用户手册;

⑨ 操作手册;

⑩ 模块开发卷宗;

⑪ 测试计划;

⑫ 测试分析报告;

⑬ 开发进度月(季)报;

⑭ 项目开发结束报告。

如果按照文档的使用对象分类,可以把上述文档分为与用户安装、操作、使用密切相关的"用户文档"和表达目标系统的需求、设计思想、设计细节、功能、性能、限制以及其他特性的"系统文档"两类。系统文档又可以按用途分为面向开发人员的"技术文档"和面向管理人员的"管理文档"。

对于一项软件而言,文档是在其生存周期的各个开发阶段,依次编写完成的。其中有些文档的编写工作可能要在若干个开发阶段延续进行,才能逐步完善。

根据中华人民共和国国家标准 GB8567—88《计算机软件产品开发文件编制指南》规定,软件生存周期可以分为六个阶段:可行性研究与计划阶段、需求分析阶段、设计阶段、实现阶段、测试阶段和运行与维护阶段。

可行性研究与计划阶段要提交齐全的、可验证的文档。包括:

① 可行性研究报告;

② 初步的软件开发计划。

需求分析阶段要交付软件需求说明书和软件开发计划等文档。

设计阶段要交付齐全、可验证的文档,包括:

① 概要设计说明书;

② 详细设计说明书;

③ 数据库设计说明书;

④ 模块开发卷宗;

⑤ 测试计划。

实现阶段要完成源程序代码和模块开发卷宗。

测试阶段要交付完整的文档,包括:

① 测试分析报告;

② 用户手册和操作手册;

③ 项目开发总结报告。

软件使用和维护中要交付两个文档:

① 软件问题报告;

② 软件修改报告。

目前关于软件生命周期各阶段的划分尚不统一,但无论采用哪种划分方式,软件生命周期都包括软件定义、软件开发、软件使用与维护三个部分。

一项软件的开发,可能涉及若干分系统,一个分系统可能包含若干个子系统,一个子系统又可能包含若干个程序模块,程序模块还可以分若干程序单元等。为实现用户的功能需求,这些基本单元之间的逻辑关系可能十分复杂,用文字叙述难以说清。因此,在产生以文字为主的软件开发文档的同时,还生成一批描述本系统与其他系统之间所属关系的图表,描述本系统数据流向、层次关系、逻辑关系、数据结构与功能模块的关系等图表,丰富了文档内容。在实施过程中,由于软件的复杂程度不同,开发人员的技术水平各异,采用的方法论和统计分析工具也不尽相同,所以,图表的表现形式和描述的内容可能是千差万别的。但是,这些图表都具有以下共同的特点:

(1) 所有的图幅都由含意确定、无歧义、符合国家(际)标准的特定符号组成。

(2) 各个阶段产生的图表都描述同一个系统。一般来说,前一阶段绘制的图表是绘制后一阶段图表的基础,而后一阶段绘制的图表是对前一阶段图表的深化和继续。由于各个开发阶段的任务不同,它们描述的对象应该各有侧重,描述的详细程度也应该有所差别。

(3) 所有的图表都是为了表达开发者的思想和意图,为完成各开发阶段的任务服务,形式和内容都取决于软件开发的目标和要求。

练 习 题

一、思考题

1. 什么是软件?软件的特点是什么?

2. 计算机软件有哪些常用的划分标准?

3. 什么是软件危机?为什么会出现软件危机?软件危机的表现是什么?

4. 什么是软件工程?软件工程构成三要素是什么?试说明软件工程是如何克服软件危机的。

5. 软件工程的目标是什么?软件工程的原则是什么?

6. ACM 提出的 12 个在不同场合反复出现的概念是什么?如何理解?

7. 软件文档在软件开发中的地位和作用如何?在软件开发中对文档的基本要求是什么?

8. 如何理解标准化工作对软件文档编写的积极作用?

9. 关于计算机软件文档的常用标准有哪些?

10. 根据国家标准,软件文档的种类有哪些?

二、单项选择题

1. 软件设计要解决的是( )的问题。

　(A) 做什么　　　　(B) 怎么做　　　　(C) 有什么可做　　(D) 以上都不是

2. 下列叙述中正确的是( )。

　(A) 软件交付使用后还需要进行维护

(B) 软件一旦交付使用就不需要再进行维护

(C) 软件交付使用后其生命周期就结束

(D) 软件维护是指修复程序中被破坏的指令

3. 面向对象设计是建立在(　　)的基础上。

    (A) 类   (B) 对象   (C) 函数   (D) 接口

4. 下面选项(　　)不属于代码的标准和规范内容的。

    (A) 命名   (B) 注释   (C) 程序风格   (D) 关键字

5. 软件工程的成果是向软件设计和开发人员提供(　　)。

    (A) 思想方法   (B) 工具

    (C) 思想方法和工具   (D) 以上都不是

6. 下列叙述中正确的是(　　)。

    (A) 程序设计就是编制程序

    (B) 程序的测试必须由程序员自己去完成

    (C) 程序经调试改错后还应进行再测试

    (D) 程序经调试改错后不必进行再测试

7. 为了使模块尽可能独立,要求(　　)。

    (A) 模块的内聚程度要尽量高,且各模块间的耦合程度要尽量强

    (B) 模块的内聚程度要尽量高,且各模块间的耦合程度要尽量弱

    (C) 模块的内聚程度要尽量低,且各模块间的耦合程度要尽量弱

    (D) 模块的内聚程度要尽量低,且各模块间的耦合程度要尽量强

8. 下面(　　)项是软件工程生命周期的最后阶段。

    (A) 编码   (B) 提交   (C) 测试   (D) 维护

9. 软件是一种(　　)。

    (A) 程序   (B) 数据   (C) 逻辑产品   (D) 物理产品

10. 瀑布模型的主要特点是(　　)

    (A) 将开发过程严格地划分为一系列有序的活动

    (B) 将开发过程分解为阶段

    (C) 提供了有效的管理模式

    (D) 缺乏灵活性

11. 开发软件需高成本和产品的低质量之间有着尖锐的矛盾,这种现象称为(　　)。

    (A) 软件投机   (B) 软件危机   (C) 软件工程   (D) 软件产生

12. 下列叙述中正确的是(　　)。

    (A) 软件交付使用后还需要进行维护

    (B) 软件一旦交付使用就不需要再进行维护

    (C) 软件交付使用后其生命周期就结束

    (D) 软件维护是指修复程序中被破坏的指令

13. 需求分析最终结果是产生(　　)。

    (A) 项目开发计划   (B) 需求规格说明书

（C）设计说明书　　　　　　　　（D）可行性分析报告

14. 软件生命周期中所花费用最多的阶段是（　　　）。

（A）详细设计　　（B）软件编码　　（C）软件测试　　（D）软件维护

15. 快速原型模型的主要特点之一是（　　　）。

（A）开发完毕才见到产品

（B）及早提供全部完整的软件产品

（C）开发完毕后才见到工作软件

（D）及早提供工作软件

第**8**章

多媒体技术

本章学习目标：

通过本章的学习,了解多媒体技术相关概念,了解计算机对文本、图形、图像、音频和视频等进行处理的原理与特点,了解常用多媒体设备,了解多媒体应用技术以及多媒体应用系统的开发过程,为今后学习多媒体技术及相关领域的研究奠定良好的基础。

本章要点：

- 多媒体技术相关概念；
- 多媒体计算机系统、多媒体硬件及多媒体软件；
- 多媒体技术的发展及应用；
- 多媒体信息处理技术；
- 多媒体应用系统的开发。

多媒体诞生于 20 世纪 90 年代,是一种新型的信息表现形式,是多种媒体信息的综合表现。在信息领域发展异常迅速的今天,它已经渗透到人们生活和工作的各个方面,多媒体技术给人们的工作、生活和娱乐带来了深刻的变革。多媒体技术是计算机技术、通信技术、电子信息技术等各种技术综合而产生的一种新技术,它的应用十分广泛,具有直观、信息量大、易于接受、传播迅速等显著的特点,对多媒体技术的研究引起了人们越来越多的关注。

8.1 多媒体技术概述

多媒体技术是可以将文本、图形、图像、音频、视频等多媒体信息经过计算机设备的获取、操作、编辑、存储等综合处理后,以单独或合成的形式表现出来的技术和方法。

8.1.1 多媒体技术基本概念

1. 媒体

媒体(Medium)是指信息在传播过程中,信息源与信息的接收者之间的中介物,即传递信息的载体和物质工具。人类生活离不开信息的传播,也离不开媒体。媒体是人体的延伸。多媒体技术中的媒体主要指在计算机领域中信息传播的中间介质,是信息依附或传播的载体。

2. 媒体种类

按照国际电话电报咨询委员会(CCITT)的定义,媒体可分为以下 5 种。

（1）感觉媒体

感觉媒体是指直接作用于人的感觉器官、使人产生直接感觉的媒体。如引起听觉反应的声音,引起视觉反应的图形、图像等。

（2）表示媒体

表示媒体指传输感觉媒体的中介媒体,是感觉媒体数字化后的表示形式。如图像编码、文本编码和声音编码等各种数据编码。

（3）表现媒体

表现媒体是指用于感觉媒体和表示媒体之间相互转换的一种媒体(设备),包括输入设备和输出设备。输入设备用于将感觉媒体转换为表示媒体,如键盘、摄像机、话筒等;输出设备用于将表示媒体转换为感觉媒体,如显示器、扬声器、打印机等。

（4）存储媒体

存储媒体指用来存放表示媒体的物理载体,计算机可以随时处理和调用存放在存储媒体中的信息编码。如硬盘、光盘、U 盘等。

（5）传输媒体

传输媒体是指用于将媒体从一处传播到另一处的物理载体。如电话线、电波、双绞线、同轴电缆、光纤等。

3. 多媒体

多媒体(Multi-media)是一种全新的信息表现形式,关于多媒体的概念,迄今为止没有形成一个权威、统一或者被广泛接受的定义。但从多媒体本体的特点可以看出:多媒体是集成计算机软硬件系统和多种信息形式的一个有机整体,使人们能够以更自然的人机交互方式处理和使用信息,实现多维化信息表示的信息载体。

多媒体具有交互性、多样化和集成性三个关键特性。交互性是指用户通过人机交互的方式参与信息的选择、控制和使用过程。多样性是指信息空间的多维化。多媒体不仅是多种形式媒体的集合,其多样性的特征体现了人类接收和产生信息的多样化。集成性主要表现在多媒体信息的集成和操作这些媒体信息的工具及设备的集成两个方面。

4. 多媒体技术

多媒体技术是指以计算机系统为核心,对文本、图形、图像、动画和视频等多种媒体信息进行综合处理和控制,使用户可以通过多种感官与计算机进行实时信息交互的技术和方法,又称为计算机多媒体技术。

8.1.2 多媒体数据类型及特点

多媒体包括多种媒体信息,各种媒体信息都有其各自的特点。对各种媒体信息进行组合处理的技术又各有不同。

1. 多媒体数据类型

按照信息表现形式的不同,多媒体数据可分为文本、图形、图像、音频、动画与视频等类型。

（1）文本

文本是计算机系统中以编码方式表示的文字和符号,包含字母、数字、文字和符号等基本元素。常见的文本文件格式有 txt、doc、docx、rtf、wps 等。

（2）图形

图形一般指用计算机绘制的画面,如直线、圆、圆弧、矩形、任意曲线和图表等。图形也称为矢量图,由于图形文件中只保存生成图的算法和图中的某些特点,因此占用的存储空间很小。常见的图形文件格式有 emf、wmf、cms、svg 等。

（3）图像

图像是指由输入设备捕捉的实际画面,或以数字化形式存储的画面。常见的图像文件格式有 gif、jpg、png、bmp 等。

（4）音频

音频是人类能够听到的所有声音。数字音频是指通过采样和量化,将由模拟量表示的音频信号转换为由二进制数 1 和 0 组成的数字音频信号。常见的音频文件格式有 mp3、wav、wma、midi 等。

（5）动画

动画是采用计算机动画制作软件创作并生成的将一系列连续的画面通过播放而形成的一种动态图像。动画效果的产生,利用了人类眼睛"视觉暂留"的生物特点。人们在观察物体时,物体的映像将会在人眼的视网膜短暂保留一段时间,因此,当多张略有差异的图像快速播放时,就给人以一种物体在进行连续运动的感觉。常见的动画文件格式有 swf、gif 等。

（6）视频

视频是一种动态图像。与动画不同的是,视频信号是来自于摄像机、录像机、影碟机以及电视接收机等设备输出的连续图像信号。常见的视频文件格式有 mp4、flx、avi、rm、mov 等。

2. 多媒体数据特点

① 数据量大。文本型数据采用编码表示,数据量不大,但图像、音频和视频等媒体的数据量巨大,占用大量存储空间。

② 数据类型多。

③ 数据类型差别大。

④ 数据的输入和输出方式不同。

8.2　多媒体计算机系统

具有对多种媒体进行处理能力的计算机可称为多媒体计算机。多媒体计算机系统是指能够将多种媒体进行集成处理的计算机系统。多媒体计算机系统主要由多媒体硬件系统和多媒体软件系统两大部分组成。

8.2.1　多媒体硬件系统

多媒体硬件系统是构成多媒体系统的物质基础。任何多媒体信息的采集、处理和播放功能都离不开多媒体硬件技术的支持。

多媒体计算机硬件系统主要包括以下几部分：多媒体主机、多媒体输入设备、多媒体输出设备、多媒体存储设备、多媒体功能卡、操纵控制设备等。

① 多媒体主机。如个人计算机、工作站、超级计算机等，是在个人计算机的基础上，增加各种多媒体输入和输出设备及其接口卡等设备。

② 多媒体输入设备。如摄像机、麦克风、录像机、录音机、扫描仪、摄像头、CD-ROM等。这些设备都具有将外部媒体信息输入计算机的功能，媒体数据类型不同，所使用的输入设备也不同。

③ 多媒体输出设备。能够将多媒体信息输出到外部的设备，如打印机、绘图仪、音响、电视机、喇叭、录音机、录像机、显示器等。输出的媒体数据类型不同，所使用的输出设备也不同。

④ 多媒体存储设备。记录和存储多媒体信息的设备，如硬盘、光盘、声像磁带、闪存等。

⑤ 多媒体功能卡。如视频卡、音频卡、压缩卡、家电控制卡、通信卡等。

⑥ 操纵控制设备。如鼠标器、操纵杆、键盘、触摸屏、手柄等。

8.2.2　多媒体软件系统

除了硬件系统以外，多媒体系统还有多媒体软件系统。多媒体软件系统是多媒体技术的核心。

多媒体系统涉及设计各式各样的硬件，但要想处理不同种类的媒体数据，将不同的硬件组合在一起，使用户可以方便地使用各种媒体数据，只有多媒体硬件是不够的，还必须由多媒体软件完成这些工作。

多媒体软件系统可以分为 4 类：多媒体操作系统、多媒体创作工具软件、多媒体素材编辑软件和多媒体应用软件。

1. 多媒体操作系统

多媒体操作系统是多媒体的核心系统，主要用于支持多媒体的输入/输出及相应的软件接口,它具有实时任务调度、多媒体数据转换和同步控制、对仪器设备的驱动和控制,以及图形用户界面管理等功能。多媒体操作系统主要有 Microsoft 公司的 Windows 系列操作系统,Apple 公司 System7.0 中提供的 Quick Time 操作平台等。多媒体操作系统是多媒体系统运行的基本环境。

2. 多媒体创作工具软件

多媒体创作工具软件是指多媒体专业人员在多媒体操作系统基础上开发的、供特定领域的专业人员用于开发多媒体应用系统的工具软件,多媒体创作工具软件是创作多媒体应用系统的工作环境,是多媒体素材集成的多媒体开发创作工具。

多媒体创作工具软件有很多种类,有图形图像处理方面的软件、动画设计与制作方面的软件、音频处理方面的软件、视频编辑方面的软件等多种,它们各具特色,在不同领域中为人们所有,发挥着重要的作用。

3. 多媒体素材编辑软件

多媒体素材编辑软件主要用于采集、整理和编辑各种媒体数据。要创作一个多媒体作品,首先要收集、采集素材,然后对素材进行加工处理,最后把加工好的素材集成在一起,经过完善、包装才能出版。

根据多媒体作品的制作过程,可以将多媒体制作软件分为多媒体素材采集软件、对素材进行加工处理的编辑软件两大类。如图像设计软件 Illustrato、Freehand;图像处理软件 Adobe Photoshop、Ulead Photo Express、PhotoPoint;二维动画制作软件 Flash、Animitor Gif;声音处理软件 Cool Edit、Sound Forge、Audition;视频编辑软件 Premeier、会声会影;三维动画制作软件 3ds Max、Poser、Maya;用于多媒体课件制作的 Authorware 软件和用于网页制作的 Dreamweaver 等软件。

4. 多媒体应用软件

多媒体应用软件是在多媒体软硬件平台上根据用户的各种需求而设计开发出的软件,它们是面向应用的软件,是为满足用户需求而开发的软件。如多媒体电子出版物、视频会议系统、计算机辅助教学系统等。

截至目前,各种多媒体应用软件相继问世,它们已经不仅仅用于单机系统,而是更多的基于网络的多媒体应用软件。随着信息技术和通信技术的高速发展,多媒体技术随处可见,它们正在发挥着巨大的作用。

8.3　多媒体技术的发展

目前,多媒体技术已深入到生活中的各个领域,人们每天几乎离不开多媒体信息,多媒体信息使人们的生活更加丰富多彩,它给人们带来了无穷乐趣。然而,在计算机出现之前和出现初期的一段时间内,人们只能通过计算机实现一些数值计算和字符处理的操作,要想通过计算机设备看到图形图像等媒体信息,在那个时代是不可能的,信息只能通过报纸实现。多媒体技术在那个时代是不存在的。然而社会是不断进步和发展的,人们的思维和理念也是向前推进的。人们希望计算机能够处理更多的信息(包括媒体信息),随之就出现了一场历史悠久的产生多媒体技术的革命。

8.3.1　多媒体技术的发展史

多媒体技术经历了几十年发展至今,虽起步不算最早但发展却很快。多媒体技术最早起源于 20 世纪 80 年代中期。1984 年美国 Apple 公司研制了 Macintosh 计算机,使计算机具有统一的图形处理界面,增加了鼠标,完善了人机交互的方式,大大方便了用户的操作,从此计算机出现了彩色显示画面,一改计算机的黑白显示风格。

1987 年,Apple 公司开发的“超级卡(Hypercard)”应用程序使 Macintosh 计算机成为供用户方便使用和处理多种信息的计算机,即多媒体计算机的最早形式。

1985 年,Microsoft 公司推出了 Windows,它是一个多用户的图形操作界面,极大方便了用户对计算机的操作。从此 Windows 操作系统的功能日益完善和强大起来。不得不承认,Windows 发展到今天仍是一个备受人们喜爱、具有多媒体功能、用户界面友好的多窗口操作系统。

随着 1985 年 Windows 的诞生,几乎同期,美国 Commodore 公司推出世界上第一台多媒体计算机 Amiga 系统。Amiga 计算机具有自己专用的操作系统,它能够处理多任务,并具有下拉菜单、多窗口、图符以及处理图形、声音和视频信息等的功能。同年 10 月,IEEE 计算机杂志首次出版了完备的“多媒体通信”专集,该专集是文献中可以找到的多媒体信息的最早出处。

1986 年,Philips 公司和 Sony 公司联合研制并推出了 CD-I(Compact Disc Interactive,交互式紧凑光盘系统),CD-I 的出现为存储表示声音、文字、图形、音频等高质量的数字化媒体提供了技术支持和有效手段。

1987 年,美国无线电公司 RCA 公司首次公布了交互式数字视频 DVI(Digital Video Interactive)技术的研究成果,即多媒体技术的雏形。这个技术是将编/解码器置于微型计算机中,由微型计算机控制完成计算,它将彩色电视技术与计算机技术融合在了一起。1988 年被 Intel 公司购买,并于 1989 年与 IBM 公司合作,推出了第一代 DVI 技术产品,随后在 1991 年推出了第二代产品。

1991 年,在美国拉斯维加斯国际计算机博览会上,多媒体产品的首次亮相引起了巨大的轰动。1991 年,IBM 和 Apple 公司联合成立公司开发多媒体技术,正是这个时候,人们开始意识到多媒体时代即将到来。随着多媒体技术的发展,特别是多媒体技术向产业化的发展,各家公司争先建立自己的多媒体产品,并成立了多媒体计算机市场协会,同时,多媒体技术的标准化问题引起了人们的注意,随后相继推出了多媒体信息的数字化标准。

8.3.2 多媒体技术的发展趋势

随着现代化技术突飞猛进的发展,多媒体技术及应用也在向更广、更深的方向发展。多媒体全光通信网和基于高速互联网的分布式多媒体信息系统正向我们走来。多媒体技术和应用正在迅速发展,新的技术、新的应用、新的系统不断涌现。从多媒体应用方面看,主要呈现出以下几个发展趋势。

1. 智能化

随着计算机技术和人工智能领域研究的不断深入,计算机信息不仅仅要满足于以多媒体的形式表达和传递,而且要达到能够更好地识别多媒体信息、理解多媒体信息;理解语言的准确含义;懂得人的情感;能准确辨识图像含义;能够在基于网络的分布式数据库中搜索到用户想要的多媒体信息等。2016年中国《最强大脑》节目中的机器人"小度"就展示出了多媒体智能化的一面。"小度"的语言表达能力和对图像的快速分辨能力,已经不输人类大脑。

2. 立体化

当今的通信技术已经与互联网技术进行了良好的融合,不仅如此,与信息技术相关的各个领域都互有联系,多媒体数字化技术在人们的工作领域和生活领域中扮演着重要的角色。这些领域通过多媒体数字化技术相互渗透、相互融合,它们构成了一个立体化的网络多媒体系统,越来越多地满足人们的需要。如网上视频电话、电子商务、音频传输、远程教学、远程办公、无线远程现场监控等,多媒体数字技术的立体化发展趋势已势不可挡。目前最为常用的是微信,包括微信语音、微信视频等,人们越来越多地享受到了多媒体信息技术带来的好处。

3. 个性化

"个性化"在此主要指个性化服务。个性化服务通常是根据用户的需求设定的。该服务借助于计算机技术、网络技术及通信技术,对信息资源进行收集、整理和分类,向用户提供和推荐相关信息,以满足信息的需求。从整体上看,个性化服务打破了传统的被动服务模式,能够充分利用网络资源的优势和各种软件的支持,主动开展以满足用户个性化需求为目的的全方位服务。未来的多媒体技术发展趋势将会使个性化服务做得越来越到位,越来越满足人们的各种需求。

8.4 多媒体技术的应用

多媒体技术将文本信息、图像信息、动画信息及视听信息与计算机技术完美结合起来,创造出集图、文、声、像、动画于一体的新型信息,利用先进的软、硬件技术,使计算机具有数字化全动态、全视频的播放,编辑和创作多媒体信息功能,具有控制和传输多媒体电子邮件、电视会议等视频传输功能。多媒体技术的应用丰富多彩,新的技术不断地被开发和展现出来。由于多媒体具有直观、信息量大、易于接受和传播迅速等显著的特点,因此对多媒体应用领域的拓展十分迅速,目前已经在工业、农业、军事、商业、金融、教育、娱乐、旅游、房地产开发等各行各业,尤其在信息查询、产品展示、广告宣传等方面得到越来越广泛的应用。随着互联网技术的飞速发展,多媒体技术已成为信息技术领域中发展最快、最活跃的技术之一,其应用面还将不断扩大。目前,从总体情况来看,多媒体技术主要应用在以下几个方面。

1. 教育领域

教育领域是多媒体技术应用最早的领域,也是进展最快的领域。多媒体技术融计算机、文本、图像、声音、动画、视频和通信等多种功能于一体的特点非常适合应用于教育领域。以最自然、最容易接收的多媒体形式使人们接收教育信息、接收知识,不但扩展了信息量,提高了知识的趣味性,还增加了学习的主动性,激发学生的学习热情。目前网络的使用在大学教育中已经很普及了。由于多媒体具有图、文、声并茂,甚至有活动影像这样的特点,所以能提供最理想的教学环境,多媒体技术的介入,改变了教学模式、教学手段和教学方法,慕课和微课方式在很多教学中开展,翻转式或半翻转式的教学模式正在部分高校使用,多媒体技术的作用和潜力正在发挥。

2. 办公与政务

媒体技术在办公管理与政务处理方面发挥出了很大作用,使办公由原来操作烦琐的纸制内容转变成电子查阅信息的方式,由原来的人工通知转变为现在的电子邮件和电子信息,由传统的办公手段变为在多媒体计算机的统一管理下的高效、便捷方式,甚至开会也可以不必实际到场或面对面,利用通信设备即可以将语音、视频、文本等传送给对方。多媒体技术提供了优质高效的办公方式,使办公管理与政务处理做到及时、准确、全面,大大节省了人力和物力资源。

3. 过程模拟

多媒体技术在过程模拟和仿真模拟方面有着极大的优势。如化学反应、火山喷发、海洋洋流、天气预报、天体演化、生物进化等自然现象的诸多方面,采用多媒体技术模拟其发生的过程,可以使学习者轻松、形象地了解事物变化的原理和关键环节,并能够建立必要的感性认识,使复杂、难以用语言准确描述的变化过程变得形象而具体。

4. 人工智能

多媒体技术还可以应用于人工智能领域,如智能模拟,把专家的智慧思维方式融入计算机软件中。人们利用这种具有"专家指导"意义的软件,能获得最佳的工作成果和实现最理想的过程,如某些多媒体软件把特级大师的棋艺编制在其中,与人们对弈。还可以将人的推理、思维方式等以程序方式注入机器人,使之能模拟人的发音与思维,与人进行简单交流,如前面提到的机器人"小度"。

5. 商业广告

近年来,随着互联网的兴起,商业广告范围日益广泛,表现手段更富多媒体化,人们接收的信息量也成倍地增长。多媒体技术自然而然地被人们广泛用于商业广告。从影视广告、市场广告到企业广告等,由于多媒体技术的介入,使广告更具绚丽的色彩、变化多端的形态和特殊的创意效果,这些多媒体技术的应用,不但使人们易于了解广告的意图,还能使人们得到艺术享受。因此,多媒体广告是今后商业广告的必然趋势。

6. 影视娱乐

多媒体技术在影视娱乐作品制作和处理中被广泛采用已有一段发展时间了,如今更是在原来的基础上有了突飞猛进的发展,如动画片的制作,就能充分体现计算机技术在影视娱乐行业中的作用。动画片经历了从手工绘画到计算机绘画的过程,动画模式从平面的二维动画发展到三维动画。由于计算机的介入,动画的表现内容更加丰富,效果更加逼真。随着多媒体技术的逐步发展,在影视娱乐行业中使用计算机动画技术还将进一步发展,这种发展趋势还将继续向前推进。

7. 旅游推荐

现代人的生活水平日渐提高,旅游已成为人们享受生活的一个重要方式。多媒体技术用于旅游业,充分体现了信息社会的特点。通过多媒体把景点的风景、人文、历史等信息展示在人们眼前,帮助人们全方位了解旅游信息,还可以利用多媒体导航更加快捷地帮助人们了解旅游信息。多媒体技术应用于旅游业,为旅游业带来很多明显的变革,充分利用多媒体技术也是旅游业发展的一种趋势。

8. 网络通信

互联网技术的迅猛发展,在很大程度上对多媒体技术的进一步发展起到了促进作用。人们在网络上传递多媒体信息,以多种形式互相交流,为多媒体技术的发展创造了合适的平台和条件。多媒体通信技术与网络结合,为用户提供了丰富多彩的信息服务。

9. 建筑设计

目前,在建筑设计、建筑装修中,多媒体技术的应用发挥着很重要的作用。随着房地产产业的迅速发展,高楼大厦鳞次栉比,多媒体技术的应用给建筑设计带来了极大的便利,如在图纸的设计过程中,可以更加精确、更加直观地看到建筑的效果,除了常用的计算机辅助设计软件 CAD 外,现在的三维设计、3D 打印技术等,也都进入了建筑模型的设计中,为建筑设计提供了很大帮助。

10. 家庭娱乐

多媒体技术能将文本、图片、音频、视频、动画等集于一身,通过计算机实现音频、视频信号的采集、压缩和解压缩、音频/视频的特效处理、多媒体网络传输、音频/视频显示,形成了新一代家电类的消费。借助网络技术,手机的作用不可小觑。手机已成为家庭娱乐中的主角,强大的手机功能将网络多媒体技术及音乐、拍照、摄像、图文编辑等各种功能集于一身,携带方便,在家庭娱乐方面的应用不可或缺。

11. 医疗领域

多媒体技术的发展使医疗领域越来越信息化和自动化,医务人员可以充分利用多媒体计算机中的真实媒体资源(如文字、图像、视频)提高医疗的效率和诊断的精准性,提高就治质量。应用多媒体技术甚至可以实现远程治疗,使一些缺少医生的偏远地方可以得到更多的医疗服务,通过远程观察,医生可以获得病人的各种化验数据,还可以对病人"察言观色"查询病情,使医生做出正确的诊断和治疗。

8.5 多媒体信息处理技术

对多媒体信息的处理一般离不开多媒体软件,针对不同类型的媒体,所使用的多媒体信息处理软件也不同。

8.5.1 文本信息处理

文本信息是常用的一种媒体信息。文本信息作为多媒体信息中最基本的元素,对它的处理极为重要。文本信息的处理包括文本的采集、录入、编辑等,概括起来可分为对文本信息的获取与编辑处理。

1. 文本信息的获取

文本的获取通常可以采用专门的文字处理软件 Microsoft Word、WPS、写字板、记事本等进行加工处理,也可以通过键盘直接输入、扫描输入、OCR 文字识别、手写录入、语音录入、网络下载等其他方式获得。

通过键盘直接输入是一种常用的文本获取方法。英文可直接输入,中文需使用相应的汉字录入方法输入,字音码常使用拼音输入法,字形码常使用五笔字型输入法。

扫描输入与 OCR 常结合使用,它是将印刷稿(印刷品)中的文字以图像的方式扫描到计算机中,再通过光学识别软件(如 OCR)将图像中的文字识别出来并转换为文本形式。目前,OCR 的中文识别率可达 85% 以上。OCR 光学字符识别过程如图 8-1 所示。

图 8-1　OCR 光学字符识别过程

手写输入方法使用"输入笔"设备,类似于人们平时在纸上写字,它是在写字板上书写文字以完成文本输入。使用输入笔输入方法一般有两种：一种是与写字板相连的有线笔，另一种是无线笔。写字板也有两种：一种是电阻式，另一种是感应式。

语音输入法是指将要输入的文字内容用规范的语音朗读出来，通过麦克风等设备输入计算机，再由计算机的语音识别系统对语音进行识别，将语音转换为相应的文字。语音输入方法对发音的准确性要求比较高，目前的识别率还不是很高。

网络下载是利用网络搜索有用的文本信息，在不侵犯版权的情况下，可以从互联网上获取有用的文本。

2. 文本信息的编辑处理

文本信息的形式经常是图形文字、动态文字、静态文字等。图形文字的获取可利用 Microsoft Word 中的艺术字功能或用 Photoshop、Fireworks、Ulead COOL 3D 三维文字制作软件等图形图像处理软件进行编辑获得；动态文字的获取方法通常是利用多媒体创作软件，如 Flash、PowerPoint、Authorware 等；静态文字可用 Microsoft Word、WPS 等软件进行编辑和处理。

8.5.2 音频信息的处理

声音是物体振动产生的声波传到人们的听觉器官后所形成的感觉。声音媒体在多媒体技术中占据一定的比例。对声音媒体的处理称为音频信息的处理，主要包括对音频信息的获取、编辑和播放。

1. 音频信息的获取

（1）网络搜索与下载

利用互联网资源获取音频信息已成为人们获取音频信息的主要途径。使用搜索引擎如百度 MP3、谷歌、雅虎、搜狐、新浪、hao123 等都能搜索音频信息并下载。另外，还有很多娱乐或歌曲网站中也能搜到各种声音文件并下载。在素材网中还可以找到背景音乐和一些音效。

（2）用录制方法获取音频信息

在教学中经常涉及语音的录制问题，可以通过使用话筒、声卡等录音设备及相关录音软件，再结合计算机的数字音频处理能力即可对数字语音进行录制，如使用 Windows 系统自带的录音机程序即可采集声音。

（3）素材光盘

CD、VCD、DVD 光盘中含有大量数字音频资源，其内容丰富且音质优美，已成为音频信息的重要来源。使用专门的音频工具软件，可将 CD、VCD、DVD 光盘中的某段声音提取出来并保存为相关格式的音频文件。

（4）其他方法

可通过使用相应的软件将数字影视中的声音提取出来，如将 Flash 动画中的声音提取出来。

2. 音频信息的编辑处理

能对音频信息进行编辑和处理的软件很多,这些软件涵盖了数字音频处理的核心技术,能进行音频信号的录入、编辑、添加效果、格式转换等处理。常见的音频编辑软件有Adobe Audition、Gold Wave、Sony Sound Forge 等。千千静听能对声音文件进行简单的编辑处理,如将 mp3 格式转换为 wav 格式。以下简单介绍几种常见的音频处理软件。

(1) Adobe Audition

Adobe Audition 是集录音、混音、编辑和控制于一体的音频处理工具软件,它的前身是美国 Syntrillium Software Corporation 公司的音频处理软件 Cool Edit。Adobe Audition 功能强大,控制灵活,可以轻松地创建音乐、制作广播短片、修复音频缺陷。它能记录来自 CD、线路输入、传声器等的声源,可以对声音进行降噪、扩音、编辑等处理,还可以加入淡入淡出、3D 回响等特效,支持在 aif、au、mp3、raw、voc、wav 等文件格式间进行转换。Adobe Audition 3.0 的工作界面如图 8-2 所示。

图 8-2　Adobe Audition 3.0 工作界面

(2) Gold Wave

Gold Wave 是一款集声音编辑、播放、录制和转换于一体的音频软件,它体积小,功能实用,支持 wav、ogg、voc、iff、afc、au、mp3、aif、ape、avi、mov、sds 等多种音频文件格式,也支持从 CD、VCD、DVD 或其他视频文件中提取的音频文件格式。它内含丰富的音频处理特效,从一般特效(如回声、混响、降噪、多普勒)到高级的公式计算等多种效果。

GoldWave 不需要安装,只需将压缩包中的几个文件解压到硬盘的任意目录中,直接双击 GoldWave.exe 即可开始运行,使用起来也很方便。

（3）Sony Sound Forge

Sony Sound Forge 是一款功能极为强大的专业化数字音频处理软件,它能非常方便、直观地对音频文件及视频文件中的声音部分进行各种处理,满足从普通用户到专业录音师的各种要求,它还可以进行音效转换工作,并且具备与 RealPlayer G2 结合的功能,能让用户轻松地编辑 RealPlayer G2 格式的文件。

3. 常用音频播放软件

音频播放软件的主要功能是播放各种声音文件,有些音频播放软件还可以将音频文件的格式进行转换,方便用户的使用。音频播放软件的种类很多,目前常见的音频播放软件有以下几种。

（1）Windows Media Player

Windows Media Player 是 Microsoft 公司出品的一个免费播放软件,是 Microsoft Windows 的一个组件,它可以播放 mp3、wma、wav 等格式的音频文件。

（2）千千静听

千千静听是一款完全免费的音乐播放软件,它具有资源占用低、运行效率高、扩展能力强等特点,能支持几乎所有常见的音频格式文件。用户通过简单的操作,就可以利用千千静听在多种音频格式之间进行转换,是一款深受广大用户喜爱的音频播放软件。

（3）酷我音乐盒

酷我音乐盒是一款集歌曲和 MV 搜索、在线播放、同步歌词为一体的音乐聚合播放器,具有全、快、炫三大特点。酷我音乐盒提供了高品音质的 mp3 和标准音质的 wma 两种格式。

（4）Winamp

Winamp 是数字媒体播放的先驱,它支持 mp3、mp2、mod、mtm、mav、woc、avi、wmv 等多种音频和视频格式,可以定制界面皮肤,支持增强音频效果。

（5）一听音乐盒

一听音乐盒是一款完全免费的音乐软件,集歌曲搜索、下载、播放、管理、歌词自动配对等众多功能于一身,拥有自主研发的全新音频引擎,是国内功能最强的音乐软件之一。

此外,还有搜狗音乐盒、QQ 音乐、酷狗音乐软件、多米音乐、SoGua 迅听等。

8.5.3 图形与图像信息处理

图形和图像属于视觉能感受到的一种形象化的信息,是多媒体中重要的信息。随着计算机技术和数码设备的快速发展,图形图像的获取和处理变得日益方便和普及,所使用的技术手段和方法也较多。

1. 图形与图像信息的获取

图形图像主要分为两种类型:一类称为矢量图,另一类称为位图。两者的特点不同,所以对二者的获取方法和加工及处理的软件也不同。

矢量图（图形）：也称向量图，它由点、线、形状等组成，这些点、线、形状等都具有一定的颜色、形状、轮廓、屏幕位置等属性，这些属性是通过数学方式进行描述的。矢量图放大不失真，文件较小，但不能表示色彩丰富细腻的图像。矢量图一般通过软件绘制、网络下载、素材光盘中的图形库等获得。

位图（图像）：由像素组成，放大到一定程度后失真，文件较大，可表现内容复杂、色彩丰富逼真的画面。位图主要可以通过网络下载、数码相机拍摄、扫描仪扫描、利用软件获取、素材光盘等获得。

图形与图像的获取方法很多，常见的方法有以下几种。

（1）屏幕捕获

① 按 Print Screen 键，将屏幕信息以图像形式复制到剪贴板，再利用粘贴功能将屏幕图像粘贴到相应的文件中。

② 按 Alt＋Print Screen 组合键，将当前活动窗口信息以图像形式复制到剪贴板，再配合使用粘贴功能将图像粘贴到相应的文件中。

（2）使用软件绘制

目前画图软件种类比较多，图形与图像的获取可使用这些软件。如 Windows 的画图程序、Photoshop 和 Fireworks 等。

（3）数码相机输入

利用数码相机拍摄，再将数码相机与计算机相连，将图像导入计算机中。有时利用数码摄像头摄像后，再与相应的软件结合将实物图像或动态图像序列转换为图像输入计算机中。

（4）扫描仪扫描图像

利用扫描仪扫描图像，再将图像存储于计算机中，以备使用。

（5）利用软件获取

如使用截屏软件 Snagit 可以抓取不同类型的图像、文本和视频，使用超级解霸软件可以从光盘中截取图像。

（6）网络下载

互联网为人们提供了丰富的资源，在不涉及侵权的情况下，可以充分利用网络上的图形与图像资源。

（7）素材光盘

素材光盘中存储了大量图形与图像信息，通过复制或使用软件截取、另存为等方式获取图形图像素材。

2. 图形与图像信息的编辑处理

通过各种途径获取的图形或图像，一般需要进一步加工处理才能使用，如调整大小、旋转、裁剪、去掉多余内容、更换颜色、调整高度/对比度、添加特效、图像合成、格式转换等。

常见的图形（矢量图）处理软件有 CorelDraw、Illustrator、AutoCAD、Flash 等。最常

用的图像处理软件是 Photoshop 软件。

使用这些软件,可以绘制图形,对图像进行编辑和处理。

8.5.4　动画信息处理

动画是指利用人的视觉暂留特性,通过连续播放一系列静态的画面集合,给视觉造成连续变化的动态图像。人的眼睛看到一幅画面或一个物体后,在 1/24 秒内不会消失,在前一个画面消失之前,下一个画面又进入了视线,从而使一张张静态的画面变成了精彩的动画。

按照空间视觉效果的不同,动画分为二维动画和三维动画。二维动画是在二维空间中绘制的平面活动画面;三维动画是在三维空间中制作的立体化运动画面,又称 3D 动画。

从动画性质上,可分为帧动画和矢量动画两类。帧动画是指构成动画的基本单位是帧,一部动画由很多帧组成,每帧的内容不同,当连续播放时,形成动画视觉效果。由于帧动画是一帧一帧的画,所以制作帧动画的工作量非常大,但帧动画具有非常大的灵活性,几乎可以表现任何想表现的内容。帧动画常用在传统动画的制作、广告片的制作及电影特技的制作方面。矢量动画是 CG(Computer Graphics)动画的一种,矢量动画的制作方式与帧动画不同,它是在两个有变化的帧之间创建动画,不需要绘制出每一帧。Flash 就是矢量动画制作软件。

1. 动画信息的获取

动画信息的获取途径主要有以下几种。
① 从动画素材光盘中获取。
② 利用网络,从网上下载。
③ 使用动画制作软件。

2. 动画信息的编辑处理

动画素材的编辑处理经常使用动画制作软件制作。Macromedia 公司的 Flash 软件是一款功能强大的二维动画制作软件,也是目前最为流行的软件之一。将 Flash 中的逐帧动画、形变动画、引导动画、遮罩动画配合以 Actions Script 脚本语言,可以制作出非常美妙生动的动画。Flash CS4 的工作界面如图 8-3 所示。

利用动画制作软件,可以编辑制作出所需要的各种动画媒体。动画媒体被广泛应用于商业广告、电视电影、计算机辅助教学、建筑设备、场景模拟等方面。

8.5.5　视频信息处理

视频信息在多媒体信息中同样有着较为重要的作用。使用视频媒体可以为人们提供一个真实的场景,能生动、直观地反映出周围世界的景物和图像。

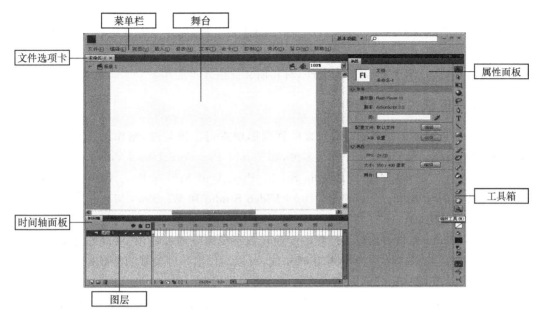

菜单栏　　　　舞台

文件选项卡

属性面板

工具箱

时间轴面板

图层

图 8-3　Flash CS4 工作界面

视频影像实质上是快速播放的一系列静态图像,按照处理方式的不同,视频可分为模拟视频(如电影)和数字视频,它们都是由一系列静止的画面组成的。

模拟视频是一种传输图像和声音且随时间连续变化的电信号,它以模拟电信号的形式记录。

数字视频是一系列数学化图像序列随时间变化组成的。在计算机中利用视频编辑软件处理数字视频,能制作出非常精彩的视频效果。数字视频的特点是能长期保存、传输稳定、抗电磁干扰能力强、多次复制不失真。

要利用计算机处理模拟视频信息,就必须将模拟视频信号转换成计算机能够处理的数字信号后再进行处理。对多媒体视频信息的处理主要包括视频信息的获取(采集)与视频信息的编辑。

1. 视频信息的获取

获取视频信息的方法有许多种,如用数码摄像机直接录制、利用网络下载数字视频文件、从素材光盘上截取等。

(1) 数码摄像头、数码摄像机输入

将数码摄像头、数码相机、摄像机与相应的软件结合,将实物图像或动态图像序列转换为图像或视频信息输入。目前使用数字摄像机拍摄实际景物,从而直接获取无失真的数字视频的方法更为普及一些。

(2) 利用网络下载数字视频

目前网络发展飞快,越来越多的视频媒体信息可以在网上搜索到。从网络下载数字视频文件不失为一种方便、快捷、有效的方法。

（3）素材光盘

利用素材光盘、CD、VCD 或 DVD 光盘中的视频素材，通过复制或用软件截取、另存为等方式获取多媒体视频素材。值得强调的是，当用超级解霸软件采集 VCD、DVD 光盘中的视频素材时，仅限于 mpg 格式文件，对其他文件格式不适用。

2. 视频信息的编辑处理

对视频信息的编辑处理就是对获取的视频影像进行编辑处理，制作出具有多种视觉效果的视频文件。视频编辑软件有很多种，如 Adobe Premiere、Ulead Video Studio(会声会影)、Windows Movie Makers、Media Studio Pro、Avid Xpress Pro、After Effects 等。其中比较常用的有 Adobe Premiere、Ulead Video Studio 和 Windows Movie Makers。

（1）Adobe Premiere

Adobe Premiere 是一款较为理想的专业化数字视频处理软件，它可以配合多种硬件进行视频捕获和输出，提供各种视频编辑功能，可以制作出各种美妙的特效视频。

（2）Ulead Video Studio(会声会影)

Ulead Video Studio 是友立(Ulead)公司的产品，它是一款非常优秀的视频编辑软件，由于它功能全面而且操作简单，能支持多种文件格式，支持 HDV、HDD 摄像机的影片获取、剪辑与输出，还能补救不佳的拍摄画面，所以深受广大视频编辑爱好者的欢迎。会声会影不仅具备个人家庭所需的影片剪辑功能，还具有制作专业级影片的剪辑功能。会声会影 10 的工作界面如图 8-4 所示。

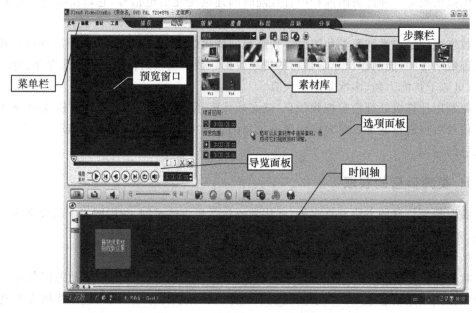

图 8-4　会声会影 10 的工作界面

（3）Windows Movie Maker

Windows Movie Maker 在 Windows XP 系统中是一个重要的媒体工具，利用该工具可以直接从数字摄像机或数码相机中获取声音和电影片断,以制作自己的电影剪辑,也可以将录像带中的内容复制并存储成数字格式文件。经压缩后每 1GB 的硬盘空间可以存储 20h 的影像。该工具制作的视频文件是 Microsoft 公司支持的 asf 格式,它可以通过 Internet 进行实时播放。

3. 常用的视频播放软件

视频播放软件的主要功能是播放视频文件。视频播放软件的种类也很多,常见的有以下几种。

(1) Windows Media Player。

(2) RealPlayer。

(3) 暴风影音。

(4) Quicktime。

(5) QQ 影音。

8.6 多媒体压缩技术

多媒体信息尤其是数字视频、音频信号等数据量十分庞大,在现有的存储和传输技术条件下,如果不对其进行有效的压缩,在实际应用中就会很不方便。因此多媒体数据压缩技术已成为当今数字媒体通信、广播、存储中的一项关键的共性技术。

8.6.1 多媒体数据压缩概述

1. 多媒体数据压缩的必要性

为什么要对多媒体数据进行压缩,主要原因有以下几点。

(1) 媒体的原始采样数据量大

多媒体信息包括文本、图形、图像、音频、动画以及视频等多种媒体信息。经过数字化处理后的音频、图像、视频等数据量非常大,如果不进行数据压缩处理,则计算机系统在对这些数据进行存储和交换时就会遇到麻烦。

(2) 有效利用存储器存储容量

目前主流的移动存储介质有 U 盘、CD-ROM、DVD-ROM 或者其他存储设备,即使容量可达 8~16GB 或更大,也几乎很难以非压缩格式容纳一部完整的商业影片。可见多媒体数字信息的容量通常都不小,需进行压缩处理,方能有效利用存储容量。

(3) 提高通信线路的传输效率

对媒体数据进行有效压缩,可以大大提高通信线路的传输效率。

(4) 消除计算机系统处理视频的 I/O 瓶颈

就个人计算机的总线频率和外存储器的寻道性能来说,很难以非压缩格式实时地将视频节目从 CD-ROM 或者硬盘中持续传送到显示系统。对媒体数据进行压缩,也是为了消除这种 I/O 瓶颈。

2. 多媒体数据压缩过程

数据的压缩实际上是一种编码过程,即根据原始数据的内在联系将数据从一种编码映射为另一种编码,以减少表示信息所需要的总位数。数据压缩处理是由编码和解码两个过程组成的。编码过程是将原始数据经过编码进行压缩,而解码过程是将编码数据还原成原始数据。数据压缩过程如图 8-5 所示。

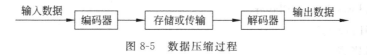

图 8-5　数据压缩过程

8.6.2　数据压缩方法

随着数字通信技术和计算机技术的发展,数据压缩技术已日趋成熟,适应各种应用场合的编码方法不断产生。

1. 数据压缩方法分类

根据经过编码、解码过程后数据是否保存一致分类,可以将数据压缩方法分为无损编码和有损编码两类;按照编码的原理可以将数据压缩方法分为预测编码、变换编码、统计编码、量化编码、混合编码等。

若压缩和解压缩过程中没有任何信息丢失,如图中输入数据仍然和输出数据相同,则这种压缩方法称为无损压缩,反之则称为有损压缩。

2. 常用的无损数据压缩方法

目前用得最多、最成熟的无损数据压缩编码技术,包括香农-范诺编码、哈夫曼编码、算术编码、行程 RLE 编码和词典编码。

(1) 香农-范诺编码

① 将待编码的符号按符号出现的概率从大到小进行排序。

② 将排好序的符号分成两组,使这两组符号的概率和相等或尽可能地相近。

③ 将第一组赋值为 0,第二组赋值为 1。

④ 对每一组,只要不是一个符号,就重复步骤②的操作,否则操作完毕。

(2) 霍夫曼编码

霍夫曼(Huffman)编码是霍夫曼在 1952 年提出的一种编码方法,是一种从下到上的编码方法。

① 初始化,根据符号出现的次数按由大到小顺序对符号进行排序。

② 概率最小的两个符号组成一个结点,结点为两个符号次数之和,除去已取出的两

个结点,加入这两个结点的和,重新排序,直至只有一个数据并且该数据的值与所有符号出现的总次数相同为止,跳向步骤④。

③ 重复步骤②,得到新结点,形成一棵"树"。

④ 从根结点开始到相应于每个符号的"树叶",从上到下标上"0"或"1"。通常左支标为0,右支标为1。

⑤ 从根结点开始顺着树枝到每个叶子分别写出每个符号的代码。

（3）算术编码

算术编码的基本原理是将编码的消息表示为实数0和1之间的一个间隔,取间隔中的一个数进行表示消息,消息越长,编码表示它的间隔就越小,表示这一间隔所需的二进制位就越多。

（4）行程RLE编码

行程RLE(Run-length Encoding)编码是一种非常简单的数据压缩编码形式。有些图像,尤其是计算机生成的图形往往有许多颜色相同的图块。在这些图块中,许多连续的扫描行都具有同一种颜色,或者同一扫描行上有许多连续的像素都具有相同的颜色值。在这些情况下就可以不存储每一个像素的颜色值,而是仅仅存储一个像素值以及具有相同颜色的像素数目。这种编码称为行程RLE编码,或称为行程编码,常用RLE表示。

行程编码是一种统计编码,该编码属于无损压缩编码,对于二值图有效。它的基本原理是用一个符号值或串长代替具有相同值的连续符号,使符号长度少于原始数据的长度。

（5）词典编码

LZW是字典编码的一种。LZW压缩算法是一种新颖的压缩方法,由Lemple、Ziv、Welch三人共同创造,并用他们的名字首字母命名,其基本原理是首先建立一个字符串表,把每一个第一次出现的字符串放入串表中,并用一个数字表示,这个数字与此字符串在串表中的位置有关,并将这个数字存入压缩文件中,当这个字符串再次出现时,即可用表示它的数字代替,并将这个数字存入文件,压缩完成后将串表丢弃。

LZW算法由Unisys公司在美国申请了专利,要使用它首先要获得该公司的认可。

3. 常用的有损数据压缩方法

虽然人们总是期望无损数据压缩,但冗余度很少的信息对象用无损数据压缩技术并不能得到可接收的结果。当人的感觉器官并不要求过于精确的数据时,可以采用有损数据压缩。

常用的一些有损压缩技术包括预测编码、变换编码。

（1）预测编码

预测编码是根据离散信号之间存在着一定关联性的特点,利用前面一个或多个信号对下一个信号进行预测,然后对实际值和预测值的差（预测误差）进行编码。如果预测比较准确,则误差就会很小。在同等精度要求的条件下,就可以用比较少的位进行编码,达到压缩数据的目的。预测编码中典型的压缩方法有差分脉冲编码调制（DPCM）和自适应差分脉冲编码调制（ADPCM）,它们较适合于声音、图像数据的压缩,因为这些数据由采样得到,相邻样本值之间的差相差不会很大,可以用较少位表示。

（2）变换编码

变换编码是指先对信号进行某种函数变换，从一种信号变换到另一种信号，然后再对信号进行编码。在变换编码系统中，压缩数据有变换、变换域采样和量化三个步骤。变换本身并不进行数据压缩，它只把信号映射到另一个域，使信号在变换域中容易进行压缩，变换后的样值更独立有序。这样，量化操作通过比特分配可以有效地压缩数据。

变换编码是一种间接编码方法，它是将原始信号经过数学上的正交变换后，得到一系列的变换系数，再对这些系数进行量化、编码、传输。

8.7　多媒体应用系统开发

多媒体应用系统的开发过程，可以借鉴软件工程开发方法进行。但多媒体应用系统又有其特殊性，不同的人或团队开发设计的系统可以在视觉上相差很大，因为它是以内容为导向的软件系统，即用户可随意阅读、欣赏和倾听系统所提供的内容。

多媒体应用系统的开发是指开发人员在多媒体软件的基础上，借助多媒体软件开发工具制作多媒体应用系统的过程。由于多媒体技术的综合性、集成性及交互性等特点，使多媒体应用系统的开发涉及较多领域，要开发一个较大型的多媒体应用系统，往往是费工费时的。

8.7.1　多媒体应用系统创作工具的选择

设计多媒体应用系统，首先要根据所选题目及内容确定所要使用的开发工具，然后按照软件工程方法进行开发和设计。

多媒体应用系统的设计与制作是一项综合性的系统工程，它不仅包括软件设计的各种技巧、艺术修养等，如文字编辑、美术编辑、音乐编辑、场景及角色设计等，高水平的设计还会涉及计算机应用领域的数据检索、知识处理以及人工智能等诸多方面的技术。

多媒体应用系统开发可使用的工具有很多，开发不同的系统所选用的工具也各有区别。工具选择得当，可大大缩短系统的开发设计周期，否则会增大开发的难度，拖延开发时间。常用的多媒体创作工具主要可以分为以下几类。

1. 高级程序设计语言

利用面向对象程序设计语言，如 Visual C++、Visual Basic、Java 等可以开发一些多媒体应用系统。这些软件一般可以充分利用操作系统的媒体控制指令和应用程序接口扩展多媒体的功能。

2. 电子著作系统的创作工具

ToolBook 是美国 Asymetrix 公司开发的多媒体创作工具，比较适合制作交互式在线学习的多媒体课件和百科全书类的多媒体作品。

3. 流程图式创作工具

Macromedia 公司开发的 Authorware 是一个基于图标和流程线的多媒体创作工具，用于多媒体素材的集成和组织。Authorware 操作简单，程序流程明了，开发效率较高。

4. 时间序列的创作工具

Director 是 Macromedia 公司开发的用于创建多媒体交互程序的创作工具，非常适合制作交互式多媒体演示产品和娱乐光盘。Director 是基于时间序列的创作工具，类似于电影的编导过程，Director 借鉴了影视制作的形式，按照对象的出场时间设计规划整个作品的表现方式，用户充当导演，按照剧本安排演员在舞台上进行表演。

5. 网络多媒体创作工具

Flash 是以时间轴为基准的网络多媒体工具。由于 Flash 能够在较低文件传输数据率下实现高质量的动画效果，因此 Flash 动画在网络中得到了广泛的应用。Flash 动画的主要特点是文件数据量小、图像质量高、矢量图形可以进行任意缩放、交互式动画和流式播放等。除了制作网页动画之外，Flash 还被广泛应用于交互式软件的开发、展示和教学 CAI 中。

8.7.2 多媒体应用系统的设计过程

1. 需求分析

需求分析是应用系统设计的第一阶段，主要是分析应用系统需要做哪些内容。根据选题确定多媒体应用系统要做什么、能不能做、系统开发是否具有可行性等。

具体任务就是用文档将用户对应用系统的具体要求和设计目标准确地描述出来。文档中通常有数据描述、功能描述、性质描述、质量保证及加工说明等。多媒体应用系统的选题定位要准确、清晰，系统选题范围是没有限制的，但必须经过认真分析和严格论证后方可确定。在该过程中应对以下问题进行调研。

（1）系统的应用对象、应用场合和应用环境。

（2）系统的主要内容、要传递的信息及要解决的问题。

（3）该系统的真实情境以及模拟环境。

（4）要表达的内容是否适合应用多媒体？用其他方法可否实现相同目的？

（5）系统实现难度及所需的人力、物力。

（6）系统的设计目标及其市场潜力，包括经济效益和社会效益。

2. 总体设计

多媒体应用系统的总体设计也称为结构设计或框架设计。总体设计的目标是决定如何构造应用系统结构。明确应用系统需划分多少个模块、模块之间的关系、每个模块的内容及总体内容的体现、模块设计的细则等。

多媒体应用系统必须将交互的概念融于项目的设计中,并确定组织结构是线性、层次还是网状连接,最后再着手脚本设计、绘制插图、设计屏幕样板和定型样本。

多媒体应用系统的总体设计一般采用模块化设计,设计时要注意模块的合理划分,明确模块之间的关系,特别是模块的组织结构要清晰。

3. 详细设计

在总体设计的基础上,开始多媒体应用系统的详细设计阶段。详细设计包括准备系统所需的素材和详细编码与设计。

许多多媒体创作工具具有很强的功能,有些工具实际上就是集成制作工具,即对已加工好的素材按照脚本设计进行最后的处理和合成。对于较为复杂的系统,需要软件开发人员用编码设计实现,或由熟悉创作工具的设计者利用集成工具及开发平台完成。若采用编码、集成工具或开发平台,则设计者应对所选用的集成工具或创作平台有充分的了解,并能熟练操作,这样才能够高效率地完成应用系统的制作。

4. 测试与运行

无论是使用编程环境,还是使用创作工具,当完成一个多媒体系统的详细设计后,一定要进行系统测试,其目的是发现设计中的错误和功能中的缺陷等。多媒体应用系统中的模块功能测试按设计目标要求逐项检查各个模块,即先单元测试,再集成测试。当模块集成后,形成一个可执行文件。设计者根据用户的返回意见,不断地进行测试与调试,直到应用系统达到满意为止。

练 习 题

一、思考题

1. 简述多媒体技术的应用领域。

2. 常用的多媒体数据类型有哪些? 请举例说明。

3. 媒体的类型有哪几种?

4. 请列举常用的图像文件格式。

5. 多媒体技术有哪些主要特点?

6. 多媒体技术的主要发展方向是什么?

7. 简述为什么要对多媒体数据进行压缩。

8. 说明多媒体计算机硬件系统主要由几部分组成。

9. 多媒体计算机软件系统分为几大类? 具体作用是什么?

10. 图形图像素材有哪些常用的获取途径?

11. 请列举出常见的两种多媒体硬件设备。

12. 举例说明多媒体技术的主要应用领域。

二、单项选择题

1. 以下(　　)项属于常用的动画媒体软件。

    (A) Word 软件　　　　(B) Photoshop　　　　(C) Excel 软件　　　　(D) Flash 软件

2. 以下(　　)项不是听觉媒体。

    (A) 广播　　　　　　(B) 录音　　　　　　(C) 书本　　　　　　(D) mp3

3. 多媒体一词指的是以下(　　)项。

    (A) Multi-Media　　(B) mp3　　　　　　(C) Multi-Make　　(D) Make-Media

4. 以下(　　)项不是视频文件格式。

    (A) avi　　　　　　　(B) mp3　　　　　　(C) mov　　　　　　(D) mpeg

5. 按照空间视觉效果的不同,动画分为二维动画和三维动画。三维动画是在三维空间中制作的立体化运动画面,又称(　　)动画。

    (A) 3D　　　　　　　(B) Flash　　　　　　(C) 交互　　　　　　(D) 二维

6. 能将音频电信号转换成声波信号并向周围空间辐射传播的器件是以下(　　)设备。

    (A) 扬声器　　　　　(B) 电子白板　　　　(C) 投影仪　　　　　(D) 电子展台

7. 以下(　　)项不是无损数据压缩编码技术。

    (A) 哈夫曼编码　　　(B) 行程 RLE 编码　　(C) 预测编码　　　　(D) 词典编码

8. 以下(　　)项属于音频文件格式。

    (A) avi　　　　　　　(B) mov　　　　　　(C) mp3　　　　　　(D) swf

9. 以下(　　)项是 Flash 动画文件。

    (A) 扩展名为 fla 的文件　　　　　　　　(B) 扩展名为 bmp 的文件

    (C) 扩展名为 jpg 的文件　　　　　　　　(D) 扩展名为 mpeg 的文件

10. 以下(　　)项属于多媒体硬件。

    (A) Flash CS 5　　　　　　　　　　　　(B) Mastercam X5

    (C) Authorware 7.02　　　　　　　　　(D) 扫描仪

第9章

常用办公软件 MS Office 2010

本章学习目标：

通过本章的学习，了解 MS Office 2010 常用办公软件的用途，掌握 Word 2010、Excel 2010 和 PowerPoint 2010 办公软件的基本操作要领，学会运用办公软件处理与解决实际问题。

本章要点：

- Word 文字处理中文档的编辑和排版、表格的制作与属性设置、图文混排基本操作、样式的设置与使用、文档的打印与设置；
- Excel 电子表格中工作表的基本操作、工作表格式设置、公式和函数的使用、数据排序、筛选、分类汇总、统计图表的创建与编辑；
- PowerPoint 演示文稿外观设置、幻灯片格式设置、动画设置、超链接设置、母版设计和幻灯片放映的设置。

办公软件是最常用的应用软件，是人们用于现代办公日常事务处理的一种重要手段。MS Office 2010 即 Microsoft Office 2010，是 Microsoft 公司继 Microsoft Office 2007 后推出的新一代办公自动化套装软件，主要包括有 Microsoft Word、Microsoft Excel、Microsoft PowerPoint、Microsoft Access、Microsoft Outlook 等。这些软件具有简单易学、操作方便、界面友好等特点，是办公人员得心应手的办公软件工具。

9.1 MS Office 2010 简介

MS Office 2010 是一款功能强大的办公软件，集文档编辑、数据处理、图形图像设计等功能于一体，不仅具有以前版本的所有功能，而且新增了很多更加强大的功能。在人们的日常办公和生活中发挥着重要作用，是人们办公的得力助手。

9.1.1 MS Office 2010 组件

MS Office 2010 主要包括 Word 2010、Excel2010、PowerPoint 2010、Access 2010、Outlook 2010 等多种组件。

Word 2010 是文字处理工具,主要用来创建和编辑文档,如信函、论文、报告和手册等,是办公软件包中使用频率最高的文字处理软件。其早期版本的 doc 格式几乎成为了行业标准。通过 Word 2010,可以实现文本的编辑、排版、审阅和打印等功能。Word 2010 还支持基于 xml 文件的格式。

Excel 2010 是电子表格工具,是一款功能强大的数据处理软件。Excel 2010 可对多种数据进行分类统计、运算、排序、筛选和创建图表等操作,它提供的函数库可以简单、方便、准确地帮助人们解决很多复杂的问题。

PowerPoint 2010 是制作演示文稿的软件。在教学领域中使用尤为广泛,它也常被用于会议、产品介绍和网页演示。通过 PowerPoint 2010,能展示出更加丰富、动感、形象和直观的漂亮画面。

Access 2010 是一种小型数据库管理系统,广泛应用于企、事业内部信息管理,也常用于网页制作。它提供了一组功能强大的控件工具,主要包括数据库基本框架、表、查询、窗体、报表、模块及宏的使用,具有较强的操作性。

Outlook 2010 是电子邮件的客户端。通过 Outlook 2010,可以在不通过网页登录邮箱的情况下,直接进行电子邮件的收发工作。它具有收发电子邮件,管理联系人信息,撰写日记,安排日程,分配任务等多种功能。

另外,MS Office 2010 还包括 OneNote 2010、InfoPath Designer 2010、InfoPath Filler 2010、Publisher 2010、SharePoint Workspace 2010 等组件。

9.1.2 MS Office 2010 组件的安装、启动和退出

1. MS Office 2010 组件的安装

找到安装盘中的安装程序并运行该程序文件,之后根据安装向导的提示完成相应操作即可,具体步骤如下。

① 双击安装程序文件 setup. exe,弹出【用户账户控制】对话框,当提示"您要允许以下程序对此计算机进行更改吗?"时,单击"是"按钮,安装程序将自动准备必要的文件。

② 进入【选择所需的安装】界面,若用户是初次安装 MS Office 2010,可以单击"自定义"按钮,进入安装界面。

在【安装选项】选项卡中,根据需要选择 MS Office 2010 组件。

在【文件位置】选项卡中,设置保存位置。

在【用户信息】选项卡中,根据需要设置用户信息,之后单击"立即安装"按钮。

③ 若是重新安装,则直接单击"立即安装"按钮进行安装即可。

④ 进入安装状态,并显示安装进度。安装完毕,单击"关闭"按钮即可。一般在安装完毕后,用户需要重新启动计算机,并激活 MS Office 2010。

2. MS Office 2010 组件的启动

当 MS Office 2010 安装完成后,就可以打开 MS Office 2010 中的任意组件了。通常

可以使用以下几种方法启动 MS Office 2010 组件中所需的应用程序。

① 单击【开始】按钮,在弹出的菜单中选择【所有程序】→【Microsoft Office】,之后即可选择所需要的应用程序。

② 为需要使用的应用程序建立"桌面快捷方式",使用时双击桌面的快捷方式图标,即可启动该应用程序。

③ 找到一个应用程序文件,直接双击该文件,打开文件的同时也可启动对应的应用程序。

3. MS Office 2010 组件的退出

当不需要使用应用程序时,可以关闭或退出应用程序。常用的退出 MS Office 2010 组件应用程序的方法有下几种。

① 单击应用程序窗口标题栏右侧的"关闭"按钮。

② 选择应用程序窗口中【文件】选项卡中的【退出】选项。

③ 选择应用程序窗口标题栏控制菜单中的【关闭】选项。

④ 双击应用程序窗口标题栏控制菜单图标。

⑤ 按 Alt＋F4 组合键。

以上五种方法均能退出 MS Office 2010 应用程序,在实际操作中选择一种操作即可。

9.2 Word、Excel、PPT 通用基本操作

MS Office 2010 各组件常用的打开、新建、保存、另存为、字体、段落、剪切、复制、粘贴、打印设置等基本操作相同。

9.2.1 创建新文件

MS Office 2010 组件启动后会自动新建一个空白文件,如果需要再次新建一个空白文件,则可以按照如下步骤进行操作:

① 在【文件】菜单下选择【新建】选项,在右侧单击"空白文档"或其他可用模板,完成选择后单击"创建"按钮。

② 快捷访问工具栏,选择【新建】命令(如果没有此命令,则可将此命令添加到快捷访问工具栏中)。

③ 快捷键:按 Ctrl＋N 组合键。

除了通用型的空白模板之外,MS Office 2010 组件中还内置了多种模板,借助这些模板,用户可以创建比较专业的各类文件。

9.2.2　保存文件

保存新建文件的方法有以下几种。

（1）自动保存

选择【文件】→【选项】→【保存】选项卡。可在【保存自动恢复信息时间间隔】中设置适合自己的时间，设置完毕后单击"确定"按钮。

（2）手动保存

单击"快速访问"工具栏中的■（保存）按钮或文件选项卡中的"保存"按钮，指定保存文件的位置和类型，输入新文件名，单击"保存"按钮即可。

请注意以下字符不能用于文件名中。

/（正斜杠）、＊（星号）、|（竖线）、\（反斜杠）、？（问号）、:（冒号）、＞＜（小于和大于号）、""（双引号）。

（3）快捷保存

按组合键（Ctrl＋S）也能保存文件。

（4）保存已命名的文件

选择【文件】→【另存为】或按 F12 键，即可弹出【另存为】对话框。

9.2.3　文件打印预览和打印

在【文件】选项卡中选择【打印】选项，在出现的页面中可以看到打印预览和设置，右侧为打印预览区。

9.2.4　文本录入与编辑

（1）中英文录入

① 按组合键 Ctrl＋Shift 切换输入法，按组合键 Ctrl＋Space 切换中英文输入法。

② 插入与改写：按 Insert 键或单击状态栏中的【插入】或【改写】按钮，可以在插入状态与改写状态之间切换。

插入模式：在文本的左侧输入时原有文本将右移。

改写模式：在文本的左侧输入时原有文本将被替换。

（2）插入特殊符号

选择【插入】→【符号】。

9.2.5　选定文本

（1）选择任意文本

将光标置于要选择的文本首字的左侧，按住鼠标左键，拖动光标至要选择的文本尾字的右侧,然后释放鼠标,即可选择所需的文本内容。

(2) 选择连续文本

将光标插入点置于要选择的文本的首字符左侧,然后按住 Shift 键不放,单击要选择的文本的尾字符右侧位置,即可选中该区间内的所有文本。

(3) 选择整行文本

将鼠标置于要选择的文本行的左侧,待鼠标指针呈箭头状时单击,即可选择光标右侧的整行文本。

(4) 选择整句文本

先按住 Ctrl 键不放,再单击要选择的句子的任意位置即可。

(5) 选择整段文本

将鼠标指针置于要选择的文本段落的左侧,待指针呈箭头状时双击,即可选择鼠标指针右侧的整段文本。

(6) 选择整篇文本

将鼠标指针置于要选择的文本段落的左侧,待指针呈箭头状时连续单击三次,即可选择整篇文档的内容。

9.2.6 移动、复制和删除文本

(1) 移动文本

方法一:选中内容后,直接拖动。

方法二:选择【剪切】→【粘贴】。

方法三:按组合键 Ctrl+X 和 Ctrl+V。

(2) 复制文本

方法一:选中内容后,按住 Ctrl 键直接拖动。

方法二:选择【复制】→【粘贴】。

方法三:按组合键 Ctrl+C 和 Ctrl+V。

(3) 删除文本

方法一:按 Backspace 退格键。

方法二:按 Delete 键。

方法三:选择【剪切】。

9.2.7 字符格式化

(1) 设置字体、字形、字号、颜色、中文版式等

方法一:选中文本后,在【开始】→【字体】组中进行设置。

方法二:在"字体、字形、字号、颜色"下拉列表框中设置。

方法三:单击【开始】→【字体】组右下角的小箭头,弹出【字体】对话框进行设置。

(2) 设置边框、对齐方式、特殊效果等

在【字体】对话框中还可以进行边框、对齐方式、特殊效果等的设置。

9.2.8　样式与格式刷

（1）样式的概念

样式是指一系列排版格式的集合,作为一组排版格式被整体使用。用户可以直接选择需要的样式,而不必逐个设置各种格式。

① 字符样式:保存了的字符格式,如文本的字体、字号、字形、颜色、字符间距等格式。

② 段落样式:保存了所有字符格式和段落格式,一般应用于当前段落。

③ 自动套用格式:保存了一些现成的表格格式。

（2）应用样式

选取字符或段落或表格后,选择【开始】→【样式】,选择样式,单击"确定"按钮。

（3）格式刷的概念

格式刷:快速将文字、段落、图形的格式复制到目标对象上。

用法:选择源对象后单击格式刷  按钮,用鼠标在选择目标对象上拖动即可。

技巧:单击使用一次,双击使用多次。

9.2.9　对齐方式

选择【开始】→【段落】中的"对齐方式组",如图 9-1 所示。

① 右对齐:文本右侧对齐,左侧不考虑。

② 左对齐:文本左侧对齐,右侧不考虑。

③ 居中对齐:文本或段落靠中间对齐。

图 9-1　段落对齐按钮

④ 分散对齐:文本在一行内靠两侧进行对齐,字与字之间会拉开一定的距离(距离大小视文字多少而定)。

⑤ 两端对齐:除段落最后一行外的其他行每行的文字都平均分布位置。

⑥ 段落或表格设置边框功能。选择【开始】→ ▦⁻ ,弹出对话框进行设置。

9.3　Word 2010 常用功能

Word 2010 是 Microsoft 公司开发的 Office 2010 办公组件之一,是目前世界上最流行的文字编辑软件。使用它可以轻松、高效地组织和编排出精美、专业的文档,方便地编辑和发送电子邮件,编辑和处理网页等。

9.3.1　Word 2010 视图

Word 2010 包括 5 个视图切换按钮,即"页面视图""阅读版式视图""Web 版式视图"

"大纲视图"和"草稿视图"。用户可以在"视图"功能区中选择需要的文档视图模式,也可以在 Word 2010 文档窗口的右下方单击视图按钮选择视图。

① 页面视图可以显示 Word 2010 文档的打印结果外观。

② 阅读版式视图以图书的分栏样式显示 Word 2010 文档,"文件"按钮、功能区等窗口元素被隐藏起来。

③ Web 版式视图以网页的形式显示 Word 2010 文档,Web 版式视图适用于发送电子邮件和创建网页。

④ 大纲视图主要用于设置 Word 2010 文档和显示标题的层级结构,并可以方便地折叠和展开各种层级的文档。

⑤ 草稿视图取消了页面边距、分栏、页眉页脚和图片等元素,仅显示标题和正文,是最节省计算机系统硬件资源的视图方式。

9.3.2 段落格式化及分级功能介绍

文件排版建议采用"先框架后内容"的写法,即先写好分级框架,再逐级填充内容。

1. 段落缩进

(1) 概念

① 首行缩进:段落首行第一个字的位置,在中文文档中一般段落首行缩进两个字符。

② 悬挂缩进:段落中除第一行以外的其他行左边的起始位置。

③ 左缩进:段落的左边起始位置。

④ 右缩进:和左缩进是相对的,段落的右边起始位置。

(2) 设置方法

方法一:使用标尺设置缩进,如图 9-2 所示。

图 9-2 标尺设置

方法二:选中需要设置缩进的特定段落或全部文档,选择【开始】→【段落】,弹出对话框,在【缩进和间距】选项卡中进行设置。

2. 级别的选择与调整

(1) 在大纲模式下,将鼠标光标放在需要调整级别的内容的某个位置或选定全部内容,鼠标左键单击菜单栏上的"➡ ◆ 4级   ▾ ◆ ➡"按钮调整相关内容的显示级别。

(2) 同级别格式的调整:鼠标光标放在已经调整好格式的位置,鼠标左键单击"格式刷"按钮,鼠标光标移动到需要调整格式的位置即可。

9.3.3 表格操作

在对文字进行处理的过程中,经常要在 Word 文档中插入表格,使文本的表达更加简明直观。

表格由水平的"行"和垂直的"列"构成,行和列交叉产生的方格称为"单元格",单元格内可以输入文字、数字和图形,并可进行编辑排版。

(1) 创建表格

① 选择【插入】→【表格】→【插入表格】,在下拉列表中直接向右方和下方拖动鼠标,表格即可创建。

② 选择【插入】→【表格】→【插入表格】,单击"插入表格"按钮,通过【插入表格】对话框创建表格。

③ 选择【插入】→【表格】→【插入表格】,单击"绘制表格"按钮。

④ 插入快速表格:选择【插入】→【表格】→【插入表格】,选择【快速表格】选项,在弹出的子选项中选择合适的表格。

⑤ 文本转换表格:选定文本后,选择【插入】→【表格】→【插入表格】,单击"文本转换表格"按钮,进行设置后单击"确定"按钮。

(2) 在 Word 文档中插入表格

在 Word 文档中插入表格的建议:Word 文档中需要添加的表格,建议先在 Excel 表格中做好,然后把相关内容粘贴到 Word 文档的指定位置。

在 Excel 表格中,按住鼠标左键不放选定相关内容,然后按 Ctrl+C 组合键打开需要添加表格的 Word 文档,将鼠标光标放在需要添加的位置,按 Ctrl+V 组合键即可插入表格。

(3) Word 文档中表格的调整

单击表格左上角的小方框,让整个表格变黑,单击鼠标右键,选择【自动调整】,根据需要选择"根据内容调整表格""根据窗口调整表格""固定列宽"。

(4) 绘制斜线表头

斜线表头是指使用斜线将一个单元格分隔成多个区域,然后在每一个区域中输入不同的内容。选择【表格工具】→【设计】→【表格样式】→边框→斜上框线/斜下框线。

(5) 表格的边框和底纹

选择【表格工具】→【设计】→【表格样式】→"边框"下拉三角按钮→边框和底纹。

9.3.4 文档中图片的插入

Word 2010 不但具有强大的文字处理功能、表格处理功能,还具有图形处理功能,可以在文档中插入图形,实现图文混排,使文档更加生动,美观大方,吸引读者。

1.【插入】选项卡

（1）插入图形文件

用户可以在文档中插入图形文件，文件格式包括 bmp、jpg、png、gif 等。把插入点定位到要插入图片的位置【插入】→【插图】组中，单击"图片"按钮，则插入图片文件；单击"剪贴画"按钮，则插入剪贴画；单击"形状"按钮，则可以插入各种线条、基本图形、箭头、流程图、星、旗帜、标注等，单击"屏幕截图"按钮，则可以插入截取屏幕的内容。

（2）插入艺术字

艺术字是指将一般文字经过各种特殊的着色和变形处理后得到的艺术化文字。

① 选择【插入】→【文本】→【艺术字】，选择需要的艺术字。

② 编辑艺术字：选择【艺术字】→【格式】→【艺术字样式】组，根据需要单击"文本填充"或"文本轮廓"或"文本效果"按钮。

（3）插入文本框

文本框是存储文本的图形框，文本框中的文本可以像页面文本一样进行各种编辑和格式设置操作，同时整个文本框又可以像图形、图片等对象一样在页面上进行移动、复制、缩放等操作。

操作方法：选择【插入】→【文本】→【文本框】下拉按钮，在弹出的下拉面板中选择要插入的文本框样式，在文本框中输入文本内容并编辑格式即可。

（4）创建 SmartArt 图形

SmartArt 图形用来表明对象之间的从属关系和层次关系等。用户可以根据自己的需要创建不同的图形。操作方法：单击【插入】→【插图】组中的 SmartArt 按钮。

2. 图片的调整

（1）鼠标左键单击选中图片，根据需要调整图片的大小。

（2）选择【图片工具】→【格式】→【大小】，调整图片的高和宽。

（3）设置图片样式：选择【图片工具】→【格式】→【图片样式】组。

（4）调整图片亮度\对比度：选中图片后单击【图片工具】→【格式】→【调整】组中的"更正"按钮。

（5）裁剪图片：选中图片后单击【图片工具】→【格式】→【大小】组中的"裁剪"（自由裁剪/裁剪为形状/按纵横比裁剪）。

3. 图文混排

文档中有很多的图像和文字，处理图像和文字之间的大小、位置等参数，使其布局更加合理美观，需要进行文字环绕方式的设置。环绕是指图片与文本的关系，图片一共有 7 种文字环绕方式，分别为嵌入型、四周型、紧密型、穿越型、上下型、衬于文字下方和浮于文字上方。图片插入或粘贴到文档时默认是嵌入型放置。

操作方法：设置文字环绕时单击【格式】选项卡下【排列】组中的"自动换行"下拉按钮，在弹出的【文字环绕方式】下拉列表中选择一种适合的文字环绕方式即可；或选中图片后右击鼠标,在快捷菜单中选择【自动换行】选项打开。

4. 对象层次关系

在已绘制的图形上再绘制图形,则产生重叠效果。

(1) 更改叠放次序

更改叠放次序,先选择要改变叠放次序的对象,选择绘图工具【格式】选项卡,单击【排列】组中的"上移一层"按钮和"下移一层"按钮选择本形状的叠放位置,或单击快捷菜单中的【上移一层】选项和【下移一层】选项。

(2) 对象组合

按住 Shift 键,用鼠标左键依次选中要组合的多个对象;选择【格式】选项卡,单击【排列】组中的"组合"下拉按钮,在弹出的下拉菜单中选择【组合】选项,或单击右键快捷菜单中【组合】下的【组合】选项,即可将多个图形组合为一个整体。

(3) 对象分解

选中需分解的组合对象后,选择【格式】选项卡,单击【排列】组中"组合"下拉按钮,在弹出的下拉菜单中选择【取消组合】选项,或单击右键快捷菜单中的"组合"下的【取消组合】选项。

9.3.5 页眉、页脚和页码

页眉和页脚是指文档中每个页面顶部和底部的区域,在这两个区域内添加的文本或图形内容将显示在文档的每一个页面中,可以避免重复操作。

操作方法为选择【插入】→【页眉和页脚】组中的"页眉"按钮或"页脚"或"页码"按钮进行相应的设置。

9.3.6 页面设置

在【页面布局】选项卡的【页面设置】组中,分布着"纸张大小""纸张方向""页边距"等按钮,可以根据实际需要进行页面设置。

(1) 分栏

分栏是指将页面在横向上分为多个栏,文档内容在其中逐栏排列。Word 中可以将文档在页面上分为多栏排列,并可以设置每一栏的栏宽以及相邻栏的栏间距。

操作方法为选定要设置分栏的段落后选择【页面布局】→【页面设置】→【分栏】按钮。

(2) 设置分页和分节

分隔符是文档中分隔页或节的符号。

分页符:分页符是分隔相邻页之间的文档内容的符号。

分节符:Word 中可以将文档分为多个节,不同的节可以有不同的页格式。通过将文档分隔为多个节,可以在一篇文档的不同部分设置不同的页格式(如页面边框、纸张方向等)。

操作方法是选择【页面布局】→【页面设置】→【分隔符】进行相应设置。

（3）设置页面背景和页面边框

在【页面布局】→【页面背景】组中分布着"页面颜色"按钮、"页面边框"按钮、"水印"按钮，可以进行相应的设置。

9.3.7　项目符号和编号的设定与选择

项目编号可使文档条理清楚和重点突出，提高文档编辑速度，因而深受喜爱用 Word 编辑文章的朋友欢迎，具体操作方法如下。

① 选定要设置多级列表或项目符号、编号的段落。

② 在【开始】→【段落】组中选择"项目符号、编号、多级列表"按钮。

③ 在 Word 2010 的编号格式库中内置有多种编号，用户还可以根据实际需要定义新的编号格式。

9.3.8　目录的生成及更新

制作书籍、写论文、做报告的时候，制作目录是必须的，通过使用 Word 2010 自动生成目录，可以制作出条理清晰的目录，操作方法如下：

① 单击【开始】→【样式】右下角的小箭头，打开样式窗口。

② 把光标移到需要制作目录的文字上，单击样式中的标题 1 或标题 2 等。

③ 重复上面的操作步骤，继续制作目录。标题 1 是大标题，标题 2 相对于标题 1 是小标题。标题 1 包含标题 2，标题 2 包含标题 3，大纲级别 1 最高，大纲级别 1 包含大纲级别 2、3、4、5 等，大纲级别 2 包含大纲级别 3、4、5、6 等，依次类推。如果想制作多层目录，只要修改标题的大纲级别即可。

④ 将光标移动到想创建目录的页面，单击【引用】→【目录】，然后弹出如下窗口，单击"自动生成目录"按钮即可，如果对文章内容进行了修改，想相应地修改目录，则只需在目录上右击更新域即可。

⑤ 也可以采用导航目录方式制作目录，方法是单击【视图】→【导航窗格】。

⑥ 注意事项：制作目录之前，最好先列出大纲、每一个主标题和副标题，然后设置标题的样式，再然后设置标题的编号格式。大体的目录结构成型后，写文档的时候就会比较清晰。

9.3.9　查找和替换操作

（1）撤销与恢复操作

如果不小心删除了一段不该删除的文本，可通过单击"自定义快速访问工具栏"中的"撤销"按钮把刚刚删除的内容恢复过来。如果又要删除该段文本，则可以单击"自定义快速访问工具栏"中的"恢复"按钮。

（2）查找与替换文本

在进行文档的编辑和排版时,查找和替换功能十分常用。以下三种方式都可以弹出查找对话框,分别输入查找替换的内容,选择命令按钮即可。

① 选择【开始】→【编辑】→【查找】→【高级查找（A）】项。

② 选择【开始】→【编辑】组→【替换】。

③ 组合键是 Ctrl＋H。

9.3.10　邮件合并

邮件合并就是在邮件文档（主文档）的固定内容中,合并与发送信息相关的一组通信资料（数据源:如 Excel 表、Access 数据表等）,从而批量生成需要的邮件文档,大大提高工作的效率。邮件合并需要三个基本过程。

（1）建立主文档

主文档就是固定不变的主体内容,如信封中的落款、信函中对每个收信人都不变的内容等。

（2）准备好数据源

数据源就是含有标题行的数据记录表,其中包含相关的字段和记录内容。数据源表格可以是 Word、Excel、Access 或 Outlook 中的联系人记录表。

（3）把数据源合并到主文档中

前面两个步骤都做好之后,就可以将数据源中的相应字段合并到主文档的固定内容之中了,表格中的记录行数,决定着主文件生成的份数。整个合并操作过程将利用"邮件合并向导"进行。

9.4　Excel 2010 常用功能

Excel 2010 是 Microsoft 公司开发的一种电子表格处理软件,是 MS Office 2010 组件中的一个重要成员,其主要功能是能够方便地制作出各种电子表格。应用 Excel 2010 提供的公式与函数功能,可以方便快捷地对数据进行科学运算,利用数据管理功能快速完成对数据的统计、排序与汇总功能,通过 Excel 2010 的统计图表功能可以形象、直观地完成数据的各种统计和分析。由于 Excel 2010 具有十分友好的人机界面和强大的数据处理功能,它已成为广大用户离不开的一款办公软件。

9.4.1　数据的输入、修改和查找

1. 数据的输入

在 Excel 工作表单元格中,可以输入的数据包括文本、数值、日期、公式、函数等。在

向单元格中输入数据时,要选中单元格,再向其中输入数据,所输入的数据会显示在公式栏和单元格中。常用以下三种方法进行单元格输入。

① 直接单击选择单元格,输入数据,按 Enter 键确认。

② 选定单元格后,用鼠标在"编辑栏"的内容框中单击,并在其中输入数据。

③ 双击单元格,在单元格内出现了插入书写光标,在特定位置处输入。

④ 文本数据的输入。

Excel 文本包括汉字、英语字母、数字、空格以及其他由键盘能输入的各种符号等。文本输入时一律默认左对齐。有些数字(如电话号码、学号、身份证号、邮政编码等)经常被当作字符处理。

在输入数字形式的文本型数据(如学号、序号、身份证号等)时,在数据输入之前先输入单引号('),然后再输入数据,这种数据是"数字字符"而非数值型数据。

⑤ 数值数据的输入。

数值型数据是可以进行运算的数据。在 Excel 工作表中,数值型数据是最常见、最重要的数据类型。默认情况下数值型数据在输入时单元格右对齐,输入时在单元格中直接输入。

⑥ 日期和时间数据的输入。

在 Excel 中,当在单元格中输入系统可识别的时间和日期数据时,单元格的格式就会自动转换为相应的"时间"或者"日期"格式,而不需要设定该单元格为"时间"格式或"日期"格式。输入的日期在单元格内采取右对齐的方式。如果是不能识别的日期,则输入的内容将被视为文本,并在单元格中左对齐。

2. 数据的修改

当在单元格中输入数据发生错误,或者要改变单元格中的数据时,需要对数据进行修改。删除单元格中的内容,用全新的数据替换原数据,或者对数据进行一些微小的变动。

(1) 删除和清除单元格数据

选中要删除的单元格或者单元格区域,按 Delete 键删除。该方法只能删除单元格的数据,而不能删除单元格的格式等其他属性。

要想彻底删除单元格可以通过使用"清除"命令实现。选中要清除的单元格或者单元格区域,单击【开始】选项卡,在功能区的【编辑】组中单击"清除"按钮 $\diamondsuit$,在【清除】下拉列表中选择相应的命令即可。

(2) 更改单元格数据

单击选中需要更改数据的单元格,使其处于编辑活动状态,输入新的数据,这样单元格中的内容就会被新输入的内容取代。

对单元格数据的修改有时会插入行、列、单元格,有时会删除行、列、单元格。这些可以通过【开始】选项卡,在功能区的【单元格】组中单击"插入"或"删除"按钮完成相对应的操作。

3. 数据的移动、复制与粘贴

移动单元格数据是指将输入在某些单元格中的数据移至其他单元格中,复制单元格或区域数据是指将某个单元格或区域数据复制到指定位置,原位置数据仍然存在。

移动和复制单元格或区域数据的方法基本相同。选中单元格数据后,选择【开始】选项卡,在功能区的【剪贴板】组中单击"剪切"按钮 ✂ 或"复制"按钮 📋▾;然后单击要粘贴数据的位置,选择【开始】选项卡,在功能区的【剪贴板】组中单击"粘贴"按钮,即可将单元格数据移动或复制至新位置。

移动、复制与粘贴的操作,还可以通过快捷菜单和组合键完成,这些操作与很多其他软件相类似。

4. 查找记录

使用 Excel 的查找功能可以找到特定的数据,使用替换功能可以用新的数据替换原数据。

选择【开始】→【编辑】组,单击"查找和选择"按钮,在打开的下拉列表中选择"查找"命令可打开【查找和替换】对话框。选择【查找】选项卡,则会显示出【查找】界面;选择【替换】选项卡,则会显示出【替换】界面。分别输入或设置对话框中的各项可完成查找或替换操作。

9.4.2 格式设置

对 Excel 工作表格式进行设置是一项很重要的工作,通过格式化操作,能使工作表更加美观和便于阅读。格式化工作主要是对单元格、行、列、工作表等格式进行设置。

Excel 单元格格式的设置主要包括字体格式、对齐方式、边框和底纹以及背景色的设置。

(1) 设置字体格式

单击【开始】→【字体】组中用于字体设置的按钮完成。

(2) 设置对齐方式

在 Excel 中,单元格的对齐方式是指单元格中的内容在显示时,相对单元格上、下、左、右的位置。默认情况下,文本型数据靠左对齐,数值型数据靠右对齐,逻辑值和错误值居中对齐。但是实际应用时,用户可根据需要进行重新设置。对于简单的对齐工作,可以直接通过单击【开始】→【对齐方式】组中的各命令按钮实现,如果对齐工作比较复杂,可以使用【设置单元格格式】→【对齐】选项卡设置,当然,在设置之前一定要先选中被设置的数据对象。

(3) 设置数字格式

当用户在 Excel 工作表中输入数字时,数字以整数、小数或科学记数方式显示。这些显示方式可以改变。Excel 提供了多种数字显示格式,如数值、货币、会计专用、日期格式、自定义等。用户可根据实际需要进行设置。选定需要设置数字格式的单元格或单元格区域。在【开始】→【数字】→【设置单元格格式】中选择【数字】选项卡即可按要求设置数字格式。

9.4.3　公式的使用

Excel 公式是指由运算符、单元地址、数值等组成的表达式。输入公式时，先选定要输入公式的单元格，在单元格或编辑栏中输入等号（＝）后再输入公式内容，如输入"＝A6＋D8－10"则是要在单元格中计算 A6＋D8－10 的值。输入完成后按 Enter 键，或者单击编辑栏中的■按钮结束操作，结果会显示在单元格中。

1. Excel 公式

简单的公式有加、减、乘、除等算术运算；复杂的公式可以包含函数、引用、多种运算符等。

（1）输入公式

输入公式要以＝开始，用户可以在单元格中输入公式，也可以在编辑栏中输入。输入完毕按 Enter 键。

（2）修改公式

双击要修改的公式所在的单元格，此时公式进入修改状态。也可以进入编辑栏直接对公式进行修改。

（3）复制公式

当工作表中有多处使用同一个公式时，如一列或一行使用同一个公式，此时可以对公式进行复制。用户可以对公式进行单个复制，也可以进行快速填充。快速填充公式时，选中要复制公式的单元格，然后将鼠标移动到单元格的右下角，当鼠标指针变成■时，按住鼠标左键不放，拖动填充需复制公式的单元格区域。

（4）单元格的引用

Excel 单元格的引用包括相对引用、绝对引用和混合引用三种。用户可以根据需要选择相应的操作。

① 相对引用。

相对引用是基于包含公式和引用的单元格的相对位置而言的。如果公式所在单元格的位置改变，引用也将随之改变；如果多行或多列地复制公式，引用会自动调整，默认情况下，新公式使用相对引用。简言之，相对引用就是指公式和函数中的单元格位置将随着公式的位置而改变。

② 绝对引用。

绝对引用总是在指定位置引用单元格，如果公式所在单元格的位置改变，绝对引用的单元格也始终保持不变，如果多行或多列地复制公式，绝对引用也不会改变。简言之，绝对引用就是指公式和函数中的单元格位置是固定不变的，无论公式或函数被复制到哪个单元格，公式或函数的结果是不变的。使用绝对引用时要在单元格的列标和行号前面加上符号 $。

③ 混合引用。

混合引用是指在同一个单元格中，既有相对引用又有绝对引用。混合引用包括绝对列和相对行,或是相对列和绝对行两种形式。如果公式所在单元格的位置发生了变化,则相对引用改变,而绝对引用不变。如果多行或多列地复制公式,则相对引用自动调整,而绝对引用不做调整。

2. 公式的输入

公式中可使用的运算符包括算术运算符、比较运算符和文字运算符。

① 算术运算符:加(+)、减(−)、乘(*)、除(/)、取余(%)、乘方(^)等。

② 比较运算符:=、>、<、>=(大于等于)、<=(小于等于)、<>(不等于),比较运算符公式返回的计算结果为 True 或 False。

③ 字符运算符:&(连接)可以将两个文本连接起来。

当多个运算符同时出现在公式中时,Excel 对运算符的优先级做了严格规定,算术运算符从高到低分三个级别:取余和乘方、乘除、加减。比较运算符优先级相同。三类运算符又以数学运算符最高,字符运算符次之,最后是比较运算符。优先级相同时,按从左到右的顺序计算。

9.4.4 函数的使用

1. 函数的输入

函数是 Excel 的精华,Excel 函数是一些内置的预定义公式,通过使用一些参数完成特殊任务。Excel 函数具有强大的功能,从简单的数据分析到复杂的系统设置,在实际工作中给用户带来了极大的方便。Excel 函数是公式的综合,是一种特殊的公式,它的语法与公式的语法一致。Excel 内部函数包括常用函数、财务函数、日期与数据函数、数学与三角函数、统计函数、查找与引用函数、数据库函数、文本函数、逻辑函数、信息函数等。

输入函数通常有以下几种方法。

① 由等号=开始,按照函数的格式直接输入函数表达式,如=SUM(B1:B6)。

② 选择【公式】选项卡,在功能区的【函数库】组中单击"插入函数"按钮,打开【插入函数】对话框,选择函数,输入或选择函数的参数,单击"确定"按钮。

③ 选择【开始】选项卡功能区,单击【编辑】组中的"插入函数"按钮,打开【插入函数】对话框。以下与步骤②中的操作方法相同。

在 Excel 中函数的语法与公式的语法一致,但是要注意以下几点。

① 函数是一种特殊的公式,所有的函数都要以=开始。

② 函数名与括号之间没有空格,括号要紧跟在函数之后,参数之间要用逗号隔开,逗号和参数之间也不要插入空格或者其他字符。

③ 每一个函数都包含一个语法行。

④ 如果一个函数的参数行后面跟有省略号(……),则表明可以使用多个该种数据类型的参数。

⑤ 函数名称后无论是否有参数,都必须带括号,以便 Excel 能够识别。

2．常用函数

Excel 2010 提供了很多内置函数，表 9-1 列出了 Excel 2010 的常用函数。其他函数的使用方法可以查看【插入函数】对话框中的相应说明。

表 9-1　Excel 2010 常用函数

含义	函数名	功能（示例）
求和函数	SUM	计算单元格区域中所有数值的和，如 SUM(D2:F5)
平均值函数	AVERAGE	返回其参数的算术平均值，如 AVERAGE(E2:H2)
最大值函数	MAX	返回一组数值中的最大值，如 MAX(C6:F15)
最小值函数	MIN	返回一组数值中的最小值，如 MIN(B6,D8,G10)
计数函数	COUNT	计算区域中包含数字的单元格的个数
条件函数	IF	判断是否满足某个条件，如果满足则返回一个值，如果不满足则返回另一个值。如 IF(E2≥60,"合格","不合格")
日期函数	DATE	返回指定日期的日期数，如 DATE(2016,9,5)
时间函数	TIME	返回指定时间的时间数，如 TIME(11,36,58)

9.4.5　数据的填充

利用 Excel 的数据自动填充功能，用户可以输入有规律的数据，可以方便快捷地输入等差、等比、系统预定义的数据填充序列以及用户自定义的新序列。

自动填充是根据初始值决定以后的填充项，将鼠标指向初始值所在单元格的右下角，鼠标指针变为+时按下鼠标左键，拖曳至填充的最后一个单元格后释放鼠标，即可完成自动填充。拖曳可以由上往下或由左往右拖动，也可以反方向进行。

数据的自动填充有以下三种方式。

（1）相同数据的填充

单个单元格内容为纯字符、纯数字或公式时，填充相当于复制数据。选中一个单元格，直接将填充柄向水平或垂直方向拖曳即可。

（2）填充序列数据

如单个单元格内容为文字数字混合体，则填充时文字不变，数字递增。

如单个单元格内容为 Excel 预设的自动填充序列中的一员，则按预设序列填充。

如果有连续单元格存在等差或等比关系，则可以先输入并选中序列的前两项数值，然后按住鼠标右键，一直拖曳至序列的最后一个单元格所在处，再释放鼠标。随即会弹出一个快捷菜单，从中选择所需菜单项，再进行设置即可。

（3）填充系统或用户自定义序列数据

通过使用【文件】选项卡，选择【选项】选项，打开【Excel 选项】对话框，在其左侧窗格中选择【高级】选项卡，拖动右侧滚动条找到【常规】栏中的"编辑自定义列表"按钮并单击。

在打开的【自定义序列】对话框中选择添加新序列或修改系统已提供的序列,之后按照【填充序列数据】中的方法就可以填充所需数据了。

9.4.6　数据筛选、窗口冻结

1. 数据筛选

数据筛选可将数据列表中满足条件的数据显示出来,将不满足条件的数据暂时隐藏起来(但没有被删除);当筛选条件被删除时,隐藏的数据又恢复显示。Excel 2010 提供了三种数据的筛选,即自动筛选、高级筛选和自定义筛选。

（1）自动筛选

自动筛选一般为简单的条件筛选,筛选时将不满足条件的数据暂时隐藏起来,只显示符合条件的数据。具体操作如下。

① 选择【数据】选项卡,在功能区的【排序和筛选】组中单击“筛选”按钮,或者选择【开始】选项卡,在功能区的【编辑】组中单击“排序和筛选”按钮,在打开的下拉列表中选择【筛选】命令,此时每个列标题右侧将显示一个下拉箭头。

② 单击某一列标题右侧的下拉箭头将打开筛选列表,在其中选择所需的筛选条件后,表格中将只显示符合条件的记录。

（2）高级筛选

利用自动筛选对各字段的筛选是逻辑与的关系,即同时满足各个条件。若要实现逻辑或的关系,则必须借助于高级筛选。使用高级筛选除了在数据列表区域内,还可以在数据列表以外的任何位置建立条件区域。条件区域至少是两行,且首行是与数据列表相应字段精确匹配的字段。同一行上的条件关系为逻辑与,不同行之间为逻辑或。筛选的结果可以在原数据列表位置显示,也可以在数据列表以外的位置显示。

选择【数据】选项卡,在功能区的【排序和筛选】组中单击“高级”按钮,在打开的【高级筛选】对话框内进行数据区域和条件区域的设置。

（3）自定义筛选

在对表格数据进行自动筛选时,用户可以设置多个筛选条件,设置筛选条件的“与”或“或”的关系。在打开的筛选列表的下一级菜单中选择“自定义筛选”,则可弹出【自定义自动筛选方式】对话框。在对话框中设置好相应的条件,最后单击“确定”按钮即可。

2. 窗口冻结

制作 Excel 表格时会发现制作好的表格窗格会随着鼠标滚动,这样之后就会分不清下面内容对应的标题,这时可以通过【视图】→【冻结窗格】命令把 Excel 窗格冻结,就可避免窗格随着鼠标滚动了。

（1）单击冻结首行,可以冻结首行,单击取消冻结窗格,命令取消。

（2）单击冻结首列,可以冻结首列,单击取消冻结窗格,命令取消。

（3）先在表格中单击任意单元格,单击“冻结拆分窗格”命令,可以冻结该单元格的左上角区域。

9.4.7　数据排序与转置

1. 数据排序

为了方便查看工作表中的数据,用户可以按照一定的排序方式对工作表的数据进行重新排序。数据的排序主要包括简单排序、复杂排序和自定义排序三种。在实际工作中可根据需要进行选择。

(1) 简单排序

简单排序就是设置单一条件进行排序,是指单一字段按升序或降序排列,单击【数据】→【排序和筛选】组中的"升序"按钮和"降序"按钮即可快速实现。

(2) 复杂排序

复杂排序是指按照多个条件对数据进行排序,主要是针对简单排序后仍然有相同数据的情况进行的又一种排序。可以通过【数据】→【排序和筛选】→【排序】按钮实现;也可通过选择【开始】→【编辑】→【排序和筛选】→【自定义排序】命令实现。

(3) 自定义排序

数据的排序方式除了有按照数字大小和拼音字母顺序进行排序外,还会涉及一些特殊的顺序。Excel提供了一些常用的序列,当系统自带的序列不能满足需求时,可利用自定义排序功能,快速创建新的数据排序方式,并将其应用到需要的数据列表中。

① 选择需要排序的数据单元格。

② 选择【数据】→【排序和筛选】中的"排序"按钮。

③ 在【主要关键字】下拉列表框中选择排序数据,在【次序】下拉列表中选择【自定义排序】选项。

④ 打开【自定义序列】对话框,在【输入序列】列表框中输入新序列,单击对话框右侧的"添加"按钮,输入的新序列将显示在【自定义序列】列表框中。

⑤ 设置排序选项:单击"选项"按钮,在【方向】和【方法】选项组中设置相应的选项,包括改变排序的方向,对汉字按笔画排列,对英文字母区分大小写等。

(4) 排序说明

① 数值:按照从小到大的顺序进行排序。

② 文本:字母和数字文本按从左到右逐字符进行比较排序。

③ 日期:按照从最早的日期到最近的日期进行排序。

④ 逻辑:在逻辑值中,False 排在 True 的前面。

⑤ 错误:所有错误值(如♯NUM!或♯REF!)的优先级相同,一律排在所有数据的最前面。

⑥ 空白单元格:无论哪一种排序方式,一律放在最后或忽略排序。

⑦ 混合数据:当需要排序的一组单元格的数据包含以上多种的时候,其排序的优先级为数值＞日期＞文本＞逻辑＞错误。

2. 数据转置

鼠标左键单击/拖曳选择需要进行粘贴的内容→鼠标右键选择"复制"/按 Ctrl+C 复制→光标移动到开始粘贴的单元格→鼠标右键单击起始单元格→"选择性粘贴",单击"转置"功能按钮。

9.4.8　数据的分类汇总

分类汇总是按某一字段的内容进行分类,并对每一类统计出相应的结果数据。需要强调的是,在创建分类汇总前,必须对要分类的字段进行排序,否则分类无意义。

（1）打开要进行数据分类汇总的数据列表。

（2）对需要分类汇总的字段进行排序,使相同的记录集中在一起。

（3）选定需要分类汇总的数据列表。

（4）选择【数据】选项卡,在功能区的【分级显示】组中单击"分类汇总"按钮,打开【分类汇总】对话框,如图 4-38 所示。

（5）在【分类字段】下拉列表中,选择需要用来分类汇总的字段。

（6）在【汇总方式】下拉列表中,选择所需的分类汇总的函数。

（7）在【选定汇总项】列表框中,选定需要进行计算的数值列对应的复选框。

（8）选中【替换当前分类汇总】和【汇总结果显示在数据下方】复选框。

（9）单击"确定"按钮即可得到分类汇总的结果。

*9.4.9　数据有效性设置

在 Excel 中,使用"数据有效性"控制单元格可接收的数据类型。使用这种功能可以有效地减少和避免输入数据的错误。例如限定为特定的类型、特定的取值范围,甚至特定的字符及输入的字符数。

在指定单元格的数据有效性规则时,先选中要指定规则的单元格,选择【数据】选项卡,在功能区的【数据工具】组,单击"数据有效性"按钮 📇,在下拉列表中选择【数据有效性】选项,打开【数据有效性】对话框,进行相应设置即可。

*9.4.10　表格行高与列宽

Excel 默认工作表中任意一行的所有单元格的高度总是相等的,为了使工作表更加美观,用户可以重新调整行高和列宽。行高和列宽可以使用下列任意一种方法进行调整。

（1）调整列宽。将鼠标放在要调整列宽的列标记右侧的分隔线上,此时鼠标指针变成左右双向箭头。按住鼠标左键,拖动调整列宽,并在上方显示宽度值。使用同样的方法调整行高。将鼠标放在要调整行高的行标下方的分隔线上,此时鼠标指针变成上下双向箭头。按住鼠标左键，拖动调整行高，也会在上方显示行高值。

(2) 选定需要调整行高的行或选定该行中的任意单元格。单击【开始】选项卡，在功能区的【单元格】组中单击“格式”按钮，在弹出的下拉菜单中选择【自动调整行高】命令，Excel 自动将该行高度调整为最适合的高度；同理可以选择【自动调整列宽】命令进行列宽的自动设置。

(3) 选择【开始】选项卡，在功能区的【单元格】组中单击“格式”按钮，在弹出的下拉菜单中选择【行高】命令，则打开【行高】对话框，在对话框中的【行高】文本框中输入所要设置的行高数值，单击“确定”按钮。同理，可以进行列宽的设置。

*9.4.11 单元格加斜线

图 9-3 所示为含斜线的单元格，其文本输入方式如下：

(1) 单击鼠标选定该单元格，输入“科目”，按 Alt+Enter 键，输入“姓名”，按 Enter 键结束文字输入。

(2) 当前行自动改变行高以容纳两行文字，将此单元格内容左对齐，在第一行文字加适当空格使其右对齐。

(3) 斜线添加：单击鼠标选中单元格，选择【开始】→【单元格】→【格式】→【设置单元格格式】，打开【边框】对话框，预置选择“外边框”，边框选择需要的“斜线”框，选择“线条”，单击“确定”按钮。

科目 姓名	物理	化学
张三	90	100
李四	100	90

图 9-3 含斜线的单元格

9.4.12 行、列的隐藏与隐藏取消

Excel 表格最大的数据量为 1 048 576 行 16 384 列，但正常情况下不会用到这么多的行和列，那么其他不用的行和列是不是很多余呢？逐个删除是不可能的，只能使用隐藏行、列。

(1) 在 Excel 2010 表格中选择行或列。

(2) 在【开始】→【单元格】→【格式】→【可见性】→【隐藏与取消隐藏】中选择需要的功能按钮。

9.4.13 图表的生成与调整

使用 Excel 统计图表，可以形象、直观地反映数据的变化规律，为决策提供数据分析依据。当工作表中的数据源变化时，图表中对应的数据项也会自动更新。对 Excel 图表的操作主要包括图表的建立、编辑和美化等。

1. 创建嵌入式图表

Excel 中有两种类型的图表，嵌入式图表和图表工作表。嵌入式图表就是将图表看

作一个图形对象,并作为工作表的一部分进行保存。图表工作表是工作簿中具有特定工作表名称的独立工作表。无论是建立哪一种图,创建图表的依据都是工作表中的数据。当工作表中的数据发生变化时,图表便会自动更新。

使用 Excel 提供的图表向导,可以方便、快速地引导用户建立一个图表。而且,在向导中创建图表的每一步都可以在创建完成后继续修改,使整个图表更加完善。创建图表的基本操作如下。

(1)输入数据,用于生成图表。

(2)选中需要建立图表的数据。

(3)选择【插入】→【图表】组中要选用的图表类型按钮,即可插入所选图表。

2. 创建独立式图表

在建立了嵌入式图表的基础上,进行如下操作,可创建一个独立式图表。

(1)单击嵌入图表中的任意位置使之处于活动状态,此时将显示【图表工具】项目栏(如图 9-4 所示),在【设计】→【位置】组中,单击"移动图表"按钮,设置各选项即可。

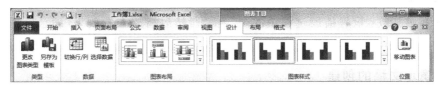

图 9-4 【图表工具】项目栏

3. 编辑和美化图表

创建完成 Excel 图表后,还可以对图表进行编辑修改,使之更加美观。用户可以对图表进行缩放、移动、复制和删除等操作,还可以对图表的标题、图例、图表区域、数据系列、绘图区、坐标轴、网格线等进行格式设置。

对图表进行操作时,首先要选中图表,选择【图标工具】→【布局】,选择需要操作的按钮项进行设置。

9.5　PowerPoint 2010 常用功能

PowerPoint 2010 是 Microsoft 公司开发的 Office 2010 办公组件之一,是各行业办公方面应用最为广泛的软件。PowerPoint 2010 主要用于演示文稿的创建,即幻灯片的制作,简称 PPT,也称为幻灯片制作演示软件。人们可以用它制作、编辑和播放一张或一系列的幻灯片,制作出集文字、图形、图像、声音以及视讯短片等多媒体元素于一体的演示文稿,把自己所要表达的信息组织在一组图文并茂的画面中,用于介绍公司的产品、展示自己的学术成果。

用 PowerPoint 制作出来的文件称为演示文稿,它是一个文件。

演示文稿中的每一页称为幻灯片,每张幻灯片都是演示文稿中既相互独立又相互联系的内容。幻灯片可以生动直观地表达内容:图表和文字都能够清晰、快速地呈现出来,可以插入图画、动画、备注和讲义等丰富的内容。

演示文稿包含幻灯片,演示文稿是幻灯片的组合。

9.5.1　快速创建和制作由多张幻灯片制成的演示文稿

1. 演示文稿的制作过程

演示文稿的制作,一般要经历下面几个步骤:

(1) 准备素材:主要是准备演示文稿中所需要的一些图片、声音、动画等文件。

(2) 确定方案:对演示文稿的整体构架进行设计。

(3) 初步制作:将文本、图片等对象输入或插入到相应的幻灯片中。

(4) 装饰处理:设置幻灯片中的相关对象的要素(包括字体、大小、动画等),对幻灯片进行装饰处理。

(5) 预演播放:设置播放过程中的一些要素,然后播放查看效果,满意后正式输出播放。

2. 演示文稿的创建

创建和制作效果如图 9-5 所示的演示文稿。

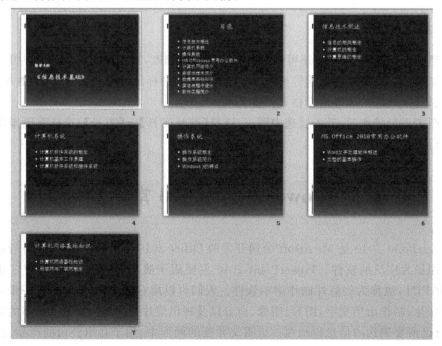

图 9-5　创建的演示文稿效果

具体操作步骤如下。

（1）制作第一张幻灯片

创建新的空白演示文稿，选择"穿越"主题，然后依次选择字体、字形、字号等，输入内容。

（2）制作第二张幻灯片

新建一张幻灯片有以下几种方法：

① 按 Ctrl＋M 组合键，即可快速添加一张空白幻灯片。

② 在普通视图下，将鼠标定位在左侧的窗格中，然后按 Enter 键，同样可以快速插入一张新的空白幻灯片。

③ 在幻灯片/大纲窗格中单击鼠标右键，执行【新建幻灯片】命令，也可以新增一张空白幻灯片。

（3）保存演示文稿

当演示文稿设计完毕后，必须进行保存操作，把文件保存下来，以便以后使用。

9.5.2 演示文稿的编辑

1. 在幻灯片中输入文本

在创建空演示文稿的幻灯片中，只有占位符而没有其他内容，用户可以在占位符中输入文本，也可以在占位符之外的任何位置输入文本。

（1）在占位符中输入文本

在一般情况下，幻灯片中包含了几个带有虚线边框的区域，用于放置幻灯片标题、文本、图表、表格等对象的位置，称为占位符。在占位符中预设了格式、颜色、字体和字形，用户可以向占位符中输入文本或者插入对象。

（2）使用文本框输入文本

如果要在占位符之外的其他位置输入文本，可以在幻灯片中插入文本框，需要使用"插入"选项卡【文本】组下的"文本框"按钮。

2. 幻灯片的选择

在执行编辑幻灯片命令之前，首先要选择命令作用的范围。不同的视图，选择幻灯片的方式也不尽相同。在普通视图和备注页视图中，当前显示的幻灯片即是被选中的，不必单击它。在幻灯片浏览视图中，单击幻灯片就可以选择整张幻灯片。若要选择不连续的几张幻灯片，则按住 Ctrl 键，再用鼠标单击其他要选择的幻灯片；若要选择连续的几张幻灯片，则可以先单击第一张幻灯片，再按住 Shift 键，单击最后一张幻灯片。

3. 幻灯片的插入

在 PowerPoint 2010 的普通视图、备注页和幻灯片浏览视图中都可以创建一张新的幻灯片。在普通视图中创建的新幻灯片将排列在当前正在编辑的幻灯片的后面。在幻灯片浏览视图中增加新的幻灯片时,其位置将在当前光标或当前所选幻灯片的后面。新建幻灯片可以单击【开始】选项卡下的"新建幻灯片"按钮。

4. 幻灯片的复制

如果用户当前创建的幻灯片与已存在的幻灯片的风格基本一致,则采用复制一张新的幻灯片的方法更方便,只需在其原有基础上进行一些必要的修改。先选择要复制的幻灯片,然后单击【开始】选项卡下的"复制"按钮,移动光标至目标位置,再单击【开始】选项卡下的"粘贴"按钮,幻灯片将复制到光标所在幻灯片的后面。单击【开始】选项卡下的"复制"按钮右边的下拉箭头选择,可在当前位置插入前一张幻灯片的副本。在【粘贴】命令的下拉列表中可以选择粘贴的幻灯片是采用目标主题还是保留原格式。

5. 幻灯片的删除

在制作演示文稿的过程中,有些幻灯片编辑错误或不合适时,需要删除该幻灯片。一般在幻灯片浏览视图中删除幻灯片操作比较简单。其操作方法如下:在幻灯片浏览视图中,选择要被删除的幻灯片,按 Delete 键即可删除该幻灯片。

9.5.3 幻灯片版式

幻灯片版式即幻灯片中元素的排列组合方式。创建新幻灯片时,可以从预先设计好的幻灯片版式中进行选择。例如,有一个版式包含标题、文本和图表占位符,而另一个版式包含标题和剪贴画占位符。可以移动或重置其大小和格式,使之与幻灯片母版不同,也可以在创建幻灯片之后修改其版式。应用一个新的版式时,所有的文本和对象都保留在幻灯片中,但是可能需要重新排列它们以适应新版式。幻灯片确定一种版式后,有时还可能需要更换。更换幻灯片版式的操作方法如下:

单击【开始】→【幻灯片】→【版式】的下拉按钮,选择一种幻灯片版式后将其应用到幻灯片。

9.5.4 幻灯片的背景

用户可以为幻灯片设置不同的颜色、图案或者纹理等背景,不仅可以为单张幻灯片设置背景,还可对母版设置背景,从而快速改变演示文稿中所有幻灯片的背景。

1. 改变幻灯片背景色

改变幻灯片背景色,操作方法如下:

(1) 若要改变单张幻灯片的背景,可以在普通视图或者幻灯片视图中显示该幻灯片。如果要改变所有幻灯片的背景,可以进入幻灯片母版中。

(2) 选择【设计】→【背景】→【背景样式】,选择相应的背景样式并应用到幻灯片中。

2. 改变幻灯片的填充效果

改变幻灯片的填充效果,操作方法如下:

(1)要改变单张幻灯片的背景,可以在普通视图或者幻灯片视图中选择该幻灯片。

(2)选择【设计】→【背景】→【背景样式】→【设置背景格式】,在填充选项卡中设置相应的填充效果;在【渐变填充】单选框中,选择填充颜色的过渡效果,可以设置一种颜色的浓淡效果,或者设置从一种颜色逐渐变化到另一种颜色;在【图片或纹理填充】单选框中,可以选择填充纹理;在【图案填充】单选框中,可以选择填充图案。

(3)若要将更改应用到当前幻灯片,可单击"关闭"按钮,若要将更改应用到所有的幻灯片和幻灯片母版,可单击"全部应用"按钮,单击"重置背景"按钮可撤销背景设置。

9.5.5 幻灯片文本中添加编号

在 PowerPoint 2010 中,向文本中添加编号的过程与 Microsoft Word 2010 的操作过程相似。要在列表中快速添加编号,可选择文本或占位符,然后单击【开始】选项卡下的【段落】组中"项目编号"按钮。要从列表的多种编号样式中进行选择,或者更改列表的颜色、大小或起始编号,则可以在【项目符号和编号】对话框中选择【编号】选项卡进行设置。

9.5.6 设置页眉页脚

在编辑 PowerPoint 2010 演示文稿时,也可以为每张幻灯片添加类似 Word 文档的页眉或页脚。这里以添加系统日期为例,介绍具体的操作过程。

(1)执行【插入】→【页眉和页脚】命令,打开【页眉和页脚】对话框。

(2)选中【日期和时间】及下面的【自动更新】选项,然后单击其右侧的下拉按钮,选择一种时间格式。

(3)再单击"全部应用"和"应用"按钮返回即可。

注意:在【页眉和页脚】对话框中,选中【幻灯片编号】选项,即可为每张幻灯片添加编号(类似页码)。

9.5.7 母版的使用

幻灯片母版控制幻灯片上所输入的标题和文本的格式与类型。PowerPoint 2010 中的母版有幻灯片母版、备注母版和讲义母版。幻灯片母版包含文本占位符和页脚(如日期、时间和幻灯片编号)占位符。执行【视图】选项卡下的【幻灯片母版】命令,打开【幻灯片母版】视图。如果要修改多张幻灯片的外观,不必逐张幻灯片进行修改,只需在幻灯片母版上进行一次修改即可。PowerPoint 2010 将自动更新已有的幻灯片,并对以后新添加的幻灯片应用这些更改。如果要更改文本格式,可选择占位符中的文本并进行更改。例如,将占位符文本的颜色改为蓝色将使已有幻灯片和新添幻灯片的文本自动变为蓝色。

母版还包含背景项目,例如放在每张幻灯片上的图形。如果要使个别幻灯片的外观与母版不同,应直接修改该幻灯片而不用修改母版。

9.5.8　动画设置

1. 应用自定义动画效果

幻灯片放映时,可以对某些特定的对象增加动画,这些对象有幻灯片标题、幻灯片字体、文本对象、图形对象、多媒体对象等,如对含有层次小标题的对话框,可以让所有的层次小标题同时出现或逐个显示,或者在显示图片时听到鼓掌的声音。

应用自定义动画效果的操作步骤如下:

① 在普通视图中,选择要设置动画效果的幻灯片。

② 选择【动画】选项卡,弹出【动画效果】任务窗格。

③ 选中要设置动画效果的文本或者对象,如果要设置的动画效果出现在当前任务窗格中,则选中它。如果没有出现,可单击动画窗格右侧的下拉列表,弹出【动画效果】任务窗格。从中选择某类动画效果,包括进入效果、强调效果、退出效果和动作路径,从某类动画效果中选择某个动画效果(如飞入的进入效果)。

④ 如果弹出的菜单中没有要设置的动画效果,则单击"更多其他效果(如彩色延伸的强调效果)"按钮,出现【更改强调效果】对话框,选择"彩色延伸"强调效果。

⑤ 更改设置好的动画效果,可单击【动画效果】任务窗格右侧的"效果选项"按钮,打开【效果选项】库,选择相应的效果选项。

⑥ 在【动画】选项卡的【计时】组中还可设置动画效果的计时效果。可以选择一种动画效果的开始方式,如果选择"单击时",则表示鼠标单击时播放该动画效果;如果选择"与上一个动画同时",则表示该动画效果和前一个动画效果同时播放;如果选择"上一个动画之后",则表示该动画效果在前一个动画效果之后自动播放。在【持续时间】框中,可以设置动画的播放持续时间。在【延时】框中可设置出现该动画之前的等待时间。

⑦ 通过以上设置在动画窗格中的动画效果,列表会按次序列出设置的动画效果列表,同时在幻灯片窗格中的相应对象上会显示动画效果标记。动画窗格的显示可通过【高级动画】组中的"动画窗格"按钮完成。

⑧ 如要修改动画效果,可选择【动画效果】库中的其他动画效果。

⑨ 如要在已设置动画效果的对象上再添加一个动画效果。例如,希望某一对象同时具有"进入"和"退出"效果,或者希望项目符号列表以一种方式进入,然后以另一种方式强调每一要点,可单击【动画】选项卡下的"添加动画"按钮。

⑩ 如果对设置的动画效果不满意,则可以单击【动画】库中的"无"按钮,删除选定的动画效果。

2. 设置自定义动画效果

如果要对设置的动画效果进行更多的设置,可以按以下步骤进行设置。

① 在动画窗格列表中,选择要设置的动画效果。

② 单击列表右边的下拉按钮,在弹出的菜单中选择【效果选项】对话框。

③ 在【效果】选项卡中可以设置动画播放方向、动画增强效果等。

④ 单击【计时】选项卡,打开【飞入效果计时】对话框,可以设置动画播放开始时间、速度和触发动作。

3. 复制动画效果

在 PowerPoint 2010 中,新增了名为动画刷的工具,该工具允许用户把现成的动画效果复制到其他 PowerPoint 页面中,用户可以快速地制作 PowerPoint 动画。PowerPoint 2010 的动画刷使用起来非常简单,选择一个带有动画效果的 PowerPoint 幻灯片元素,单击 PowerPoint 功能区动画标签下高级动画中的"动画刷"按钮,或直接使用动画刷的组合键 Alt＋Shift＋C,这时,鼠标指针会变成小刷子的样式,与格式刷的指针样式差不多。找到需要复制动画效果的页面,在其中的元素上单击鼠标,则动画效果已经复制下来了。

4. 动作按钮

可以通过动作按钮实现超链接的功能。将动作按钮加到幻灯片上后,在幻灯片放映时,单击动作按钮可以跳转到某一指定的位置(如跳转到演示文稿的某张幻灯片、其他演示文稿、Word 文档,或者跳转到 Internet 上)或执行某个应用程序。

在幻灯片中插入动作按钮的操作方法如下:

① 在普通视图或幻灯片视图中,找到待插入动作按钮的幻灯片。

② 在【插入】→【形状】→【动作按钮】组中,选择一种动作按钮(如"自定义"按钮)。

③ 将鼠标指针移到幻灯片中要放置动作按钮的位置,然后按住鼠标左键拖动到所需大小,释放鼠标左键后,将弹出【动作设置】对话框。

④ 可以设置鼠标的动作为单击或移过。选中"超级链接到"单选按钮,在下拉列表框中选择要跳转到的位置,如果要链接到本演示文稿中的其他幻灯片,则可以执行【幻灯片】命令;选择"运行程序"可以启动某个应用程序;若执行该动作时产生伴随声音,则选中【播放声音】复选框。

⑤ 单击"确定"按钮。

5. 幻灯片切换

切换效果是指在幻灯片放映过程中,当一张幻灯片转到下一张幻灯片上时所出现的特殊效果。为幻灯片添加切换效果,最好在幻灯片浏览视图中进行,它可以为选择的一组幻灯片增加同一种切换效果。设置幻灯片的切换效果,其操作步骤如下:

① 在幻灯片浏览视图中,选择一个或多个要添加切换效果的幻灯片。

② 单击【切换】选项卡,打开【幻灯片切换】任务窗口。

③ 设置幻灯片的切换方式、持续时间、切换声音和换片方式。

④ 在"换片方式"区域可选择幻灯片的换页方式,可以实现鼠标单击时切换,也可以每隔一定时间自动切换。

⑤ 如果要将幻灯片的切换效果应用到所有幻灯片则单击"全部"按钮。

⑥ 如果在"应用于所选幻灯片"列表中选择"无切换",则可以删除幻灯片的切换效果。

9.5.9 超级链接设置

在 PowerPoint 演示文稿的放映过程中,希望从某张幻灯片中快速切换到另外一张不连续的幻灯片中,可以通过"超级链接"实现。

下面以第 4.4.2 节的应用实例中从第 2 张幻灯片超级链接到第 7 张幻灯片为例,介绍具体的设置过程:

① 在幻灯片中,用文本框、图片制作一个"超级链接"按钮,并添加相关的提示文本(如"第 7 张幻灯片")。

② 选中相应的按钮,执行【插入】→【超链接】命令,打开【插入超链接】对话框。

③ 在左侧"链接到"下面,选中【本文档中的位置】选项,然后在右侧选中第 7 张幻灯片,单击"确定"按钮返回即可,如图 9-6 所示。

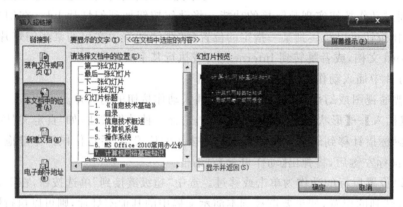

图 9-6　设置超链接

注意:仿照上面的操作,可以超链接到其他文档、程序、网页。

9.5.10 演示文稿的放映及切换设置

1. 自定义放映

把一套演示文稿针对不同的听众将不同的幻灯片组合起来,形成一套新的幻灯片,并加以命名。然后根据各种需要,选择其中的自定义放映名进行放映,这就是自定义放映的含义。创建自定义放映的操作步骤如下:

① 在演示文稿窗口,选择【幻灯片放映】选项卡,执行【自定义幻灯片放映】命令,弹出【自定义放映】对话框。

② 单击"新建"按钮,弹出【定义自定义放映】对话框,在该对话框的左边列出了演示

文稿中的所有幻灯片的标题或序号。

③ 从中选择要添加到自定义放映的幻灯片后,单击"添加"按钮,这时选定的幻灯片就出现在右边框中。当右边框中出现多个幻灯片标题时,可通过右侧的上、下箭头调整顺序。

④ 如果右边框中有选错的幻灯片,则选中幻灯片后,单击"删除"按钮就可以从自定义放映幻灯片中删除,但它仍然在演示文稿中。幻灯片选取并调整完毕后,在【幻灯片放映名称】框中输入名称,单击"确定"按钮,回到【自定义放映】对话框,如果要预览自定义放映,则单击"放映"按钮。

⑤ 如果要添加或删除自定义放映中的幻灯片,单击"编辑"按钮,重新进入【设置自定义放映】对话框,利用"添加"或"删除"按钮进行调整。如果要删除整个自定义的幻灯片放映,可以在【自定义放映】对话框中选择其中要删除的自定义名称,然后单击"删除"按钮,则自定义放映被删除,但原来的演示文稿仍存在。

2. 观看放映

在完成所有的设置之后,就该放映幻灯片了,根据幻灯片的用途和观众的需求,可以有多种放映方式。

(1)放映演示文稿

如果直接在 PowerPoint 2010 中放映演示文稿,主要有以下几种启动放映的方法。

① 单击 PowerPoint 2010 状态栏右侧的"幻灯片放映"按钮,可以从当前幻灯片开始放映。

② 单击【幻灯片放映】选项卡下的"从头开始"按钮,从头开始放映幻灯片。放映时,屏幕上将显示一张幻灯片的内容。

③ 直接按 F5 键。

第一种方法将从演示文稿的当前幻灯片开始播放,而其他两种方法将从第一张幻灯片开始播放。

(2)控制幻灯片的前进

在放映幻灯片时有以下几种方法控制幻灯片的前进:按 Enter 键;按空格键;鼠标单击;右击鼠标,在弹出的快捷菜单中选择【下一张】;按 Page Down 键;按向下或向右方向键;在屏幕的左下角单击"下一页"按钮。

(3)控制幻灯片的后退

在放映幻灯片时有以下几种方法控制幻灯片的后退:右击鼠标,在弹出的快捷菜单中选择【上一张】;按 Backspace 键或 page Up 键;按向上或向左方向键;在屏幕的左下角单击"上一页"按钮。

(4)幻灯片的退出

在放映幻灯片时有以下几种方法退出幻灯片的放映:按 Esc 键;鼠标右击,在弹出的快捷菜单中选择【结束放映】;在屏幕的左下角单击按钮,在弹出的菜单中选择【结束放映】。

练 习 题

一、思考题

1. Word 2010 中模板、样式、主题之间有什么关系？

2. 简述 Word 2010 设置密码保护的过程。

3. "文件"菜单下的"保存"和"另存为"有何区别？

4. 简述 Word 2010 中"脚注"与"尾注"的使用方法。

5. 如何设置奇偶页用不同的页眉和页脚？

6. Excel 2010 的主要功能有哪些？

7. Excel 2010 工作簿、工作表、单元格之间的关系是什么？

8. 对工作表的常用操作有哪些？

9. 进行分类汇总操作时应该注意的事项是什么？

10. Excel 2010 图表的基本组成有哪些？

11. Excel 2010 图表标题如何加入？

12. Excel 2010 中条件函数 IF 的含义是什么？请举一个使用该函数的实例。

13. 在 PowerPoint 2010 中如何创建超链接？

14. PowerPoint 2010 母版中的背景如何修改与设置？

15. 放映一个演示文稿有几种方法？

16. PowerPoint 2010 中自定义动画和幻灯片切换有什么区别？

17. 简述演示文稿打包成 CD 的设置方法。

二、单项选择题

1. Word 是（　　）。

 （A）字处理软件 （B）系统软件 （C）硬件 （D）操作系统

2. 下列视图中不是 Word 2010 视图模式的是（　　）。

 （A）页面视图 （B）大纲视图 （C）特殊视图 （D）普通视图

3. Word 2010 工具的按钮凹下（暗灰色），表示该功能（　　）。

 （A）无法使用 （B）正在使用 （C）未被使用 （D）可以使用

4. Excel 2010 工作簿在默认情况下包含（　　）张工作表。

 （A）1 张 （B）2 张 （C）3 张 （D）4 张

5. 一张 Excel 2010 工作表中最多可有（　　）行。

 （A）1 048 576 （B）1 048 575 （C）65 536 （D）65 535

6. 在 Excel 中，（　　）是计算和存储数据的一个 Excel 文件。

 （A）工作簿 （B）工作表 （C）单元格 （D）图表

7. 在 PowerPoint 2010 的各种视图中，可以同时浏览多张幻灯片，便于重新排序、添加、删除等操作的视图是（　　）。

  （A）幻灯片浏览视图   （B）备注页视图

（C）普通视图 （D）幻灯片放映视图

8. 在 PowerPoint 2010【文件】选项卡中的【新建】命令的功能是建立（　　）。

（A）一个演示文稿 （B）插入一张新幻灯片

（C）一个新超链接 （D）一个新备注

9. 在 PowerPoint 2010 编辑中,想要在每张幻灯片相同的位置插入某个学校的校标,最好的设置方法是在幻灯片的（　　）中进行。

（A）普通视图 （B）浏览视图 （C）母版视图 （D）备注视图

参 考 文 献

1. 陈平,张淑平,褚华. 信息技术导论. 北京:清华大学出版社,2011.

2. Michael J. Kavis 著,陈志伟,辛敏 译. 让云落地:云计算服务模式(SaaS、PaaS 和 IaaS)设计决策. 北京:电子工业出版社,2016.

3. 林子雨. 大数据技术原理与应用:概念、存储、处理、分析与应用. 2 版. 北京:人民邮电出版社,2017.

4. 李廉,王士弘. 大学计算机教程——从计算到计算思维. 北京:高等教育出版社,2016.

5. [美]Rogers S. Pressman 著. 郑人杰译. 软件工程:实践者的研究方法. 北京:机械工业出版社,2017.

6. 张海藩. 软件工程导论. 4 版. 北京:清华大学出版社,2003.

7. 张敬,宋广军,赵硕,等. 软件工程教程. 北京:北京航空航天大学出版社,2003.

8. Shari Lawence Plfeeger 著. 吴丹等译. 软件工程理论与实践. 2 版. 北京:清华大学出版社,2003.

9. 郑人杰,殷人昆,陶永雷. 实用软件工程. 2 版. 北京:清华大学出版社,2001.

10. [美]Terrence W. Pratt, Marvin V. Zelkowitz 著. 傅育熙等译. 程序设计语言:设计与实现. 4 版. 北京:电子工业出版社,2001.

11. 殷人昆,软件工程复习与考试指导. 北京:高等教育出版社,2001.

12. 王国强,廖启高,王海山,刘合. 如何写好计算机软件文档. 北京:电子工业出版社,1994.

13. [美]William Stallings 著.陈渝等译. 操作系统——精髓与设计原理. 5 版. 北京:电子工业出版社,2006.

14. James L. Peterson. Operating System Concepts (Second Edition). Addison-Wesley Publishing Company Inc,1985.

15. [荷]特纳鲍姆. 现代操作系统. 2 版. 北京:机械工业出版社,2002.

16. [美]Andrew S. Tanenbaum & Albert S. Woodhull 著. 王鹏,等译. 操作系统:设计与实现. 2 版. 北京:电子工业出版社,1998.

17. [美]Larry L. Peterson, Bruce S. Davie. 计算机网络系统方法. 3 版. 北京:机械工业出版社,2005.

18. 张尤腊,仲萃豪等. 计算机操作系统. 北京:科学出版社,1979.

19. 孙钟秀,费翔林,骆斌,谢立. 操作系统教程. 3 版. 北京:高等教育出版社,2003.

20. 汤子瀛,哲凤屏,汤小丹. 计算机操作系统. 修订版. 西安:西安电子科技大学出版社,2001.

21. 何炎祥,李飞等. 计算机操作系统. 北京:清华大学出版社,2006.

22. 陈向群,向勇等. Windows 操作系统原理. 2 版. 北京:机械工业出版社,2004.

23. 左万历,周长林. 计算机操作系统教程. 2 版. 北京:高等教育出版社,2005.

24. 孟庆昌. 操作系统. 北京:电子工业出版社,2004.

25. 蒋静,徐志伟. 操作系统原理、技术与编程. 北京:机械工业出版社,2004.

26. 张尧学,史美林. 计算机操作系统教程. 2 版. 北京:清华大学出版社,2000.

27. 孟静. 操作系统原理教程. 北京:清华大学出版社,2001.

28. 冯耀霖,杜舜国. 操作系统. 2 版. 西安:西安电子科技大学出版社,1996.

29. 李学干. 计算机系统结构. 3 版. 西安:西安电子科技大学出版社,2000.

30. 曾平,曾慧. 操作系考点精要与解题指导. 北京:人民邮电出版社,2002.

31. 徐甲同. 网络操作系统. 长春：吉林大学出版社,2000.

32. David A. Rusling. The Linux Kernel. 北京：机械工业出版社,2000.

33. 裘宗燕. 从问题到程序——程序设计与C语言引论. 北京：机械工业出版社,2005.

34. (美)Maureen Sparnkle 著. 张晓明,等译.问题求解与编程概念. 北京：清华大学出版社,2003.

35. 王栋. Visual Basic 程序设计实用教程. 北京：清华大学出版社,2000.

36. 周玉萍,罗志刚,方云端. 现代教育技术. 北京：人民邮电出版社,2014.

37. 吴丽华等. 大学信息技术应用基础(Windows7＋Office2010). 4 版. 北京：人民邮电出版社,2015.

38. 黄岗,王岩,王康平. Java 程序设计. 北京：机械工业出版社,2013.